普通高等教育教材

生物学基础
实验教程

SHENGWUXUE JICHU
SHIYAN JIAOCHENG

U0194647

曾晓希　刘学英　马 靓　主编

化学工业出版社
·北京·

内容简介

《生物学基础实验教程》将生物学相关专业的基础性、综合性及创新性实验进行了有机整合，主要涵盖普通生物学实验、微生物学实验、植物生理学实验、人体解剖生理学实验、遗传学实验、细胞生物学实验、环境生物技术实验基本原理及其具体操作流程。书中的实验项目紧密联系生物学理论课程，对实验手段与方法进行了综合、更新和发展，强调对实验结果的分析与讨论，引导学生通过查阅文献资料来对比和验证实验结果，及时反思和分析既有的实验方案和思路，有利于培养学生在实验过程的严谨性和规范性，充分激发和培养学生的独立思考能力、创新能力，以及"质疑"和"求异"精神。

本书内容全面翔实且可操作性强，可供高等学校生物科学、生物技术及生物工程相关专业的本科生作为基础实验教材使用，亦可供相关专业的研究生、教职人员以及生物学领域的工程技术人员参考使用。

图书在版编目（CIP）数据

生物学基础实验教程/曾晓希，刘学英，马靓主编. —北京：
化学工业出版社，2022.8
普通高等教育教材
ISBN 978-7-122-41775-6

Ⅰ. ①生… Ⅱ. ①曾…②刘…③马… Ⅲ. ①生物学-实验-
高等学校-教材 Ⅳ. ①Q-33

中国版本图书馆 CIP 数据核字（2022）第 112298 号

责任编辑：旷英姿 王 芳 文字编辑：张春娥
责任校对：刘曦阳 装帧设计：王晓宇

出版发行：化学工业出版社（北京市东城区青年湖南街 13 号 邮政编码 100011）
印 装：大厂聚鑫印刷有限责任公司
787mm×1092mm 1/16 印张13½ 字数331千字 2023 年 2 月北京第 1 版第 1 次印刷

购书咨询：010-64518888 售后服务：010-64518899
网 址：http://www.cip.com.cn
凡购买本书，如有缺损质量问题，本社销售中心负责调换。

定 价：39.00 元 版权所有 违者必究

前言

　　生物学是一门以实验为基础的学科，其实验原理和方法对生物学相关专业的专业实验及科学研究具有普遍的指导意义。因此，在生物学基础实验一线教学多年的实践经验和成果基础上，根据新工科建设以及"六卓越一拔尖"的理工科教育改革精神，坚持理论性与实践性相结合、基础性与前瞻性相结合、基本技能训练与学术能力培养相结合的实验教学理念，我们编写了这本与生物相关专业理论知识体系相匹配、难度适中且可操作性强的实验配套教材。

　　本书主要包括实验须知及常用仪器设备、实验部分和附录三部分内容，主要涵盖了普通生物学、微生物学、植物生理学、人体解剖生理学、遗传学、细胞生物学、环境生物技术等62个实验项目的原理及具体操作流程，涉及12种生物学常用仪器的使用。生物实验操作过程中常用的缓冲液、酸碱指示剂、生理盐溶液、生物染色液及微生物培养基的配方和实验室常用的杀菌消毒方式等也都统一归纳整理在附录中，供读者参考使用。具体来说，本书具有以下特点：第一，在实验原理的介绍中紧密联系生物学理论课程，注重实验的设计思路引导，便于学生了解实验原理与方法之间的内在联系，掌握科学的研究方法，培养科学的思维方式。第二，在实验方法中加强了对实验手段与方法的更新和发展，积极引入现代生物学实验技术与手段，以期最大限度地激发学生的学习兴趣，增强学生对现代生物学实验技术的了解。第三，实验结果部分设计了规范的数据记录表格，有利于培养学生在实验过程中的严谨性和规范性；同时强调对实验结果的分析与讨论，引导学生通过查阅文献资料来对比和验证实验结果，通过对既有的实验方案和思路进行反思和分析，培养学生"质疑"和"求异"精神，以充分激发和培养学生的独立思考能力以及创新能力，不断提升学习兴趣。

　　本书由湖南工业大学生命科学与化学学院的曾晓希、刘学英、马靓主编。杜次、李广利编写第一章及附录，余礼、陈莎编写第二章，曾晓希编写第三章，刘学英、邓燕编写第四、五章，刘洁、荣朵艳编写第六章，张邦跃、刘习文编写第七章，马靓编写第八章。全书由曾晓希教授统稿和定稿。编写过程中得到了湖南工业大学校、院各级领导的大力支持和关怀。本书参考了若干相关书籍和文献（详细目录列于本书最后），在此表示衷心感谢！

　　本书覆盖生物技术的上、中、下游，内容全面翔实且可操作性强，可作为高等学校生物科学、生物技术及生物工程相关专业本科生的基础实验教材，亦可供相关专业的研究生、教职人员以及生物学领域的工程技术人员参考使用。

　　限于编者学识水平，不妥之处在所难免，真诚欢迎同行专家、广大师生等读者朋友们批评指正。

编者

2022 年 12 月

目录

第一章 实验须知及常用仪器设备

第一节 生物实验室使用及实验操作须知

生物类实验包含的内容非常丰富,课程目的是训练学生掌握最基本的生物实验操作技能,掌握基本生物实验观察、检测和分析方法,了解生物类实验最常用的操作及技术,从实践中学习、了解和认识生命的奥秘,加深理解生物学科基础理论,提高学生的动手实践能力。同时,通过实验,培养学生认真观察、仔细思考、提出问题、分析问题和解决问题的能力;培养学生实事求是、严肃认真、严格谨慎的科学态度以及敢于探索创新的开拓精神;帮助学生树立安全防护、遵规守纪的良好意识,树立勤俭节约、爱护公物的良好作风。

实验室是一个严肃的科研及教学场所,是学生进行技能训练和教学实践的重要场所。普通生物实验所涉及的实验内容和试剂大多是比较安全的,但也包含了一些有毒、危险的化学试剂,以及一些可能致病或危害环境的生物样品。因此,做实验前必须做好充分的准备,实验过程中必须严格遵循规范实验操作。完备的实验室包含必备的实验设备和实验材料,具备良好的实验环境、合格的消防安全设施、较完善的应急预案,规范的危化管理及废液处理制度,这些均可为实验过程的顺利进行和实验室的安全运行提供保障。

为了保障生物实验的顺利进行,并保证生命财产安全,使用实验室进行生物实验必须严格遵守实验室的规章制度,规范实验过程,注意实验细节。

一、实验室使用规范及安全守则

① 认真学习实验室使用及实验操作的规章制度,严格遵守实验室有关安全的各项规定,提高安全意识。

② 进入实验室前,学习掌握基本的消防安全知识,悉知实验室消防安全措施和设备,以及应急措施和设备。

③ 熟悉实验室内外张贴的易燃、易爆、有毒、腐蚀、生物毒害等有害物质的警告标识,及高温、高压、电击等危险警告标识。

④ 进入实验室及整个实验过程必须穿合身的实验服,不得穿着短衣、短裤及拖鞋进入实验室。

⑤ 实验过程中,长发要挽起或盘起或者戴发网,过长吊坠等饰品应取下保存。

⑥ 严禁精神萎靡、受伤患病者入实验室进行实验操作。

⑦ 严禁将非实验必需的个人物品带入实验室,应存放于实验室外或于专柜存放。

⑧ 严禁将食物带入实验室区域,严禁在实验室饮食、抽烟。

⑨ 严禁在实验室奔跑、嬉闹、高声喧哗等。

⑩ 试剂、耗材、仪器的使用严格按照使用说明进行。

⑪ 严禁生拉猛拽实验仪器各部件,严禁随意敲击仪器。

⑫ 严禁仪器过载、空载运行。

⑬ 对于会烧干的高温、高压实验，必须有人值守。

⑭ 严禁在高温、高压下打开密闭容器。

⑮ 严禁随意混合化学试剂或随意加热化学试剂。

⑯ 易制毒、有毒、易燃易爆等危险品的取用应执行严格的登记审批制度。

⑰ 贵重仪器和危化药品须专柜存放，双人双管，防止发生事故。

⑱ 严禁随意倾倒有毒、有害物及危险化学品和实验室废弃物及生物样品。

⑲ 实验室有害、废弃物必须倒入指定容器储存，或经无害化处理后倾倒。

⑳ 实验室内仪器、药品等未经管理者批准一律不得外借，不得带出实验室。

二、实验操作规范

① 实验前必须充分预习实验内容，了解实验的目的、原理和方法。

② 提前 15min 到达实验场所，有序进场签到，做好实验准备工作。

③ 指导老师做好实验室的仪器设备使用记录。

④ 认真学习听课，模糊不清、有疑问时要及时向指导老师请教。

⑤ 严格按照操作说明使用仪器，做好使用登记。

⑥ 严格按照实验步骤进行实验操作，翔实记录实验过程及数据。

⑦ 认真观察实验现象，及时做好现象记录和实验结果记录。

⑧ 实验完毕，及时清洗器皿，清洁仪器，整理好药品和器材；器皿、器材分门别类归位，仪器断电复位并做好使用记录。

⑨ 实验结束后，要打扫实验室，清洁整理实验台面。

⑩ 按要求定点处理倾倒实验过程中的废弃物，并做好记录。

⑪ 离开实验室前应巡检水电是否按要求关闭。

⑫ 实验后，整理好实验服，正确清洗手及手臂。

⑬ 及时整理实验数据，认真总结分析实验结果，结合理论知识进行解释。

⑭ 认真仔细分析实验中遇到的问题，逐级查找原因，必要时要重新进行实验验证。

⑮ 认真撰写实验报告。

三、实验注意事项

① 已取出的药品和试剂不得放回药品瓶或试剂瓶中，防止污染。

② 任何不溶性的物品不可弃置在水槽内。

③ 不可以用手触摸刚加热完成之器皿，应待冷却后再行处理。

④ 实验室要提前开启通风橱，保持通风顺畅。

⑤ 要爱护实验仪器，尽量避免破损，节约使用实验试剂以及水和电。

⑥ 实验中遇到任何问题应及时报告指导老师。

⑦ 操作不当，损坏实验仪器，指导老师应及时了解情况，并按规定处理。

⑧ 对于具有刺激性的试剂取用，以及会产生有毒有害气体的化学反应，应在通风橱内进行，并做好防护，防止中毒。

⑨ 加强致癌试剂、放射性试剂以及致病生物制品管制，并严格限制使用区域，严防污染。

⑩ 通过气味鉴定不确定的有机试剂时严禁直接对着瓶口吸闻，应采取扇风的方式将少

量气味引向鼻子。

⑪ 切勿将强酸、强碱等洒在台面上，也不能将高温物品直接放在台面上。

⑫ 实验仪器应根据不同用途分类存放，定位入柜，存放整齐，做好防尘、防潮、避光等工作。

⑬ 离开实验室前将手洗净，注意关闭门窗、火、电、煤气等。

⑭ 试剂取用后应及时盖好瓶盖，放回原处，防止交叉污染。

⑮ 注意取样称量过程应小心缓慢，少量多次进行调整。

⑯ 普通玻璃仪器加热反应，要保证通气顺畅，避免高压爆炸危险。

⑰ 注意强酸、强碱以及腐蚀性试剂的使用，严防溅洒，避免造成意外伤害，以及造成仪器腐蚀。

⑱ 注意爱护使用仪器，节约药品、试剂和各种实验耗材，勿使用过期的药品和试剂，以免实验结果产生误差。

⑲ 注意药品和试剂的保质期以及使用过程中保持纯净，严防混杂和污染。

⑳ 使用和洗涤仪器时，应小心仔细，防止损坏。

㉑ 发现仪器故障应立即报告指导老师，不得擅自动手检修。

㉒ 实验前后加强观察和检查，严防意外事故发生。

㉓ 注意加强仪器的保管、保养及维修，使仪器经常保持良好的使用状态。

㉔ 发生意外情况，应立即报告指导老师，及时处理，切勿隐瞒。

㉕ 对化学试剂或生物制剂过敏者，应该知悉自己可能的过敏源，提前告知实验老师。

㉖ 如遇火险，应先关掉火源，再用湿布或沙土掩盖灭火，必要时使用灭火器灭火。

㉗ 用时长，存在空当的实验应贴好信息标签。

第二节　实验报告撰写

实验报告是学生对实验项目进行预习和完成实验后，经过科学规范地整理后写出的简单扼要的书面报告。整理实验结果和撰写实验报告是实验者完成实验后最基本的工作，它可以使学生对实验过程中获得的感性知识进行全面总结并可提高到理性认识，知道已取得的结论，了解尚未解决的问题和实验尚须注意的事项，并提供有价值的资料。书写实验报告的过程是学生用所学生物相关学科的基本理论对实验结果进行分析综合，将实验过程和结果上升为理论的过程，也是锻炼学生科学思维，独立分析和解决问题，准确地进行科学表达的过程。同时实验报告也是对学生的实践认知能力、科研素养以及实验成绩进行综合评价的依据。

一、实验报告撰写总则

实验报告是学生对自己的实验实践活动的总结归纳，也是将理论知识运用于实践的过程，对于提高学生对知识的运用有重要意义，同时也是评价学生实践能力的重要依据，因此撰写实验报告必须是经过了实验和实践活动的，必须实事求是地记录实验的过程数据和结果。

二、实验报告的结构和撰写要求

1. 封面

教学实验报告第一页为封面，封面内容一般需写明课程的基本信息，需要准确填写的内容包括实验的课程名称、实验项目、实验日期和实验时间、实验地点、专业班级、学生姓名、学生学号及指导老师等，这是教学实验的重要考评信息。

2. 正文

教学实验报告的正文一般包括实验目的、实验原理、实验步骤、试剂与仪器、数据记录及处理和思考题等部分。

（1）实验目的　简练地叙述为什么要进行实验，要达成什么样的学习目标，意义是什么？生物学科教学实验目的的一般撰写标准为：目的要明确，在理论上验证生物的构造、生命代谢所表现的现象规律以及生命科学中的原理等，并使实验者获得深刻和系统的理解，在实践中，掌握实验方法步骤、使用实验设备的技能技巧和程序的调试方法等。

（2）实验原理　实验原理是指自然科学中具有普遍意义的基本规律，实验原理表述的内容是实验设计的整体思路，即通过何种手段达到何种实验目的，还包括实验现象与结果出现的原因以及重要实验步骤设计的依据等。

（3）试剂与仪器　实验所用的试剂、耗材和仪器等要写明准确的名称、型号、规格、级别等。

（4）实验步骤　实验步骤能够直观地展现实验者操作实验的过程，体现具体的实验方法和技巧。实验步骤应从理论和实验两个方面考虑，要写明依据何种原理、采用了何种技术或操作方法进行实验，并详细地写出实验操作步骤，一般按照实验每一步操作的时间顺序来撰写，可以用序号进行罗列，也可以流程图来展示，用箭头标识上下步关系。

（5）数据记录、处理及分析讨论　该部分内容应包含数据的原始记录、原始数据生成的实验结果、讨论和结论等部分，具体根据实验项目的性质确定。

原始记录是形成实验结果的根据，也可是实验成果的直接展现，是实验报告最重要的部分之一。原始记录应在实验操作和观测过程中实施，如实工整地记录下来，待实验完成后再次认真核对。

实验结果是由原始记录经过统计学分析、系统比对分析和再次加工所形成的，可以更加清晰和直观地反映实验成果。实验结果表达形式多样，可以是文字、统计表、图和照片等，非文字类实验结果应同时辅以精练的描述。

讨论和结论，是对实验过程和结果的总结。一般讨论是对实验过程设计、出现的问题、观察到的现象和规律、实验结果和实验失败等进行讨论或者解释分析，探寻其中的原因并提出可能的解决方法和建议。例如实验结果和预期的结果一致，那么它可以验证什么理论？实验结果有什么意义？说明了什么问题？另外，也可以写一些本次实验的心得以及提出一些问题或建议等。结论是对结果的提炼、升华或是对整个实验的概括，是一种科学合理的概括性的判断，是对原则和理论的归纳。

（6）思考题　一般是实验所涉及的关键性方法技术问题、原理问题或者讨论题。要求学生在充分掌握理论知识的基础上，提前预习实验指导书的过程中回答，目的在于加深学生对实验原理、方法技术等的认识，充分掌握实验要求。在进行实验之前应回答这些问题。

第三节　实验常用仪器设备及使用

一、分析天平的使用

分析天平是定量分析操作中最主要、最常用的仪器之一，常规分析操作都要使用，其称量误差直接影响分析结果。因此，必须了解常见天平的结构，学会正确的称量方法。实验室常用天平有普通托盘天平和电子天平。普通托盘天平采用杠杆平衡原理，使用前须先调节螺丝调平，其称量误差较大，一般用于对质量精度要求不太高的场合。对于质量精度要求高的样品和基准物质的称量，则应使用电子天平。电子天平是根据电磁力平衡原理，直接称量，无需标准砝码平衡，称量速度快，精度高，并可直接显示读数。

电子天平具有体积小、使用寿命长、性能稳定、操作简便和灵敏度高的特点，同时电子天平还具有自动校正、自动去皮、超载显示、故障报警等功能。电子天平在称量过程中使用和计数非常方便，是科研和实验教学中必需设备。在科研和实验教学中，目前普遍使用电子天平。恰当选择和使用，规范称量操作，是保障电子天平在使用寿命内正常运转的有效手段，也是保障科研和教学顺利进行的重要环节。

1. 电子天平的选择

在配制不同的试剂过程中，称取药品的重量和精度要求不同。因此，在科研和教学中应根据实验室具体要求，选择满足相关参数的电子天平。一般选择电子天平所要关注的参数主要为准确度与量程。

（1）准确度的选择　选择电子天平时，首先应考虑电子天平的分度值是否符合称量的准确度要求。电子天平的分度值应参考厂商给出的检定分度值 e，而不是实际分度值 d。根据目前国家计量检定规程，电子天平是否合格是以检定分度值 e 来衡量的，允许误差范围是 $0.5e \sim 1.5e$。检定分度值 e 与实际分度值 d 的数值关系为 $d \leqslant e \leqslant 10d$。以梅特勒 AL204 型电子天平（如图 1.3.1 所示）为例，最大称量为 210g，实际分度值 d 为 0.1mg，检定分度值 $e=10d=1$mg。当称量 100g 时，允许误差为 $1.0e=1$mg，即合格天平示值误差允许为 100g±1mg。若用户根据实际分度值 $d=0.1$mg 选择天平，而数据精度则要求为 100g±0.5mg，则该电子天平将可能无法满足工作需要。另外需注意，国外有些厂商使用相对精度来衡量电子天平的准确度。因此，如果选择实际分度值 d 为 0.1mg 或 0.01mg 的电子天平，切不可笼统地称为万分之一或十万分之一精度的天平，而应该具体参考天平的量程和实际分度值 d。此外，

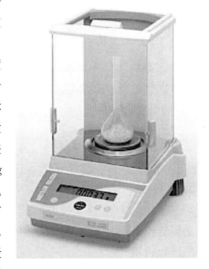

图 1.3.1　梅特勒 AL204 型电子天平

有些天平没有标注检定分度值 e 的大小，一般可按 $e=10d$ 来进行参考。

（2）量程的选择　选择电子天平还要看天平的量程是否满足称量要求，一般量程应选择最大载荷加上 20％左右保险系数。选择量程也不是越大越好，因为同样准确度的天平，量

程越大，对天平传感器和辅助设备的要求越高，价格也越贵。

2．电子天平的使用要求

电子天平的使用要求主要包括环境、操作和日常维护三点。

（1）环境条件　电子天平应摆放在具有防尘、防振、防潮、防温度和气流波动的空间内。要求：天平工作台要牢固、水平，远离热源、电场、磁场；室内干燥清洁，温度恒定，以 20℃左右为佳，湿度应在 40%～75% 以内，并尽量避免阳光直射。

（2）合理操作　天平的安装应参照出厂说明书正确装配，天平要处于水平状态。在日常使用电子天平之前，应预先开机，预热半小时到 1h。对于高频使用和连续使用的，可使天平始终处于开启状态，让内部工作温度保持恒定，有利于称量过程的稳定。因存放时间较长、位置移动、环境变化或为获得精确测量，天平在使用前都应进行校准操作。天平称量时不可过载使用，以免造成损坏。

（3）日常维护　除保持天平室的环境卫生外，更要保持天平托盘的清洁，及时小心清洁托盘及其周围的天平台面和缝隙。定期更换干燥剂，保持称量室内干燥。新的电子天平自启用后，应定期进行校准，保证天平灵敏度等处于最佳状态。电子天平长期不使用则应清理干净后封箱收藏保管。

3．电子天平水平的调整

电子天平在称量过程中会因为摆放位置不平而产生测量误差，称量精度越高误差就越大（如精密分析天平、微量天平），为此大多数电子天平都提供了调整水平的功能。电子天平一般有两个调平基座，一般位于后面，也有位于前面的。旋转这两个调平基座，就可以调整天平水平。电子天平某一位置有一个水准泡。调平后，水准泡必须位于液腔中央，否则称量不准确。调整方法如下：

① 单独旋转左或右调平底座，使水准泡先移动到液腔中央线。

② 同时旋转电子天平的两个调平底座，幅度须一致，都须顺时针或逆时针。

4．电子天平的校准（以梅特勒 AL204 为例）

电子天平在首次使用之前、变更位置或重新调整水平之后，及在停用一段时间后再次启用均需进行校准。校准操作如下：

① 取下秤盘上所有被称物，用刷子轻轻刷去天平内的残留物品，用酒精棉球擦净天平内外部，晾干。

② 接通电源，等待预热仪器及完成自检，显示"OFF"即自检结束。

③ 单击"On"键打开仪器开关，使天平处于可操作状态。

④ 轻按"0/T"键，天平清零。

⑤ 按住"Cal"／"校准"键不放，直到在显示屏上显示"CAL---"后松开，所需的校准砝码值会在显示屏上闪烁，例如显示器出现"CAL---200"闪烁，则提示用 200g 的标准砝码进行校准。

⑥ 在托盘中心放上校准砝码，例如 200g 标准砝码，等待天平自动进行校准。

⑦ 当"0.00g"闪烁时，移去砝码。当在显示屏上短时间出现（闪烁）信息"CAL done"，紧接着又出现"0.00g"时，天平的校准结束。

5．基本的样品称量方法

（1）直接称量法　用于称量某一物体的质量、洁净干燥的不易潮解或升华的固体试样的质量。

（2）递增称量法　用于称量某一固定质量的试剂或试样。这种称量操作的速度很慢，适用于称量不易吸潮、在空气中能稳定存在的粉末或小颗粒（最小颗粒应小于 0.1mg）样品，以便精确调节其质量。固定质量称量法要求称量精度在±5％以内。本操作可在天平中进行，用左手手指轻击右手腕部，将药勺中样品慢慢振落于容器内，当达到所需质量时停止加样，关上天平门，等待完成称量计数。若加入量超出，则需重新称重试样，已用试样必须弃去，不能放回到试剂瓶中。操作中不能将试剂洒落到容器以外的地方。

（3）递减称量法　用于称量一定范围内的样品和试剂。主要针对易挥发、易吸水、易氧化和易与二氧化碳反应的物质。用滤纸条从干燥器中取出称量瓶，用纸片夹住瓶盖柄打开瓶盖，用牛角匙加入适量试样（多于所需总量，但不超过称量瓶容积的三分之二），盖上瓶盖，置入天平中，显示稳定后，按"TAR键"清零。用滤纸条取出称量瓶，在接收器的上方倾斜瓶身，用瓶盖轻击瓶口使试样缓缓落入接收器中。估计试样接近所需量时，继续用瓶盖轻击瓶口，同时将瓶身缓缓竖直，用瓶盖敲击瓶口上部，使粘于瓶口的试样落入瓶中，盖好瓶盖。将称量瓶放入天平，显示的质量减少量即为试样质量。若敲出质量多于所需质量时，则需重新称重，已取出试样不能收回，须弃去。

6. 电子天平称量操作（以梅特勒 AL204 为例）

① 开机前检查：查看水准泡是否正好位于圆环的中央，硅胶是否变色。

② 检查天平使用记录，如无故障，方可使用。

③ 接通电源，预热 30min，完成自检显示"OFF"。对于初次接通电源或者长时间断电之后至少需要预热 2.5h 以上，才可达到所需要的温度。

④ 单击轻按"ON"键打开仪器开关。接通显示器，电子称量系统自动实现自检功能。当显示器显示"0.00g"时，自检过程结束，即可进行称量。

⑤ 将称量容器或称量纸放置在托盘中央，关严天平拉门，待读数稳定后，轻按"0/T"键去皮。

⑥ 将样品小心置于称量容器中或者称量纸上，轻缓关严天平拉门，待读数稳定，记录称量质量，取出称量物品。

⑦ 称量完毕，按下"OFF"关闭天平电源，切断电源。

⑧ 清洁天平内外，然后在称量室内放置干燥剂后，轻缓关严天平拉门。

⑨ 套上仪器罩，做好使用记录。

7. 电子天平使用注意事项

① 电子天平外接电源选择应与当地电压一致。

② 初次安装天平或搬运天平应注意把天平运输保护部件拆下或安装上。

③ 根据说明书要求接通电源预热天平至少半小时或更长时间。

④ 根据说明书方法启动天平校准程序，定期对天平进行校准。

⑤ 操作天平时不可过载使用，以免损坏天平。

⑥ 称量挥发性、腐蚀性物品时，需放入具盖容器中称量。

⑦ 保持称量室内干燥，经常检查防潮硅胶，发现变成红色，应及时更换。

二、pH 计的使用

pH 值是水溶液中氢离子浓度的常用对数的负值，实验室常用 pH 计测定。pH 计，又称酸度计，是用来精密测量溶液酸碱度的一种仪器，利用溶液的电化学性质测量氢离子浓度，确定溶液酸碱度数值。酸碱度是溶液的基本理化性质之一，因此 pH 计被广泛应用于科研、医药、环保、工农业等领域。实验室常用 pH 计主要有台式、便携式和笔式三类（如图1.3.2 所示）。

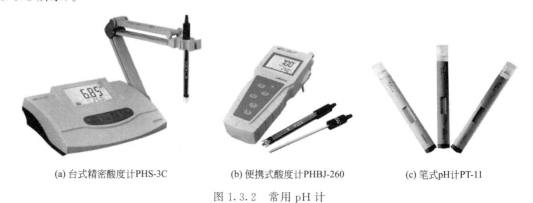

(a) 台式精密酸度计PHS-3C   (b) 便携式酸度计PHBJ-260   (c) 笔式pH计PT-11

图 1.3.2　常用 pH 计

pH 计主要由参比电极（基本功能是维持一个恒定的电位，作为测量各种偏离电位的对照，银-氧化银电极是目前 pH 中最常用的参比电极）、玻璃电极（建立一个对所测量溶液的氢离子活度发生变化做出反应的电位差）和电流计（放大原电池的电位信号，转换成相应的pH 读数）三个部件组成。

pH 计通过溶液的电位来测量溶液的酸碱度，因此 pH 计可测量电池的电动势。将玻璃电极和参比电极放在同一溶液中，便组成一个原电池。电池的电位是玻璃电极和参比电极电位的代数和，即 $E_{电池} = E_{参比} + E_{玻璃}$，在恒定温度条件下，原电池的电位随待测溶液的 pH 变化而变化。pH 计中的电池的电动势非常小，测量其产生的电位较困难，且电路的阻抗非常大，为 $1 \sim 100M\Omega$。因此，必须把信号放大，使其足以推动标准毫伏表或毫安表。pH 计的参比电极电位稳定，在温度保持稳定的情况下，溶液和电极所组成的原电池的电位变化只与玻璃电极的电位有关，而玻璃电极的电位取决于待测溶液的 pH 值，因此通过对电位的变化测量，就可以得出溶液的 pH 值。

1.pH 计校准

pH 计在使用前都必须经过 pH 标准溶液的校准，检定 pH 计的准确性和精度后才能测定样品的 pH 值，也才能保证测定结果的准确性。pH 计的校准有两种方法，即一点法校准和两点法校准。

（1）一点法校准　对于测量精度在 0.1 pH 以下的样品，以及 pH 计本身精度是 0.2 pH 或 0.1 pH，仪器只设有一个"定位"调节旋钮，可采用一点法校准，具体操作步骤如下：

① 选用 pH 6.86 或 pH 7.00 标准缓冲液，先测量标准缓冲液温度，并查表确定该温度下的 pH 值，将 pH 计的温度补偿旋钮调节到该温度下。

② 取出 pH 电极，用纯水冲洗并甩干或用滤纸吸干水分。

③ 将电极浸入缓冲溶液晃动后静止放置，待读数稳定后，调节定位旋钮使仪器显示该标准溶液的 pH 值。

④ 取出电极冲洗并甩干，插入参比液中保存，或测量待测样品 pH 值。

（2）两点法校准　对于精度较高的 pH 计，仪器除了设有定位和温度补偿调节外，还设有电极斜率调节。对待测样品的 pH 精度要求较高时，可采用多点校准法进行斜率校准。一般多为两点法校准，需用两种标准缓冲液进行校准，具体步骤为：

① 从参比液中取出电极，洗净并甩干或用滤纸吸干水分，浸入 pH6.86 或 pH7.00 标准溶液中，仪器温度补偿旋钮置于溶液温度处。待读数稳定后，调节定位旋钮使仪器示值为标准溶液的 pH 值。

② 取出电极，用纯水洗净并甩干或用滤纸吸干水分，浸入第二种标准溶液中，待读数稳定后，调节仪器斜率旋钮，使仪器显示第二种标准溶液的 pH 值。根据测试溶液的酸碱情况，选用 pH 4.00（酸性）或 pH 9.18 和 pH 10.01（碱性）标准缓冲溶液。

③ 取出电极洗净并甩干，再浸入 pH 6.86 或 pH 7.00 缓冲溶液中。如果误差超过 0.02 pH，则重复第①、②步骤，直至两种标准溶液不需要调节旋钮都能显示正确的 pH 值。

④ 取出电极用纯水洗净并甩干或用滤纸吸干水分，插入参比液中保存，或测量待测样品 pH 值。

2. pH 值测定操作程序

① 充分摇匀待测溶液，静置溶液待温度平衡至室温，记录溶液的温度。

② 在 pH 计上设置适当的温度补偿值。

③ 从参比液中取出电极，用纯水洗净并甩干或用滤纸吸干残留水分。

④ 将电极放入待测溶液中，等待 pH 读数保持稳定后记录溶液此时温度下的 pH 值。

⑤ 取出电极，用纯水清洗干净并甩干或者用滤纸吸干水分，待用。

⑥ 使用完毕，将电极用纯水彻底清洗干净，甩干或者吸干水分，将电极按要求保存。

3. pH 仪操作方法（以雷磁精密酸度计 PHS-3C 为例）

（1）开机前准备

① 电极梗旋入电极梗插座，调节电极夹到适当位置。

② 将复合电极夹在电极架上，并拉下电极前端的电极套。

③ 用蒸馏水清洗电极，清洗后用滤纸吸干。

（2）开机

① 电源线插入电源插座。

② 按下电源开关，电源接通后，预热 30min，接着进行标定。

（3）标定

① 在测量电极插座处拔去短路插座。

② 在测量电极插座处插上复合电极。

③ 把选择开关旋钮调到 pH 挡。

④ 调节温度补偿旋钮，使旋钮白线对准溶液温度值（室温 25℃）。

⑤ 把斜率调节旋钮顺时针旋到底（即调到 100% 位置）。

⑥ 把清洗过的电极插入 pH 6.86 的缓冲溶液中。

⑦ 调节定位调节旋钮，使仪器显示读数与该缓冲溶液实测温度下的 pH 值相一致。

⑧ 用蒸馏水清洗过的电极，再插入 pH 4.00 的标准溶液中，调节定位旋钮使仪器显示读数与该缓冲溶液实测温度下的 pH 值相一致。

⑨ 重复⑥～⑧直至不用再调节定位或斜率两调节旋钮为止。

⑩ 仪器完成标定。

（4）测量 pH 值　经标定过的 pH 计，即可用来测定被测溶液的 pH 值。根据被测溶液与标定溶液温度相同与否，测量步骤也有所不同。

被测溶液与标定溶液温度相同时，测量步骤如下：

① 用蒸馏水清洗电极头部，再用被测溶液清洗一次。

② 把电极浸入被测溶液中，用玻璃棒搅拌溶液，使溶液均匀，在显示屏上读出溶液的pH 值。

被测溶液和标定溶液温度不相同时，测量步骤如下：

① 将电极头部用被测溶液清洗一次。

② 用温度计测出被测溶液的温度值。

③ 调节"温度"调节旋钮，使白线对准被测溶液的温度值。

④ 把电极插入被测溶液内，用玻璃棒搅拌溶液，使溶液均匀后读出该溶液的 pH 值。

4. pH 计使用注意事项

① pH 计使用前需认真阅读使用说明书。

② 使用 pH 计测定溶液 pH 值之前必须对 pH 计进行校准，检查 pH 计的准确度和精度。仪器在连续数天使用时，每天都应进行校准；一般在 24h 内使用不需再校准。

③ 进行 pH 计校准时，一般第一次用 pH 6.86 的标准缓冲液，第二次用接近被测溶液pH 值的缓冲液，如被测溶液为酸性时，缓冲液应选 pH 4.00；如被测溶液为碱性时，则选pH 9.18 的缓冲液。

④ 复杂的 pH 计设有温度补偿器，可补偿温度对电位计测得的电位差的影响，而不允许存在依赖于温度的其他影响。简单的 pH 计没有温度补偿器，只能测定特定温度下（20℃或 25℃）的 pH 值，否则测量结果不准确。

⑤ 复合电极在两次测定间一定要彻底用纯水冲洗干净并吸干水分。测量时，电极的引入导线应保持静止，否则会引起测量不稳定。

⑥ pH 计不使用时，应将电极浸泡在电极浸泡液中。部分复合电极的外参比补充液为3mol/L 氯化钾溶液，可以从电极上端小孔加入，拉上橡皮套，防止补充液干涸。电极切忌浸泡在蒸馏水中，蒸馏水保存会导致复合电极内部的离子丢失。如果发现干涸，在使用前应在 3mol/L 氯化钾溶液或微酸性的溶液中浸泡几小时，以降低电极的不对称电位。

⑦ 电极应与输入阻抗较高的 pH 计（$\geqslant 10^{12}\Omega$）配套，以使其保持良好的特性。

⑧ 电极经长期使用后，会发生氧化和污染物附着，如发现斜率略有降低，则可把电极下端浸泡在 4%HF（氢氟酸）中 3~5s，用蒸馏水洗净，然后在 0.1mol/L 盐酸溶液中浸泡，使之复新。

⑨ 电极经长期使用难免会造成污染物附着，尤其是溶液中含有有机生物材料时，极易造成电极污染，影响仪器的准确性。被污染的电极应采用相应的清洗剂进行清洗，污染物和清洗剂参考表 1.3.1。

表 1.3.1 酸度计电极污染物和清洗剂参考

污染物	清洗剂
无机金属氧化物	低于 1mol/L 稀酸
有机油脂类物质	稀洗涤剂(弱碱性)
树脂高分子物质	乙醇、丙酮、乙醚
蛋白质血细胞沉淀物	5%胃蛋白酶＋0.1mol/L 盐酸溶液
颜料类物质	稀漂白液、过氧化氢

三、常用移液器械的使用

准确的实验操作和分析方法对于生物技术基础实验而言极为重要。在实验过程中，要保证实验操作和分析结果的准确性、可靠性和可重复性，精确、平稳地进行溶液滴加和转移需要熟练掌握基本实验技能。滴管、移液管及微量移液器是生物技术实验中常用的移液器械。在此简单介绍这三种常用移液器械的规格及使用方法。

1. 滴管

滴管是针对于少量溶液滴加所使用的简单移液器械，可用作半定量移液，使用方便。其移液量为 1~5mL，常用 2mL。常用的滴管有玻璃滴管和塑料滴管（如图 1.3.3 所示）两种。玻璃滴管有长、短两种，可更换不同大小的滴头，也可重复使用。塑料滴管则是将管体和吸头合为一体的一次性移液器械。有些滴管还带有刻度和缓冲泡，比普通滴管移液更准确，并可防止液体吸入吸头。

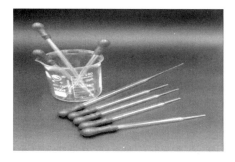
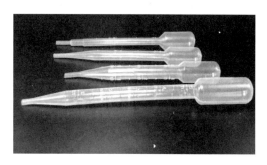

(a) 玻璃滴管

(b) 塑料滴管

图 1.3.3　实验室常用滴管

2. 玻璃移液管

移液管是一种量出式仪器，用来测量其所释放溶液的体积，可用来准确移取毫升级别的溶液。常用的玻璃移液管有两种，一种为较长的、带有刻度的匀直玻璃管 ［如图 1.3.4(a)］，又称为吸量管，包含 1mL、2mL、5mL 和 10mL 等规格，可准确移取量程范围内的液体；另一种是中间有一处膨大部分的细长玻璃管 ［如图 1.3.4(b)］，其上端管颈处刻有一标线，可标示取液体积，能准确移取一定体积的溶液，包含 5mL、10mL、25mL、50mL 和 75mL 等规格。移液管和吸量管所移取的体积通常可准确到 0.01mL。

玻璃移液管需与吸液球配套使用，包括洗耳球、带阀门的新式吸液球、柱塞式吸液泵等，普通实验室中最常用的是普通洗耳球。

（1）持握及清洗操作

① 右手持移液管上端合适位置，食指靠近上端管口，中指和无名指张开握住移液管外侧，拇指在中指和无名指中间位置握在移液管内侧，小指自然放松。

② 左手持洗耳球，以握拳式握在掌中，尖口向下。

③ 握紧洗耳球，排出球内空气，将尖口插入移液管上口。

④ 缓慢放松左手手指，平缓吸入洗涤液直至刻度线以上部分。

⑤ 移开洗耳球，右手食指迅速摁紧管口。

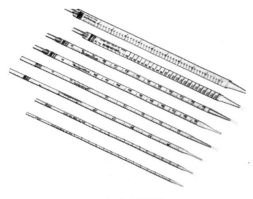

(a) 匀直玻璃吸管

(b) 胖肚玻璃吸管

图 1.3.4　实验室常用玻璃吸管

⑥ 等待片刻后，将洗涤液放回原瓶。

⑦ 以自来水冲洗移液管内、外壁至无水滴形成。

⑧ 用蒸馏水洗涤 3 次，垂直插于移液管架上，晾干备用。

（2）移液操作

① 润洗移液管：将移液管管尖插入待吸取溶液，吸取适量溶液，一般为移液管容量的 1/3 及以下，立即用右手食指摁住管口，取出，横握滚动移液管 10s 左右，然后将溶液从管尖排出到废液缸中。重复操作 3～4 次。

② 将移液管管尖插入待吸液面下 1～2cm 处，用洗耳球吸取溶液；当液面上升至标线或刻度以上 1～2cm 处时，右手食指迅速摁紧管口；将移液管管尖移出液面，并使管尖紧贴容器内壁片刻；移出移液管，用滤纸擦干移液管下端黏附的少量溶液。

③ 左手另取一洁净烧杯，斜持烧杯，垂直持握移液管，管尖紧贴内壁。

④ 平视刻度线和视线保持水平，微微放松食指使溶液缓慢流出液面将至刻度线时，摁紧食指，停顿片刻。

⑤ 重复上步至溶液弯月面底线与标线上缘相切为止，摁紧管口。

⑥ 尖口轻贴烧杯内壁，上移少许，去掉尖口处的液滴；垂直持握移液管，移至目的容器中，倾斜容器，管尖轻贴内壁，松开食指，溶液沿内壁流下，溶液排完后停留 15s。

⑦ 将移液管在内壁靠点处贴壁前后稍稍滑动几下，或贴壁旋转一周。

⑧ 移走移液管，立即清洗移液管，将洗净的移液管竖直放置在移液管架上。

（3）其他配件

带阀门的洗耳球有 A、B、C 三个玻璃珠阀门，挤压洗耳球后可通过控制阀门吸取液体、调整液面高度和排出残液。除了洗耳球，还有活塞式"吸管泵"，使用更加方便。活塞式"吸管泵"对接移液管后，通过转动转轮控制柱塞移动，便可比较准确地吸取和快速排放溶液。

3. 滴管和移液管使用注意事项

① 管尖不能浸入溶液太深，并要边吸边往下移动，以保持吸液深度。

② 吸液过程必须平缓，严禁猛吸猛放。

③ 吸液前应润洗内管壁，保证取液的准确性。

④ 移液过程中应垂直持握移液管，不能倾斜。

⑤ 标有"吹"字的移液管，必须用洗耳球吹出排尽残留溶液。

⑥ 移液管使用后必须立即清洗干净，并垂直插于移液管架上。

4．可调式微量移液器

微量移液器俗称"移液枪""加样枪"，是一种取样量连续可调的精密取液器械（如图 1.3.5）。吸排液体依靠活塞的上下移动来实现，活塞的移动距离由调节轮控制螺杆机构来实现。下压推杆使活塞向下移动、排出移液器内部分空气；松手后，活塞在复位弹簧的作用下复位，复位过程中形成内外大气压差，利用大气压将液体吸入吸头（枪头）完成吸液过程；再次向下按压推杆，活塞推动空气将吸头内的液体排出，完成排液过程。移液器内部柱塞分 2 挡行程，第 1 挡为吸液，第 2 挡为放液，手感差异明显。

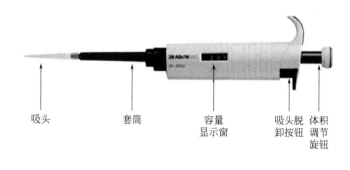
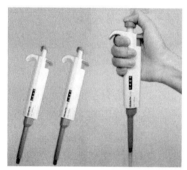

吸头　　套筒　　容量　　吸头脱　体积
　　　　　　　显示窗　卸按钮　调节
　　　　　　　　　　　　　　　旋钮

图 1.3.5　移液器结构（左）及正确握法（右）

微量移液器移动的液体体积以微升为基本单位。在操作过程中空气的渗漏、异常收缩和膨胀，都会影响吸液体积的精确度，必须考虑温度、密闭性、轴心移动速度、试剂的蒸气等因素。

（1）使用方法（如图 1.3.6）

① 调节吸液体积　转动调节轮至所需取液体积。

② 装吸头　将移液器吸头套筒插入吸头，在轻轻用力按压的同时，顺时针或者逆时针旋转移液器，确保套筒和吸头之间紧密接合。对于多通道移液器，在吸头盒中安装吸头时，轻轻下压同时，需左右轻轻摇动移液器。

③ 润洗　将吸头垂直浸入液体内 2～4mm 处，缓慢轻柔吸取、排放 2～3 次。

④ 吸液　拇指轻轻下压推杆至第 1 挡并保持，将吸头垂直浸入液体内 2～4mm 平缓上移拇指至复位，停 1～2s，将吸头缓慢移出液面。

⑤ 排液　垂直持握移液器，左手持受液容器，并以 10°～45°倾斜，吸头尖部与容器内壁贴紧，平缓下压推杆至一挡，稍作停顿，继续下压至二挡，停 1～2s，移开移液器，平缓上移拇指使推杆复位。

⑥ 卸吸头　用力按下脱卸按钮卸掉吸头。

⑦ 复位　将移液器调至最大量程，挂在专用支架上或实验台柜的横杆上。

（2）移液器械使用注意事项

① 使用前必须认真阅读操作说明，熟悉移液器的使用。

② 看清移液器的最大量程，调节过程中切勿拧过头，避免损坏调节轮。

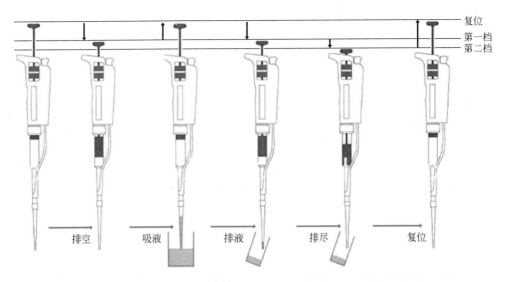

图 1.3.6　移液器移液操作示意

③ 严禁敲打移液器或用移液器敲打桌面等物体，严防摔落。

④ 移液器由小量程调大的过程中，时常发现数字难以完全对准，可通过稍微调大然后返回的办法解决（计数器里面有一定的空隙需要弥补）。

⑤ 严禁在装载吸头的过程中上下来回捶击，以免损坏移液器。

⑥ 移液过程中需保持每步操作的一致性，应保持垂直角度握持移液器，缓慢而平稳地吸排液体，严禁猛按猛松推杆。

⑦ 移液前应浸润吸头，以减小误差。

⑧ 吸取有机溶剂或高挥发性液体时，挥发性气体易在移液器内形成负压，此时可增加润洗次数，抵消负压效应。

⑨ 严禁使用移液器吸取强酸、强碱、强氧化性物质及腐蚀性有机溶剂。

四、实验室常用解剖器械的使用

生物解剖器械的种类很多，其中一部分器械是任何解剖操作常用的基本器械。所以正确掌握和熟练运用这些器械，将有助于解剖实验操作的顺利进行。

1. 手术刀

手术刀有大小、形状和长短的不同，以适应手术的不同需要。作较长的切口时可用较宽大的大圆刀，采用执琴弓式或抓持式持刀法；作较短的切口或细微的切割时则使用较细小的小圆刀，采用执笔式持刀法；挑开或切断气管软骨环时，多使用尖刀。为免伤深部组织可采用反挑式持刀法；握拳式持刀法用于握截肢刀以环形切断肢体（如图 1.3.7）。刀柄的一端为良好的钝性分离器，可用于分离组织，显露手术野深部，或用作牵开组织以暂时查看血管、神经或肌腱的深部情况。传递手术刀时，传递者应握住刀柄与刀片衔接处的背部，将刀柄尾端送至解剖者的手中。切不可将刀刃传递给解剖者，以免刺伤。

2. 剪刀

手术剪刀用以剪线、剪敷料、分离及修剪组织，分为直、弯、尖头及平头等不同类型，

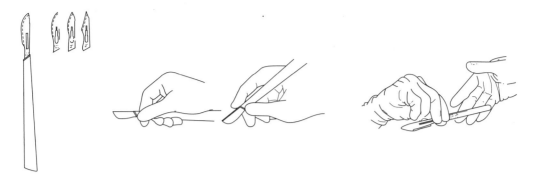

图 1.3.7 常见解剖刀（左）、执刀方式（中）及递刀方式（右）

大小不一（如图 1.3.8）。直剪刀适用于手术野浅部，深部使用弯头剪比较方便。分离或修剪组织时，一般以用平头为宜。特殊细致的操作常需用尖剪刀。在手术野内剪线时皆宜用平头剪刀。正确的执剪法是用拇指及无名指分别伸入剪柄的两环，不宜伸入过深，中指置于剪柄侧面，食指前伸到剪柄和刀片交界处附近，前三指控制剪的开、合，食指有稳定和控制剪刀方向的作用。凡器械柄有两环者，均可用此法执持（如图 1.3.8）。

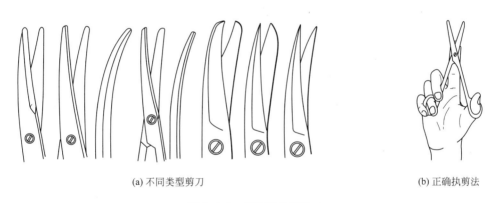

(a) 不同类型剪刀   (b) 正确执剪法

图 1.3.8 剪刀及执剪法

3. 止血钳

止血钳用于钳夹出血点以止血，也可用于钝性分离、拔针及暂时钳夹某些组织作牵引，有直、弯头，有齿和无齿、全齿及半齿等不同类型，大小、长短不一（如图 1.3.9）。较小者如蚊式止血钳，较大者如蒂钳。手术野浅部止血时可用直止血钳，深部止血宜用弯者。如夹持组织较多，宜用全齿止血钳、蒂钳等以防滑脱。带齿止血钳（Kocher 式钳）尖端有长锐齿，可用于钳夹较厚的组织以防滑脱，现在多用于胃肠道手术中，钳夹将要切除的胃肠壁，而不用于钳夹止血。止血钳不宜用以夹皮肤，以免坏死；也不宜夹持布类，以免损坏止血钳。通常在缝合时用以拔针者可用较长、较大的血管钳。持钳姿势与执剪相同（如图 1.3.8）。

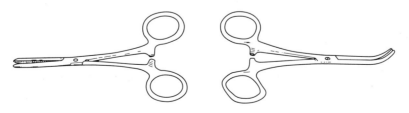

图 1.3.9 直头（左）、弯头（右）有齿止血钳

松血管钳法：松钳可用右手或左手；右手松钳以正常持钳姿势拇指与食指、中指、无名指三指稍用力对顶即可开放（如图 1.3.10 右）；而左手松钳时，需用拇指和食指稳住血管钳的一个环，与中指和无名指稍对顶即可（如图 1.3.10 左）。

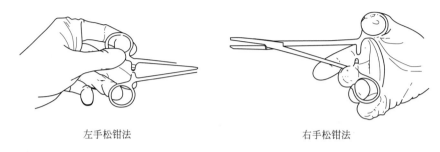

左手松钳法　　　　　　　　　　　　　　右手松钳法

图 1.3.10　松血管钳法

4. 镊子

镊子用于夹持组织，以便分离、缝合或进行其他操作，分有齿和无齿两类，大小、长短也不同（如图 1.3.11）。一般组织（皮肤、皮下组织及筋膜等）用有齿镊，可以夹持稳固。无齿镊用于夹持血管、神经及脏器组织，以免损伤。一般常用左手持镊，持镊时用拇指对食指夹持较方便（如图 1.3.11 右所示）。此外，尚有尖头镊，专门夹持较脆弱和较嫩的组织，如细小血管、神经、胆管及黏膜等。

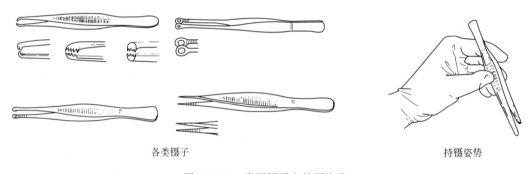

各类镊子　　　　　　　　　　　　　　持镊姿势

图 1.3.11　常用镊子和持镊姿势

5. 抓持钳

用于抓持牵引组织、敷料等目的，根据抓持的组织不同，尖端可有各种造型（如图 1.3.12），此种器械弹性较大，对组织损伤轻微。

6. 解剖针

解剖针形状如图 1.3.13 所示，可用于挑、刺等操作。常用来捣髓处死蟾蜍，持法如执笔法。还可用来把掀开的动物皮固定在旁边合适的位置，便于后续的实验观察。

五、实验室冰箱的使用

冰箱是科研和实验教学中用来储存需低温、恒温保存的生物样品和试剂的常用设备。掌握正确、规范的实验室冰箱使用要求，能有效避免冷藏、冷冻物品和实验样品的损坏及丢失，避免造成重大科研、教学成果及经济损失。

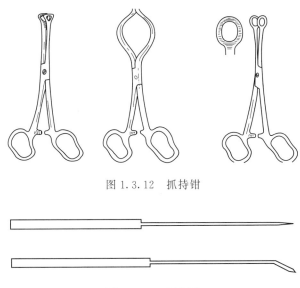

图 1.3.12 抓持钳

图 1.3.13 解剖针

1. 实验室冰箱储存物品的要求

① 商品说明书或标签中标明需低温保存的药品试剂，以及需低温放置的实验样品应按要求选择冰箱中合适的功能区域进行储存，并在记录本上填好冰箱内物品存放清单。

② 对于超出普通冰箱温度控制范围的低温储存物品，应参照商品说明书转至其他设备进行储存。

③ 冰箱内的所有物品应保证其张贴的标签完整清晰，分类存放。

④ 若有需要时应张贴生物安全标识及相关警示标识，需避光保存的物品要用原包装或铝箔密封、置于避光盒中。

⑤ 不同类型的实验样品必须分区保存，以避免交叉污染。

⑥ 不同的生物样品必须放置于专门的冻存盒中，或严密打包封装好。

⑦ 药品和试剂应严格密封，使用原包装盒或收纳盒存入冰箱。

⑧ 自制试剂必须严格做好密封后再存入冰箱，防止倾洒与泄漏。

⑨ 易燃、易爆、强刺激性、腐蚀性及致毒性药品应使用专门的化学试剂柜，严禁与普通物品共同存入一般冰箱。

2. 冰箱使用注意事项

① 新启用的冰箱必须严格按照产品使用说明书进行全面检查、规范安装，并按照正确程序启动冰箱，同时检查冰箱的安放位置是否符合要求。

② 冰箱在存放物品前，先空载运行一段时间，等箱内温度降低后再放入物品；存放的物品不能过多，尽量避免冰箱长时间满负荷工作。

③ 冰箱内禁止存放与本实验室无关的物品，尤其是食品、生活用品等。

④ 放入冰箱内的所有药品、试剂、实验样品、质控品等都必须密封保存。

⑤ 在使用过程中，箱门开启不要过于频繁，尽量减少开门次数、缩短开门时间，以减少箱内气体外漏，节约用电。

⑥ 应保持箱体四周区域清洁干净，避免影响制冷效果。

⑦ 若温度超出规定范围，可调节温控使其回到正常范围，并进行记录。

⑧ 定期清洁冰箱，清洁前应切断电源，用软布蘸水擦拭冰箱内外，确保柜内清洁卫生。

⑨ 冰箱冷冻区应常备一定数量的冰袋，以防突发停电，有助于临时降温，维持箱内物品的温度。

六、普通光学显微镜的使用

细胞和微生物的最显著特征是个体微小，一般必须借助显微镜才能观察到它们的个体形态和细胞结构。熟悉显微镜和掌握其操作技术是研究细胞结构和微生物不可缺少的手段。本部分将对目前生物学研究中最常用的几种光学显微镜和电子显微镜的原理、结构及其样品制备、观察技术进行介绍。目的在于使同学们通过实验，对不同类型的显微镜能有比较全面的了解，能根据所要观察对象选择适当的光学显微镜观察技术，并重点掌握明视野普通光学显微镜中油镜的工作原理和使用方法。

普通光学显微镜是生物学实验中最常用的光学仪器之一。光学显微镜的式样虽有不同，但它们的基本结构相同（如图 1.3.14 所示），即都是由机械部分和光学部分组成。

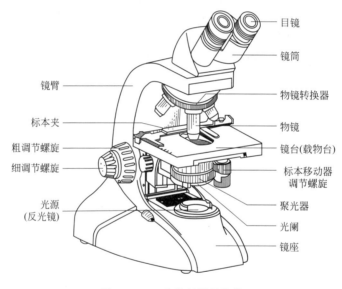

图 1.3.14　光学显微镜结构

1. 显微镜的构造

（1）机械系统

① 镜座和镜臂　它们是显微镜的主干，镜座位于显微镜底部，镜臂直立于镜座上，支撑和稳固显微镜整体和其他部件。

② 镜台（载物台）　安放玻片标本的平台。中央有通光孔，下有可变光阑。台面装有标本移动器和标本夹，调节移动器旋钮可前后左右移动标本。有些标本移动器上还带有标尺，可标定标本位置，方便重复观察。

③ 镜筒　连通目镜和物镜光路的圆筒。目镜安置在上端，下端安置连接物镜的物镜转换器。

④ 物镜转换器　用于安装物镜的可旋转的圆盘。其上可装 4～6 个不同倍数的物镜，观

察时可旋转转换器切换不同物镜。

⑤ 调焦装置 分粗调焦螺旋和细调焦螺旋，能使载物台升降，调节物镜和观察材料间的距离，得到清晰的图像。粗调焦螺旋升降的距离较大，约为50mm，主要用于寻找目的物。由低倍镜观察标本时，用粗调焦螺旋调焦距。细调焦螺旋升降的幅度较小，约为1mm，能精确地对准焦点，获得更清晰的物像。

（2）光学系统

光学系统包括照明系统和成像系统。前者由光源、聚光器和虹彩光圈组成。后者由物镜和目镜组成。

① 光源 多数为普通电光源，位于显微镜的下方。少数显微镜利用平、凹双面的反射镜，接受外来光线。

② 聚光器 在载物台的下面，由2~3块凹透镜组成。作用是使光线聚集增强，射入镜筒中，并使整个物镜所包括的视野均匀受光，提高物镜的鉴别能力。

③ 虹彩光圈 又名可变光阑，位于聚光器下面，由许多金属片组成。推动操纵光圈的调节杆，可改变光圈的大小，约束上行光线的强弱，适于观察。

④ 物镜 由数组透镜组成，起放大物体的作用。透镜的直径越小，放大倍数越高。其中放大40倍（40×）以下的称为低倍镜，一般为10倍（10×）；放大40倍（40×）以上的称为高倍镜；放大100倍（100×）以上的称为油镜。

⑤ 目镜 装于镜筒上端，其作用是将物镜所放大和鉴别的物像进行再放大，放大倍数一般为10倍（10×）。

2. 显微镜的成像原理

显微镜能将被检物体进行放大，是通过透镜来实现的。显微镜的关键光学部件都由透镜组合而成。从透镜的性能可知，只有凸透镜才能起放大作用，而凹透镜不可以。显微镜的物镜与目镜虽都由透镜组合而成，但相当于一个凸透镜。物体成像与物距 u（物体与物镜中心的距离）与焦距 f（物镜中心与焦点距离）的关系，有5种成像规律：

① $u \geqslant 2f$ 时，会在 $f \sim 2f$ 内形成缩小的倒立实像；

② $u = 2f$ 时，会在 $2f$ 上形成同样大小的倒立实像；

③ $f \leqslant u \leqslant 2f$ 时，会在 $2f$ 以外形成放大的倒立实像；

④ $u = f$ 时，不能成像；

⑤ $u < f$ 时，会在透镜物方的同侧比物体远的位置形成放大的直立虚像。

显微镜的成像原理主要是利用上述③和⑤的规律把物体放大的，如图1.3.15所示。当

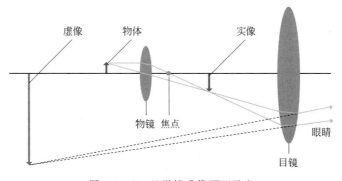

图1.3.15 显微镜成像原理示意

物体处在 $f \leqslant u \leqslant 2f$ 之间，那么在物镜像方的 $2f$ 以外形成放大的倒立实像（中间像），该倒立的实像恰好落在目镜的一倍焦距之内，又被目镜再一次放大，最终在目镜的物方（中间像的同侧）、人眼的明视距离（250mm）处形成放大的直立（相对中间像而言）虚像。因此在镜检时，通过目镜（不另加转换棱镜）看到的像与原物体的像，方向相反。

从成像的原理看，物镜在成像过程中起主要作用。因此，物镜质量的优劣直接影响成像的清晰程度，目镜只不过是放大物镜所成的像，而不能增加成像的清晰度。

光学显微镜放大的倍数是由目镜、物镜和镜筒的长度所决定。镜筒长度一般为 160mm，物体最终被放大的倍数为目镜和物镜二者放大倍数的乘积。理论上光学显微镜的最大放大倍数可以达到两千多倍，但是目前不仅由于受分辨率的限制，还由于制造工艺水平的限制，最好的光学显微镜的最高有效放大倍数只能达到一千倍左右。

3. 显微镜使用

（1）观察前的准备

① 显微镜的安置：置显微镜于平整的实验台上，镜座距离实验台边缘约 10cm，镜检时姿势要端正。

② 光源调节：将聚光器上升到最高位置，同时通过调节安装在镜座内的光源灯的电压获得适当的照明亮度。而使用反光镜采集自然光或灯光作为照明光源时，应根据光源的强度及所用物镜的放大倍数选用凹面或凸面反光镜并调节其角度，使视野内的光线均匀、亮度适宜。适当调节聚光器的高度也可改变视野的照明亮度，但一般情况下聚光器在使用中都是调到最高位置。

③ 根据使用者的个人情况，调节双筒显微镜的目镜。双筒显微镜的目镜间距可以适当调节，而左目镜上一般还配有屈光度调节环，以适应眼距不同或双眼视力有差异的观察者。

④ 聚光器数值孔径值的调节：调节聚光器虹彩光圈值与物镜的数值孔径值相符或略低。有些显微镜的聚光器只标有最大数值孔径值，而没有具体的光圈数刻度，使用这种显微镜时可在样品聚焦后取下一目镜，从镜筒中一边看着视野，一边缩放光圈，调整光圈的边缘与物镜边缘黑圈相切或略小于其边缘。因为各物镜的数值孔径值不同，所以每转换一次物镜都应进行这种调节。

在聚光器的数值孔径值确定后，若需改变光照度，可通过升降聚光器或改变光源的亮度来实现，原则上不应再对虹彩光圈进行调节。当然，有关虹彩光圈、聚光器高度及照明光源强度的使用原则也不是固定不变的，只要能获得良好的观察效果，有时也可根据具体情况灵活运用，不一定拘泥不变。

（2）显微观察　在目镜保持不变的情况下，使用不同放大倍数的物镜所能达到的分辨率及放大率都是不同的，在显微观察时应根据所观察微生物的大小选用不同的物镜，例如观察酵母菌、放线菌、真菌等个体较大的微生物形态时，可选择低倍镜或高倍镜，而观察个体相对较小的细菌或微生物的细胞结构时，则应选用油镜。

一般情况下，进行显微观察时应遵守从低倍镜到高倍镜再到油镜的观察程序，因为低倍数物镜视野相对大，易发现目标及确定检查的位置。

① 低倍镜观察　将要观察的标本玻片置于载物台上，用标本夹夹住，移动推进器使观察对象处在物镜的正下方。下降 10× 物镜，使其接近标本。用粗调节器慢慢升起镜筒，使标本在视野中初步聚焦，再使用细调节器调节至图像清晰。通过玻片夹推进器慢慢移动玻片，认真观察标本各部位，找到合适的目的物，仔细观察并记录所观察到的结果。

在任何时候使用粗调节器聚焦物像时，都应该从侧面注视小心调节物镜靠近标本，然后用目镜观察，慢慢调节物镜离开标本，以防因一时的误操作而损坏镜头及标本。

② 高倍镜观察 在低倍镜下找到合适的观察目标并将其移至视野中心后，轻轻转动物镜转换器将高倍镜移至工作位置；对聚光器光圈及视野亮度进行适当调节后微调细调节器使物像清晰，利用推进器移动标本仔细观察并记录所观察到的结果。

在一般情况下，当物像在一种物镜视野中已清晰聚焦后，转动物镜转换器将其他物镜转到工作位置进行观察时物像将保持基本准焦的状态，这种现象称为物镜的同焦。利用这种同焦现象，可以保证在使用高倍镜或油镜等放大倍数高、工作距离短的物镜时仅用细调节器即可对物像清晰聚焦，从而避免由于使用粗调节器时可能的失误操作而损害镜头或标本。

③ 油镜观察 在高倍镜下找到合适的观察目标并将其移至视野中心。将高倍镜转离工作位置，在待观察的样品区域滴上一滴香柏油，将油镜转到工作位置，油镜镜头此时应正好浸泡在镜油中，将聚光器升至最高位置并开足光圈。若所用聚光器的数值孔径值（numerical aperture，NA）超过1.0，还应在聚光镜与载玻片之间也加滴香柏油，以保证其达到最大的效能，并调节照明使视野的亮度合适，微调细调节器使物像清晰，利用推进器移动标本仔细观察并记录所观察到的结果。注意：切不可将高倍镜转动经过加有镜油的区域。

另一种常用的油镜观察方法是在低倍镜下找到要观察的样品区域后，用粗调节器将镜筒升高，将油镜转到工作位置，然后在待观察的样品区域滴加香柏油。从侧面注视，用粗调节器将镜筒小心地降下，使油镜浸在镜油中并几乎与标本相接。调节聚光器的数值孔径值及视野的照明强度后，用粗调节器将镜筒徐徐上升，直至视野中出现物像并用细调节器使其清晰对焦为止。

有时按上述操作还找不到目的物，则可能是由于油镜头下降还未到位，或因油镜上升太快，以至眼睛捕捉不到一闪而过的物像。遇此情况，应重新操作。另外，应特别注意不要在下降镜头时用力过猛或调焦时误将粗调节器向反方向转动，防止损坏镜头及标本。

（3）显微镜用毕后的处理

① 上升镜筒，取下载玻片。用擦镜纸拭去镜头上的镜油，然后用擦镜纸蘸少许二甲苯（因香柏油可溶于二甲苯）擦去镜头上残留的油迹，然后用酒精再清洗一遍镜头，擦去残留的二甲苯（二甲苯和香柏油黏性强，不容易擦干净），最后用干净的擦镜纸擦去残留的酒精。

② 用擦镜纸清洁其他物镜及目镜，用绸布清洁显微镜的金属部件。

③ 将各部分还原，将光源灯亮度调至最低后关闭；或将反光镜垂直于镜座，将最低放大倍数的物镜转到工作位置，同时将载物台降到最低位置，并降下聚光器。

4. 显微镜使用注意事项

① 持镜时要一手紧握镜臂，一手托住镜座，绝不能一把提起显微镜便走，以防目镜从镜筒滑出或反光镜脱落。

② 轻拿轻放，不要把显微镜放在实验台边缘，防止碰翻落地。

③ 显微镜光学系统部件要用清洁的擦镜纸轻轻揩擦，切勿口吹、手抹或用粗布揩擦。

④ 使用时先用低倍镜调整光线。观察活体标本或染色较浅的标本时，要适当关小光圈（遮光器）使视野变暗，方能看得清楚。

⑤ 放置玻片标本时要对准镜台孔正中央，并且盖玻片朝上，如标本玻片反放时高倍镜下看不到物像，并容易压坏标本的载玻片或物镜。

⑥ 观察时要双目睁开，切勿闭上一只眼睛。左眼观察视野，右眼用以绘图。低倍镜用

粗准焦螺旋调节物距，高倍镜要用细准焦螺旋，粗、细准焦螺旋都不能单方向过度地旋转。过度调节粗准焦螺旋易压碎镜片和损坏物镜。

⑦ 使用完毕后，取下玻片，转动粗准焦螺旋使镜台下降，转动物镜转换器，使物镜离开聚光孔。然后以右手握镜臂，左手托镜座轻轻放入镜箱。

⑧ 每次使用显微镜之前，先逐项检查显微镜各部分有无损坏。如发现损坏，应及时向教师报告。使用后，认真检查显微镜各部分有无损坏并放回镜箱中。

⑨ 二甲苯等清洁剂会对镜头造成损伤，不要使用过量的清洁剂或让其在镜头上停留时间过长或有残留。此外，切忌用手或其他纸张擦拭镜头，以免使镜头沾上汗渍、油物或产生划痕，影响观察。

七、显微测微尺的使用

在利用普通光学显微镜观察细胞时，若要知道细胞及细胞器的大小，就需要利用显微测微尺进行测量。显微测微尺是用来测量显微镜视场内被测物体大小、长短的工具，分为目镜测微尺和物镜测微尺，且需要两者相互配合使用进行测量，即利用物镜测微尺对特定放大倍数下的目镜测微尺进行标定。

通常的目镜测微尺是一块圆形玻片，在玻片中央把 5mm 长度刻成 50 等分、把 10mm 长度刻成 100 等分或将 1mm 长度刻成 100 等分（如图 1.3.16 所示）。测量时，将其放在接目镜中的隔板上（此处正好与物镜放大的中间像重叠）来测量经显微镜放大后的细胞物像。由于不同目镜、物镜组合的放大倍数不相同，目镜测微尺每格实际表示的长度也不一样，因此目镜测微尺测量微生物大小时须先用置于镜台上的物镜测微尺校正，以求出在一定放大倍数下，目镜测微尺每小格所代表的相对长度。

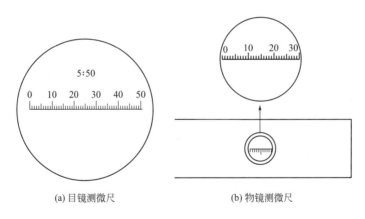

(a) 目镜测微尺　　　　　(b) 物镜测微尺

图 1.3.16　测微尺

常用物镜测微尺是中央部分刻有精确等分线的载玻片，一般将 1mm 等分为 100 格，每格长 $10\mu m$（即 $0.01mm$）（如图 1.3.16 所示），是专门用来校正目镜测微尺的。校正时，将物镜测微尺放在载物台上，由于物镜测微尺与细胞标本处于同一位置，都要经过物镜和目镜的两次放大成像进入视野，即物镜测微尺随着显微镜总放大倍数的放大而放大，因此从物镜测微尺上得到的读数就是细胞的真实大小，所以用物镜测微尺的已知长度在一定放大倍数下校正目镜测微尺，即可求出目镜测微尺每格所代表的长度，然后移去物镜测微尺，换上待测标本片，用校正好的目镜测微尺在同样放大倍数下测量微生物大小。

1．目镜测微尺的校正方法（以 10× 为例）

① 将目镜自镜筒中抽出，旋开镜片，将目镜测微尺的标尺正面向上（字体呈正面），安放在目镜中部的隔板上，旋上镜片，放回原镜筒内。

② 放置物镜测微尺，使其刻度面朝上，并对准光源。

③ 先用低倍镜找到物镜测微尺的刻度，改用高倍镜，看清刻度。

④ 转动含目镜测微尺的镜筒，使目镜测微尺和物镜测微尺的刻度线相平行。

⑤ 移动物镜测微尺，使目镜测微尺的"0"点与物镜测微尺的某一刻度重合。

⑥ 仔细寻找两尺第 2 个完全重合的刻度。

⑦ 在两种测微尺的两对完全重合的刻度线间分别计数各自所占的格数。

⑧ 计算目镜测微尺每小格的长度，计算公式如下：

$$目镜测微尺每小格长（\mu m）= \frac{两对重合线间物镜测微尺格数×10}{两对重合线间目镜测微尺格数} \tag{1.3.1}$$

例如：目镜测微尺 20 小格与物镜测微尺的 3 小格重合，物镜测微尺每格 10μm，则 3 小格的宽度为 $3×10=30$（μm），那么，相应地在目镜测微尺上每小格大小为：$\frac{3×10}{20}=1.5$（μm）。

2．实验测量操作

① 取下镜台测微尺，将目标物样片置于载物台上，先在低倍镜和高倍镜下找到目的物。

② 将该样片置于显微镜下观察，调节焦距直至出现清晰物像。

③ 此时转动目镜测微尺，使物像直径与测微尺的标度相平行。

④ 计算物像所占的格数并记录。

⑤ 利用校正的数据进行计算，得到观测物的大小。

3．测微尺使用注意事项

① 目标物的测量重复 3～4 次，取平均值。

② 重叠线格数越多误差越小。

③ 当更换不同放大倍数的目镜或物镜时，必须校正目镜测微尺每一格所代表的长度。

八、荧光显微镜的使用

荧光显微镜（如图 1.3.17 所示）是利用一个高发光效率的点光源，经过滤色系统发出一定波长的光（如紫外光 365nm 或紫蓝光 420nm）作为激发光，激发标本内的荧光物质发射出各种不同颜色的荧光后，再通过物镜和目镜的放大进行观察。这样在强烈的对衬背景下，即使荧光很微弱也易辨认，敏感性高，主要用于细胞结构和功能以及化学成分等的研究。荧光显微镜的基本构造是由普通光学显微镜加上一些附件（如荧光光源、激发滤片、双色束分离器和阻断滤片等）的基础上组成的，同时还包括计算机和软件分析系统。

荧光光源一般采用超高压汞灯（50～200W），它可发出各种波长的光，但每种荧光物质都有一个产生最强荧光的激发光波长，所以需加用激发滤片（一般有紫外、紫色、蓝色和绿色激发滤片），仅使一定波长的激发光透过照射到标本上，而将其他光都吸收掉。每种物质被激发光照射后，在极短时间内发射出较照射波长更长的可见荧光。

荧光具有专一性，一般都比激发光弱，为能观察到专一的荧光，在物镜后面需加阻断

图 1.3.17　荧光显微镜

（或压制）滤光片。它的作用有二：一是吸收和阻挡激发光进入目镜，以免干扰荧光和损伤眼睛；二是选择并让特异的荧光透过，表现出专一的荧光色彩。两种滤光片必须选择配合使用。

1. 荧光显微镜使用方法

① 用窗帘遮蔽光线，关闭房间内的灯光，除去显微镜的防尘罩，确保显微镜灯室通风良好、无遮盖。装上汞灯灯箱，并转动灯箱卡圈上的拨杆，将灯箱与镜臂连接。

② 将汞灯灯箱的电源插头插入荧光电源箱后的插座，再将荧光电源的插头插入 220V 外接电源。

③ 打开电源开关，电压表显示出电源电压，如电源电压波动不大于额定电压值的 ±5%，即可按下启动开关点燃汞灯，如因天气太冷或电压不稳定等原因，一次启动未点燃汞灯，可以多启动几次。待超高压汞灯弧光达到稳定状态并达到最大发光效率，即可开始工作。

④ 灯泡的调中

a. 任选一块标本放在载物台上。

b. 转动镜臂上的聚光镜旋钮使聚光镜移出光路，转动滤色片组转换手轮，将紫光（V）或蓝光（B）或绿光（G）激发滤色片组转入光路，并将 10× 荧光物镜转入光路。

c. 调节粗微调手轮，将标本像调焦清晰。

d. 前后推动垂直照明器右边的聚光镜调焦推杆，使视场光阑成像清晰，转动视场光阑拨杆将视场光阑收小，调节视场光阑调中螺钉使视场光阑居中，然后再将视场光阑开至最大。

e. 转动镜臂上的聚光镜旋钮使聚光镜移入光路，前后调节灯箱上的聚光镜拨杆，使汞灯的弧光在视场内成像清晰。

f. 调整灯箱上的灯泡水平调节螺钉和垂直调节螺钉，使汞灯的弧光居中。

g. 调整反光镜水平调节螺钉和垂直调节螺钉，使光源的反射像与汞灯的弧光分开。

h. 转动聚光镜旋钮把聚光镜移出光路，此时视场照明均匀。

⑤ 荧光观察

a. 将荧光染色标本放到载物台上。

b. 将 10×平场物镜或 40×荧光物镜转入光路，调节载物台纵横移动手轮，将标本移入光路。

c. 转动滤光片转换拨轮，将荧光染色标本所需要的激发滤光片组转入光路。激发滤光片组编号刻在滤片组转换拨轮上。

滤光片选择正确与否，是荧光显微镜能否得到正确应用的关键。选用滤光片时，必须遵守斯托克斯定律：激发滤光片的透射波长＜双色束分离器的透射波长＜阻断滤光片的透射波长。

由于激发滤光片、双色束分离器和阻断滤光片出厂时已按其用途和本身的光学特性进行了严格的组合匹配，在观察和摄影时，只需选择滤光片组即可。

d. 调节粗调手轮，当看清荧光图像轮廓后，再用微调手轮调焦，直至看到清晰的荧光图像。

e. 当需要得到较强的荧光图像时，可转动聚光镜旋钮把聚光镜移入光路，可获得较明亮的荧光图像。

f. 当需要使用 40×或 100×荧光物镜观察时，应在标本和物镜间加上甘油，油中不能有影响观察的小泡或杂质。使用时可使甘油慢慢浸润一会儿，然后轻轻左右来回转动物镜转换器以排除气泡。

⑥ 荧光显微摄影——显微镜摄像头　由于荧光图像一般均较明场观察暗得多，所以进行荧光显微摄影需要较长的曝光时间，在曝光时应注意避免仪器振动。荧光显微镜摄影技术对于记录荧光图像十分必要，由于荧光很易褪色减弱，要即时摄影记录结果。方法与普通显微摄影技术基本相同。因紫外光对荧光猝灭作用大，所以要避免紫外光的影响。

⑦ 操作要点

a. 打开电源，超高压汞灯要预热 15min 才能达到最亮点。

b. 透射式荧光显微镜需在光源与暗视野聚光器之间装上所要求的激发滤片，在物镜的后面装上相应的压制滤片。落射式荧光显微镜需在光路的插槽中插入所要求的激发滤片、双色束分离器、压制滤片的插块。

c. 用低倍镜观察，根据不同型号荧光显微镜的调节装置，调整光源中心，使其位于整个照明光斑的中央。

d. 放置标本片，调焦后即可观察。使用中应注意：未装滤光片不要用眼直接观察，以免引起眼的损伤；用油镜观察标本时，必须用无荧光的特殊油镜；高压汞灯关闭后不能立即重新打开，需待汞灯完全冷却后才能再启动，否则会不稳定，影响汞灯寿命。

e. 观察。例如：在荧光显微镜下用蓝紫光滤光片，观察到经 0.01%吖啶橙荧光染料染色的细胞，细胞核和细胞质被激发产生两种不同颜色的荧光（暗绿色和橙红色）。

2. 荧光显微镜使用注意事项

① 严格按照荧光显微镜出厂说明书要求进行操作，不要随意改变程序。

② 应在暗室中进行检查。进入暗室后，接上电源，点燃超高压汞灯 5～15min，待光源发出强光稳定后，眼睛完全适应暗室，再开始观察标本。

③ 防止紫外线对眼睛的损害，在调整光源时应戴上防护眼镜。

④ 检查时间每次以 1～2h 为宜，超过 90min，超高压汞灯发光强度逐渐下降，荧光减弱；标本受紫外线照射 3～5min 后，荧光也明显减弱；所以，最多不得超过 2～3h。

⑤ 荧光显微镜光源寿命有限，标本应集中检查，以节省时间，保护光源。天热时，应加电扇散热降温，新换灯泡应从开始就记录使用时间。灯熄灭后欲再用时，须待灯泡充分冷

却后才能点燃。一天中应避免数次点燃光源。

⑥ 标本染色后立即观察，因时间久了荧光会逐渐减弱。若将标本放在聚乙烯塑料袋中4℃保存，可延缓荧光减弱时间，防止封裱剂蒸发。长时间的激发光照射标本，会使得荧光衰减和消失，故应尽可能缩短照射时间。暂时不观察时可用挡光板遮盖激发光。

⑦ 标本观察时应采用无荧光油，应避免眼睛直视紫外光源。

⑧ 电源应安装稳压器，电压不稳会降低荧光灯的寿命。

九、高压灭菌锅的使用

高压灭菌锅，又称为高压蒸汽灭菌锅，是通过加热水产生高温蒸汽，并能维持一定压力的装置，可通过高温杀死微生物或灭活生物活性物质等，对医疗器械、敷料、玻璃器皿、溶液培养基等进行消毒灭菌。高压灭菌锅主要由密封的桶体、压力表、排气阀、安全阀、电热丝等零部件组成，可广泛应用于医疗卫生事业、科研、农业等领域。

高压灭菌锅可分为手提式灭菌锅和立式高压灭菌锅（如图 1.3.18 所示），主要由电热丝作为加热源加热。随着自动化程度提高，新式灭菌锅采用微电脑智能化全自动控制，可编程自动控制灭菌压力、温度、时间及升温、灭菌、排汽、干燥等过程。目前各实验室以手轮式开盖立式高压蒸汽灭菌器最为常见。

手提式灭菌锅

手轮式开盖立式高压灭菌锅

微电脑全自动高压灭菌锅

图 1.3.18　不同类型的高压灭菌锅

1. 操作方法（以 LDZX-75KBS 型高压灭菌锅为例）

① 向外推锅盖，检查锅内水的深度和清洁度，按要求添加纯水至规定的水位线，如果水体太脏需清洗换水。

② 将需灭菌的培养基、试剂或其他器皿置于灭菌筐后放入灭菌锅内。

③ 将锅盖拉向中心位置，横杆与保险销对齐，将手轮向右旋转到底，关闭锅盖。

④ 检查排气阀、安全阀状态，接通电源。

⑤ 打开灭菌锅电源，按"POWER"键。

⑥ 选择消毒模式（琼脂、普通液体、固体模式），按"MODE"键。

⑦ 设置灭菌温度，按"SET/ENT"键，待温度光标闪烁，按"▲"或"▼"设定温度数值。

⑧ 设置灭菌时间，按"NEXT"键，待时间光标闪烁，按"▲"或"▼"设定时间数值。

⑨ 设定排气速率，按"NEXT"键，待排气速率光标闪烁，按"▲"或"▼"设定排气速率数值（在固体模式中没有此项）。

⑩ 设置保温温度值，按"NEXT"键，待保温温度光标闪烁，按"▲"或"▼"设定保温数值（在普通液体和固体模式中没有此项）。

⑪ 保存设置，按"SET/ENT"键保存所设定的灭菌程序参数，设备开始运行。

⑫ 灭菌完毕后，待压力表降至零时，打开安全阀（固体灭菌可打开排气阀，让蒸汽迅速排开）。

⑬ 待温度降至70℃左右，向左转动手轮，直至转不动，使锅盖与固定槽完全分开，横杆与保险销松开，向外推锅盖，打开灭菌锅。

⑭ 戴上隔热手套将被灭菌物品包取出，关闭开关，断开电源，合上灭菌盖。

2．高压灭菌锅使用注意事项

① 灭菌锅属于大功率仪器，应使用专用电源。

② 每次使用前都应检查主体内的水位线是否偏低或偏高。

③ 灭菌物品摆放不宜过满，各包之间需要留有间隙。

④ 严禁堵塞安全阀出汽孔、手柄透气孔，以免造成事故。

⑤ 因加热而出现明显膨胀、未经包扎的散状颗粒、线条状物品，不得放进本仪器进行灭菌。

⑥ 需对液体灭菌时，应将液体装在硬质且耐热的玻璃瓶中，灌装量不得超过容器体积的3/4，瓶口可选用棉花塞，不得使用未经打孔的橡胶或软木塞封口，以免造成瓶身破裂。

⑦ 液体灭菌结束后，不得立即释放蒸汽，必须待压力表指针回复零位后方可排放余汽。

⑧ 灭菌程序运行完毕后，蜂鸣器发出信号，此时不可立即打开高压锅盖，必须等待自然冷却，锅内压力下降后才可启盖，过早开启会引起锅内水再沸腾而造成烫伤。当锅内有灭菌液体时应尤为注意，最好等待温度降至80℃以下再启盖较为安全。在无液体灭菌的情况下，可打开灭菌锅的"EXAUST"进行放气，以缩短锅内降温时间。

⑨ 不同类型及灭菌要求不同的物品，不得放在一起灭菌。

⑩ 压力表经长期使用后，压力指针指示不正确或不能回复至零位时，应及时予以检修。

⑪ 应定期检查安全阀的可靠性，当工作压力超过0.165MPa而安全阀不起跳时，需及时更换合格的安全阀，不得继续使用。否则锅内超压而安全阀又没有泄压，将造成容器爆裂事故。

⑫ 加压过程中，如果出现低水位报警，低水位灯显示红色并闪烁，同时有报警声，应立即停止加热，待锅内冷却后且内压为零时，可打开排气阀至5挡，打开安全阀，开盖，取出锅内物品，检查水位是否过低，再按操作规程重新进行灭菌操作。如果仍然出现报警情况，应立即停止使用灭菌锅，报修，直到修好并校准、验证合格方可继续使用。

十、光照培养箱的使用

光照培养箱是具有光照功能的高精度冷热恒温设备，可用于植物的发芽、组织、育苗、微生物的培养，昆虫、小动物的饲养，水质监测的生化需氧量（biochemical oxygen demand，BOD）测定，以及其他用途恒温试验，是生物遗传工程、医药、农业、林业、环境科学、畜牧、水产等生产、科研、教学部门较为理想的试验设备。

图 1.3.19　GPX-160 光照培养箱

1. **操作方法**（以 GPX-160 光照培养箱为例，如图 1.3.19 所示）

① 检查仪器使用记录，确认仪器能正常运转，接通仪器电源。

② 按下电源开关，此时显示屏所显示的是培养箱室内的实际温度。

③ 按下温度设定按钮，数字显示即为设定值，旋转温度调节电位器到所需温度值。松开按钮，数字显示即为培养箱室内的实际温度。此时如培养箱内的实际温度比设定温度低，加热指示灯亮，加热器开始加热；如培养箱内的实际温度比设定温度高，制冷指示灯亮，制冷系统开始制冷；如加热指示灯与制冷指示灯均暗，则培养箱处于恒温状态。

④ 调整光照强度。光照度强弱由箱内左右侧的 6 根相应功率的日光灯控制，使用时可根据需要选择面板上 6 个开关来调节光照强度。

⑤ 设定昼夜运行时间，可根据需要设定白天及黑夜工作参数。例：若需设定白天运行时间为 10h，黑夜运行时间为 14h，具体操作如下：按一下设定/运行键，显示"b××"，按"▲"或"▼"键，使显示"b10"。再按一下设定/运行键，显示"h××"，按"▲"或"▼"键，使显示"h14"。

⑥ 设定好参数后，再按设定/运行键，进入白天运行状态；白天指示灯亮，黑夜指示灯灭；当白天工作时间运行结束，即运行黑夜工作时间，此时黑夜指示灯亮、白天指示灯灭。如此循环。在任何状态下，按一下黑夜启动键，则进入运行黑夜工作时间状态。进入黑夜运行状态，日光灯全部自动断电。

2. **光照培养箱使用注意事项**

① 仪器距墙壁的最小距离应大于 20cm，以确保制冷系统散热良好。

② 室内应干燥，通风良好，相对湿度在 85% 以下，不应有腐蚀性物质存在，避免阳光直接照射在仪器上。

③ 所用电源必须具有可靠地线，确保仪器地线与电网电源的地线接触可靠，防止漏电或电网电源意外造成的危害。

④ 当温度设定好之后，不能随便将控温旋钮来回多次旋转，以免压缩机启动频繁，造成压缩机出现过载现象，影响压缩机的使用寿命。

⑤ 搬运时必须小心，搬运时与水平面的夹角不得小于 45°。

⑥ 当使用温度较低时，如需排尽箱内积水，箱体可略微向后倾斜。

⑦ 如需调换、检修日光灯管，可通过拆下箱后板，抽出左、右侧灯架后进行。

⑧ 为了保持设备的美观，不准用酸或碱及其他腐蚀性物品来擦拭表面，箱内可以用干布定期擦干。

⑨ 当仪器停止使用时，应拔掉电源插头。

十一、生化培养箱的使用

生化培养箱是生物、遗传工程、医学、卫生防疫、环境保护、农林畜牧等行业的科研机构、大专院校、生产单位或部门实验室的重要设备，具有制冷和加热双向调温系统，可通过微电脑程序控制培养箱内的温度，广泛应用于低温恒温实验、培养实验和环境实验等。生化培养箱的控制器电路由温度传感器、电压比较器和控制执行电路组成。

1. 操作方法（以 SPX-250 型生化培养箱为例，如图 1.3.20 所示）

① 接通仪器电源，打开仪器电源开关。

② 按"电源"触摸键，使仪器处于可操作状态，仪表灯亮显示箱内实际温度。

③ 打开培养箱门，将试验样品置于箱内样品架上，关严培养箱门。

④ 按"SET/设定"键进入温度设定状态。

⑤ 按"▲/▼"键，增加/减少温度值，设定培养箱温度。

⑥ 按"SET/设定"键进入时间设定状态。

⑦ 按"▲/▼"键，增加/减少时间值，设定培养箱运行时间。

⑧ 按"Enter/写入"键确定时间和温度的设定并退出设定状态。

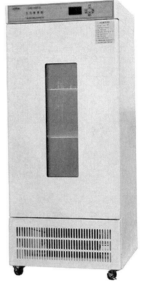

图 1.3.20　SPX-250 型
生化培养箱

⑨ 等待约 10s，仪器自动运行。

⑩ 按"照明开/关"键，打开或关闭光源。

⑪ 运行结束，仪表显示"End"并蜂鸣提示，关闭仪器开关，断开电源。

⑫ 取出试验样品，清理培养箱。

2. 生化培养箱使用注意事项

① 箱内不需要照明时，请将灯关闭，以免影响上层温度；调换灯管时请关闭电源。

② 本设备背后设有出水管，当使用温度较低时会有少量水分排出，请用皮管接入容器或下水道。

③ 为了保持设备的美观，请不要用酸、碱及其他腐蚀性物品来擦拭表面，箱内可用干布定期擦拭清洁。

④ 当设定温度低于室温时，开门时间过长也会引起超温报警，并非设备故障。

⑤ 本设备控制箱后部装有保险丝，若设备不通电，则应先切断电源，再检查熔丝管是否完好；更换的熔丝管需与原设备型号规格相同。

⑥ 操作室内装有风机，请勿将手指或是异物塞进罩内，以免损坏风机及产生安全事故；调换风机时请先切断电源。

⑦ 停止使用设备时请及时关闭电源开关。

十二、恒温培养摇床的使用

恒温培养摇床（如图 1.3.21 所示）是一种用于培养、制备生物样品的常用实验室设备，适用于各大中院校、石油化工、卫生防疫、环境监测等部门的科研、教育和生产，可用作微生物的液体培养、杂交、生物化学反应以及酶和组织的研究等。

图 1.3.21 卧式恒温培养摇床

1. 操作方法

① 接通仪器电源。

② 打开仪器电源开关，仪器各显示屏亮起，蜂鸣器鸣叫提示。

③ 温度设置：在温度控制器处按"SET"键，再按"▲"或"▼"键设置温度。

④ 打开振荡开关。

⑤ 转速设置：在转速控制器处按"SET"键，再按"▲"或"▼"键设置转速。

⑥ 定时设置：在时间控制器处按"SET"键，再按"▲"或"▼"键设置时间（若定时"000h 00min"都为 0，则无限时间连续运行）。

⑦ 按"Run"键启动振荡。

⑧ 运行结束，各开关应置于非工作状态，定时器置"0"，切断电源。

⑨ 开门取出物品，清理培养箱内部。

本设备具有开门自停功能，运行中打开箱门，摇板停止振荡，关闭箱门可继续按设定程序运行。

2. 恒温培养摇床使用注意事项

① 装入尺寸合适的摇瓶或者试管。

② 做准备工作或存取实验样品时，应关闭电源。

③ 仪器应放置在地面平整、干燥、无阳光直射的位置；仪器必须水平放置，仪器有前脚调节脚，旋转调节脚使仪器平稳着地。

④ 为保证仪器具有充分的散热空间和恒温效果，仪器距离墙、物必须保持至少 20cm 的距离。

⑤ 摇床供电电源应有接地装置，以免发生意外；如果仪器需长时间停止使用，应切断

电源。

⑥ 摇床不能在有可燃性气体的环境中使用。

⑦ 箱内载物摆放应不影响空气流通，以保证箱内温度均匀。

⑧ 摇床保持在其转速范围内的中速使用，可延长仪器的使用寿命。

⑨ 为了保证摇床工作时具有良好的平衡性能，摇瓶或试管应在摇台上对称放置并牢固固定，各瓶或管的培养液应大致相等；应确保在摇床工作时，样品不会剧烈甩动后方可离开。

⑩ 摇床使用结束后，必须清洁仪器内外表面；禁止使用酸和碱类化学试剂以及汽油之类的物品清洗。

⑪ 禁止将塑料泡沫制成的管架放入摇床，以免泡沫粒子吸入风机转轴，导致风机过热而烧毁。

第二章 普通生物学实验

普通生物学是一门通论性质的课程，通过学习该课程，可在一定程度上了解生命科学的全貌和基本规律，认识生物的无处不在与重要性。为了更好地了解生命的基本结构和多姿多彩，本实验课程通过以下十个实验介绍和展示生物的微观结构和基本构成，探索植物各个组织形态的统一性和多样性，追踪动物从水生到陆生再到飞行的进化过程和伴随着的结构变化，研究生物多样性与环境适应性的统一。同时，培养和增强学生的动手能力和实验操作能力，激发对生命科学的兴趣。

实验一 细胞形态与结构的观察

一、实验目的

① 学习使用显微镜，进一步熟练显微镜的操作。
② 在普通光学显微镜下识别细胞和细胞器的形态结构。
③ 掌握制作临时玻片标本和生物绘图的方法。

二、实验原理

不同形态的细胞具有相似的结构［细胞膜、细胞壁（植物）、细胞质、细胞核、叶绿体（植物）、线粒体、高尔基体］，而这些细胞内的显微结构可通过不同的固定染色方法将其在光镜下分别染色和显示，随后利用显微镜的放大原理，观察和绘制其基本结构。

三、实验材料、仪器及试剂

1. 实验材料
黄豆、洋葱、菠菜。

2. 实验仪器与耗材
显微镜、载玻片、盖玻片、擦镜纸、镊子、解剖刀柄及刀片或工具刀、移液管、烧杯、量筒、容量瓶、胶头滴管、吸水纸、标签纸、各种形态细胞和细胞核的切片标本、黄豆根尖细胞高尔基体切片标本、洋葱鳞片叶表皮细胞线粒体切片标本、兔脊神经节镀银法切片标本等。

3. 实验试剂
詹纳斯绿B（Janus Green B）染色液、1‰ I_2-KI 染色液、酒精、香柏油（显微镜油）、蒸馏水等。

四、实验步骤

1. 显微镜下各种形态细胞永久装片的观察

先将各种细胞和组织的切片标本放在载物台上，在低倍镜（一般为 4×）下观察，找到观察对象后将其置于视野正中央，然后在高倍镜（10×、20× 或者 40×）下观察各种细胞和细胞器的结构，并绘制模式图。如果观察对象依然不清楚，可以将其置于油镜（一般是 100×）下观察，观察前需要滴一滴香柏油。

2. 植物细胞结构及细胞器的观察

（1）洋葱鳞片叶表皮细胞临时装片标本的制作与观察　首先制作洋葱叶表皮细胞临时装片：用镊子从洋葱的内表皮撕下一层表皮细胞，置于载玻片上，滴上一滴蒸馏水，将表皮细胞展平，然后盖上盖玻片，注意轻放，防止气泡产生。

随后用 1% I$_2$-KI 染色液染色，在低倍镜下，找到表皮细胞，调焦后可见洋葱表皮细胞略呈长方形，排列紧密，每个细胞内有一圆形或扁圆形的细胞核，转换至高倍镜下观察，可见细胞最外面为棕黄色细胞壁所包围，细胞壁内是透明、着色浅的细胞质，细胞质内有透明的液泡，细胞核中有染色较深的核仁。

（2）菠菜叶肉细胞叶绿体的观察　取一新鲜菠菜叶片，取下稍带叶肉的下表皮（薄且有叶绿体），载玻片中央滴一滴清水，将叶片放入，展平，加上盖玻片，制成临时装片，先在低倍镜下找到叶肉细胞，再用高倍镜观察叶绿体（形态和分布）。

（3）观察洋葱鳞片叶表皮细胞线粒体　利用洋葱鳞片叶表皮细胞线粒体标本来观察细胞质中颗粒状、哑铃状的线粒体。

（4）观察黄豆根尖细胞高尔基体　利用黄豆根尖细胞高尔基体切片标本来观察细胞质中的高尔基体。

3. 人体口腔上皮细胞及线粒体的观察

将载玻片放在 37℃ 恒温水浴锅或者干浴锅的金属板上，使其温度达到 37℃ 左右，滴 2 滴詹纳斯绿 B 染色液，实验者用牙签在自己的口腔上端黏膜处用力刮几下，将刮出物置于染色液中，染色 10～15min。在此期间要适当添加染液，以保证细胞不干燥（将詹纳斯绿 B 染色液保持在 37℃，尽可能使人的口腔上皮细胞在染色期间保持活性状态）。

盖上盖玻片，用吸水纸除去溢出的染液。然后转移至载物台上，在低倍镜下找到物像并观察细胞形态，再转到高倍镜下观察线粒体（蓝绿色的颗粒状或者棒状）。

五、注意事项

① 使用显微镜时注意轻拿轻放，同时注意不要用身体或者其他物品直接接触显微镜目镜与物镜的镜片。

② 使用显微镜观察物品时，先用低倍镜，再用高倍镜或者油镜，注意不要污染物镜。

③ 调焦时，先目视物镜，将物镜调至盖玻片上端极近处，然后在目镜下调焦，慢慢使物镜远离盖玻片，最终使观察物清晰。

④ 使用完显微镜后，请将物镜换成最低倍镜或者空挡处，并清洁显微镜和试验台。

六、结果记录及分析讨论

1. 实验结果记录

① 洋葱细胞的基本结构图及特征描述。

② 叶绿体的基本结构图及特征描述。

③ 线粒体的基本结构图及特征描述。

④ 高尔基体的基本结构图及特征描述。

⑤ 人的口腔上皮细胞的基本结构图及特征描述。

2. 结果分析讨论

① 如何能更快更好地观察到细胞的超微结构？

② 分析本次实验中出现不同形态的叶绿体或者线粒体的原因？

七、思考题

① 在使用普通显微镜观察细胞内部结构时，怎么做才能使各个组分能较清晰地分辨出来？

② 高等植物细胞与动物细胞在结构上有何异同？

实验二 洋葱根尖细胞有丝分裂的观察

一、实验目的

① 学会制作洋葱根尖细胞有丝分裂装片。

② 观察有丝分裂不同时期的植物细胞，比较细胞周期不同时期的特征。

③ 绘制植物细胞有丝分裂简图。

二、实验原理

① 高等植物根尖分生组织的有丝分裂较旺盛。

② 细胞核内的染色体易被碱性染料（如龙胆紫或者醋酸洋红）染成深色。

③ 有丝分裂各个时期细胞内染色体的形态和行为变化不同，可用高倍显微镜观察染色体的形态，并根据染色体的形态情况，识别该细胞所处的时期。

三、实验材料、仪器及试剂

1. 实验材料

洋葱。

2. 实验仪器及试剂

酒精、冰醋酸、HCl、洋红、显微镜油、载玻片、盖玻片、剪刀、单面刀片、镊子、广口瓶、培养皿、显微镜、玻璃棒。

3．试剂的配制

（1）解离液　15%HCl和95%酒精按1∶1的比例混合。

（2）固定液　95%酒精和32%冰醋酸按1∶1的比例混合。

（3）醋酸-洋红染液　取45mL冰醋酸，加蒸馏水55mL，煮沸后徐徐加入洋红1g，搅拌均匀后加入1颗铁锈钉，煮沸10min，冷却后过滤，储存在棕色瓶内。

（4）0.2%龙胆紫染液　将0.2g龙胆紫溶于100mL蒸馏水或者2%醋酸溶液中。

四、实验步骤

1．洋葱根尖的培养

购买洋葱，提前3～4天放在盛有清水的玻璃瓶上，让洋葱底部接触水，等根长到5～8cm长时，用剪刀剪2～3mm长的根尖，放于固定液中固定5min，取出用清水漂洗，再放入解离液中解离3～5min，取出用蒸馏水漂洗10min，用于装片的制作。

2．擦净载玻片和盖玻片

擦载玻片：用左手的拇指和食指捏住载玻片的两侧的边缘（而不是两面），右手用纱布将载玻片上下两面包住，然后反复擦拭，擦好放在干净易取处备用。

擦盖玻片：先用左手拇指和食指轻轻捏住盖玻片的两侧，再用右手拇指和食指用纱布把盖玻片包住，然后从上下两面用纱布同时慢慢地进行擦拭。

3．染色

将漂洗好的根尖置于醋酸-洋红染液或者0.2%龙胆紫染液中，染色3～5min，注意将材料完全浸入水中，而不是漂在水面上。

4．制片

用滴管滴一滴蒸馏水于载玻片的中央，再用镊子将染色好的根尖置于载玻片的水滴中，右手持镊子轻轻夹住盖玻片的一角（或一边），使盖玻片的边缘与浸入材料的水滴左侧边缘接触，然后慢慢向右倾斜下落，当盖玻片与载玻片夹角小于45°时松开镊子或右手，让盖玻片自然落下，然后平放于载玻片上，这样可避免产生气泡。如盖玻片下水过多，可用吸水纸将多余的水吸掉。然后用玻璃棒轻压盖玻片，使根尖细胞散开，便于观察。

5．观察

（1）低倍镜观察　找到分生区细胞，其特点是细胞呈长方形，排列紧密，有的细胞正在分裂。

（2）高倍镜观察　在低倍镜观察的基础上换高倍镜，直到看清细胞核为止。

（3）仔细观察　根据染色体的形态，先找到中期细胞，再找其余各时期的细胞。

（4）移动观察　慢慢移动装片，完整地观察各个时期（如果自制装片效果不太理想，可以观察洋葱根尖固定装片）。

五、注意事项

① 解离时间一定要合适，过短会导致根尖细胞解离程度不够，进而不利于细胞的分散和观察；过长则会破坏细胞的结构。

② 用玻璃棒压片时，力度要轻，且注意不要使盖玻片移位，否则会使细胞变形，结构被破坏。

六、结果记录及分析讨论

1. 实验结果记录

① 实验开始时间：_____，取根时间：_____，染色时间：_____。

② 根的总长度：_____，所取根尖的长度：_____。

③ 绘制有丝分裂各个时期的模式图，并对其特征进行简要描述。

2. 结果分析讨论

① 分析有丝分裂各个时期的细胞特点。

② 分析分裂期细胞处于根的大致位置。

七、思考题

① 洋葱根尖分生区细胞处于有丝分裂哪个时期的比例最高，哪个时期的比例最低？

② 有丝分裂与减数分裂有什么区别？

实验三　校园植物的观察及植物标本的采集和制备

一、实验目的

① 让学生学习和认识校园内的常见植物和相关知识，扩大和巩固所学的课堂理论知识，培养学生独立学习及工作的能力。

② 使学生认识植物界的多样性和使用价值，从而激发对学习植物及分类的浓厚兴趣。

③ 学习植物的采集和标本的制备方法。

二、实验原理

校园里生长着多种多样的植物，其中许多种类具有很大的观赏价值和药用价值，这些植物具有许多相同之处和不同之处，可以根据这些不同点对其进行大致的分类和了解，同时利用相机和软件工具可以快速了解这些植物的具体信息，并可以将其制成标本保存起来。

三、实验材料、仪器及试剂

1. 实验材料

校园里的各种植物。

2. 实验仪器和试剂

照相机或者具有照相功能的手机、记录本、笔、采集袋、剪刀、吸水草纸、标本夹、放大镜、卷尺、镊子、针、烘箱、铅笔、0.2% $HgCl_2$ 消毒液（升汞）、酒精、台纸等。

3. 实验试剂配制方法

0.2% $HgCl_2$ 消毒液：将 2g $HgCl_2$ 溶于 1L 95% 酒精中。

四、实验步骤

1. 集合与出发前的准备

按要求时间在实验室集合，由指导教师讲解实验安排和校园内常见的一些植物，了解部分植物的特征和实验任务。

2. 外出观察与采集

带上采集和记录工具，开始在校园里观察植物，拍照，并采集自己感兴趣的植物，放入采集袋中。采集前要对植物的形态特征（如颜色、气味、高度等）和生长环境（如地点、湿润程度、光照条件等）进行仔细观察和记录。采集时应遵循以下规则：草本植物应连根挖起，过长要将其折成 N 字型或者分成几段采集，注意标记清楚，同一株植物的不同标本应标记为同样的号码；木本植物采集时应分为花、果、完整枝条；雌雄异株的植物要分开收集雌雄株并标记清楚；寄生性植物采集时要连同寄主一同采集。

3. 制作标本

先将一块标本夹放平，铺 5～6 层吸水草纸，纸上放标本，对标本进行修剪，防止标本枝叶出现堆叠；在尽量保证标本厚薄一致的基础上盖 2～4 层吸水草纸；如果标本较多，以此类推，压制 50 余份标本后，盖上 5～6 层吸水草纸，将另一块标本夹盖在上面，然后用麻绳将其捆紧，并使其平展。注意记录每层标本的编号，切不可乱放；将标本放在通风处阴干，前 4 天每天要换一次草纸，将湿草纸换成干草纸，4 天后隔 2 天换一次草纸，换纸时注意对植株进行整形，捆松点，直至标本完全干燥；随后对标本进行消毒，即将标本浸在 0.2% $HgCl_2$ 消毒液中 5min，晾干并装订在台纸上，台纸左上角写野外采集记录、右下角写具体鉴定信息。

4. 填写报告

将植物和标本照片打印出来，贴在实验报告上，查询相关信息，记录在实验报告上。

五、注意事项

① 采集草本植物时尽量不要损伤其根系，对木本植物修剪时注意留下叶柄或者花柄。

② 压制标本时，要将厚度均一的样本一起压制，如较大、较厚的花或者果实尽量与叶子分开压制。

③ 块茎、果实等不易干燥或者易脱落部位要先将其以沸水煮数分钟，晾干后再压制。

④ 在标本制作过程中，如果出现部分花、果、叶子等掉落的现象，将掉落部分和部位记录好，并单独进行压制，最后一起装订在台本上。

六、结果记录及分析讨论

1. 实验结果记录

① 认识至少 10 种校园植物，拍照、打印并粘贴在实验报告上，标上植物名称和种属。

② 标本采集

标本 1 采集时间：_____ 采集地点：_____

标本名称：_____ 编　　号：_____

标本 2 采集时间：_____ 采集地点：_____

标本名称：_____ 编　　号：_____

标本 3 采集时间：_____ 采集地点：_____

标本名称：_____ 编　　号：_____

③ 制作标本

标本放置顺序与位置：_____

开始时间：_____ 结束时间：_____

④ 标本照片及特征描述。

2. 结果分析讨论

① 校园里最常见的植物是什么？属于什么种属？

② 制作标本过程中要注意哪些细节？

七、思考题

① 思考你记录的植物具有什么特点，有什么作用？

② 制作 1～3 个植物标本，并记录相关信息，思考制作过程中出现的问题并提出解决方案。

实验四　植物根茎叶形态与内部结构的观察

一、实验目的

① 掌握双子叶植物与单子叶植物根的结构特点及内部构造，了解植物的根尖分区。

② 掌握枝、芽和茎的外部形态和类型，双子叶植物茎的初生构造及次生构造，单子叶植物茎与根的内部构造。

③ 掌握叶的组成、叶片的形态和类型、单子叶植物与双子叶植物叶的解剖结构。

④ 学会制作根茎的横切切片。

二、实验原理

单子叶植物和双子叶植物均具有自己特有的一些结构特征，这些特点可以在肉眼或者显微镜下观察到。

三、实验材料、仪器及试剂

1. 实验材料

校园植物各种根茎叶的新鲜材料，永久切片：洋葱根尖纵切片、水稻或小麦根横切片、蚕豆或棉幼根横切片、蚕豆侧根发生纵横切片、向日葵茎切片、三年生椴树茎切片、松茎横切面切片、玉米茎切片、棉叶切片、水稻叶切片、松针叶切片、夹竹桃叶切片。

2. 实验仪器及耗材

显微镜、载玻片、盖玻片、刀片或者单面刀片、镊子、放大镜、擦镜纸、解剖针、蒸馏水等。

四、实验步骤

1. 根茎叶外部形态观察

观察校园植物中代表性植物根茎叶外部形态，比较双子叶植物和单子叶植物根茎的外部形态，观察叶和叶脉的不同形态、单叶与复叶的区别以及复叶的类型等。

2. 光学显微镜下观察永久切片

仔细观察不同植物根、茎、叶的内部构造，比较单子叶植物和双子叶植物叶的内部结构，以及双子叶植物茎的初生结构及次生结构，并绘制其基本模式图。

3. 制作简单的横切切片

利用单面刀片对校园植物根茎进行横切，尽量保证切片比较薄，在载玻片的中央滴一滴蒸馏水，将切片置于水中，盖上盖玻片，置于显微镜下观察。

五、注意事项

① 使用显微镜时注意爱惜仪器，轻拿轻放，同时注意不要用身体或者其他物品直接接触显微镜目镜与物镜的镜片。

② 使用显微镜观察物品时，先用低倍镜，再用高倍镜或者油镜，注意不要污染物镜。

③ 调焦时，先目视物镜，将物镜调至盖玻片上端极近处，然后在目镜下调焦，慢慢使物镜远离盖玻片，最终使观察物清晰。

④ 使用完显微镜后，请将物镜换成最低倍镜或者空挡处，并清洁显微镜和试验台。

⑤ 使用刀片注意安全，不要伤到自己和他人。

六、结果记录及分析讨论

1. 实验结果记录

① 植物根茎叶的外形观察结果，记录于表 2.4.1。

表 2.4.1　植物根茎叶的外形观察结果

序号	物种名称	根	茎	叶
1				
2				
3				
4				
5				
6				

② 绘制单子叶植物和双子叶植物叶的大概结构图片并标出主要部位名称。

③ 绘制单子叶植物和双子叶植物茎横切的大概结构图片并标出主要部位名称。

2. 结果分析讨论

① 单子叶植物与双子叶植物的根、茎、叶有何不同？

② 如何使手动切片更薄？

七、思考题

① 木材属于植物茎的什么结构？

② 分析双子叶植物茎初生结构和次生结构的特点？

实验五　植物繁殖器官的形态及内部结构

一、实验目的

① 观察植物繁殖器官（花和果实）的形态特征，了解植物繁殖器官在植物生长、发育和繁殖过程中的作用。

② 在显微镜下观察花药及雌蕊的剖面结构，了解花的基本结构及形态变化。

③ 通过对不同类型果实的观察，掌握各类型果实的特点。

二、实验原理

植物子房和花药固定后可以保持结构不变，进而可以将其进行切片保存，从而便于观察其内部结构。

三、实验材料、仪器及试剂

1. 实验材料

鲜花、百合花蕾横切片、百合花药横切片、子房纵横切片、新鲜果实（菠萝、番茄、柑橘、瓜类果实、桃子、苹果等）、干果（豌豆、油菜籽、玉兰果、棉花、水稻、向日葵、玉米、小麦、板栗、胡萝卜等）。

2. 实验仪器及耗材

显微镜、放大镜、刀片、水果刀、解剖针、镊子等。

四、实验步骤

1. 观察鲜花的组成部分，分析其基本结构和形态。

2. 显微镜下观察子房和花药的内部结构，绘制雌蕊的模式图。

3. 观察不同类型植物的果实（肉果如番茄，干果如豌豆，聚花果如菠萝），并将其切开，观察其内部结构。

五、结果记录及分析讨论

1. 实验结果记录

① 描述鲜花的结构，并注明种类和各个结构的数目。

② 绘制 1～2 种雌蕊和子房的基本结构，并注明品种。

③ 绘制苹果或者梨子的纵横切图并注明主要部位名称。

2. 结果分析讨论

① 一朵完整的花由哪些部分组成？

② 为什么有些花中只有一个种子而有些有多个？

六、思考题

① 花与叶的关系是什么？

② 种子和果实分别由花的哪个部位发育而来？

③ 果实可以分为哪几种类型？各有什么特点？

实验六　种子成分的鉴定及形态结构的观察

一、实验目的

① 观察不同种子的形态结构，区分单子叶植物和双子叶植物种子的结构特点。

② 学会用徒手切片和显微化学方法鉴定种子中的储藏物质。

二、实验原理

开花植物特有的器官是花和种子，种子由胚珠发育而来，一般包括种皮、胚和胚乳三部分，被子植物的果皮和种皮有的是愈合的（小麦、玉米和稻谷），有的是分开的（葡萄、桃子、李子）。被子植物的胚发育成植物体，子叶和胚乳为幼苗的发育提供营养，单子叶植物的种子只有 1 片子叶，双子叶植物的种子具有 2 片子叶。大多数被子植物的种子发育过程中有胚乳形成，少数被子植物种子无。种子储藏的物质是植物细胞的代谢产物，为种子的发育和萌发提供营养物质。应用化学药剂处理植物的种子细胞，使其中某些物质发生化学变化，从而产生特殊的颜色反应，如直链淀粉与碘反应形成蓝黑色物质、苏丹Ⅲ溶液与脂肪反应形成橘黄色物质。因此，可以通过显色反应和显微镜来鉴定这些物质的性质及分布状态。

三、实验材料、仪器及试剂

1. 实验材料

玉米种子、蚕豆种子、水稻种子、花生种子。

2. 实验仪器与耗材

显微镜、放大镜、载玻片、盖玻片、双面刀片或者单面刀片、滤纸、烧杯、胶头滴管、镊子、解剖针等。

3．实验试剂

1‰ I_2-KI 溶液、苏丹Ⅲ溶液。

四、实验步骤

1．种子形态结构的观察

（1）有胚乳种子的形态和结构

① 水稻种子 取一水稻种子观察，种子形状因品种而不同，籼稻谷粒较粳稻长而扁平。种子的外面包裹着一层坚硬的谷壳，由内外稃组成，外稃大于内稃，二者边缘互相勾合，其上有维管束分布，使谷壳出现梭状纵沟，外稃中脉常外延成芒。利用放大镜，可以发现内、外稃表面有钩状或针状茸毛，毛的多少因品种而异，一般籼稻少而疏散、粳稻多而密集。谷粒基部有一对披针形的退化花外稃，被称为护颖。剥掉颖壳，观察糙米外形，米粒形状、颜色亦因品种而不同，米粒（颖果）由果皮、种皮、胚、胚乳组成。

② 玉米籽粒观察 玉米籽粒呈楔形或者卵形，由种皮、胚和胚乳三部分组成。种皮无色，实际上是种皮和果皮的融合。胚位于种子下方并偏向一侧，呈白色，它是新生植物体的雏体，构成种子的最重要部位。胚由胚根、胚芽、胚轴、子叶（盾片）组成。胚乳有两部分，外部结构紧密，呈淡黄色，称为角质胚乳（或黄脂胚乳）；内部较松，呈白色，称为淀粉质胚乳（或白粉胚乳）。

（2）无胚乳种子的形态和结构

① 蚕豆种子 取一浸过水的蚕豆种子，在其较宽的一端有一条长而凹进去的黑沟叫种脐，将具种脐的一端擦干，然后用手指轻挤压可以看到有水和气泡从一个小孔中冒出来，这个小孔叫种孔。蚕豆发芽时，胚根即由种或种孔的附近穿出来，在种孔相反的一端，有种脉（或称种脊）和合点，蚕豆种子的外围有种皮，种皮内为胚（俗称仁）。胚分为四部分：子叶（俗称蚕豆瓣，共两片，乳厚，储存养料）、胚芽（包括生长点及围绕其周围的胚胎式叶）、胚轴（在胚芽下端，子叶即着生其上）、胚根（在胚芽之下，为胚芽相反的一端）。

② 花生种子 花生的果实为荚果，果壳的颜色多为黄白色，也有黄褐色、褐色或黄色的，这与花生的品种及土质有关。花生果壳内的种子通称为花生米或花生仁，由种皮、子叶和胚三部分组成。种皮的颜色常为淡褐色或浅红色。种皮内为带着两片子叶的胚。

2．种子成分的鉴定

（1）淀粉的鉴定

① 方案一 取禾谷类种子，在水中浸泡，待种子泡软时徒手切片。从中挑选较薄的切片制成临时装片，并用 I_2-KI 溶液染色，在显微镜下观察，可看到被染成蓝黑色的淀粉粒。

② 方案二 取禾谷类种子，在水中浸泡，待种子泡软时将其切开，滴上 I_2-KI 溶液，即可看到大部分种子切面被染成蓝黑色。

（2）蛋白质的鉴定 取泡软的蚕豆种子子叶，做徒手切片并制成临时装片，用 I_2-KI 溶液染色，用显微镜观察可看到被染成黄色的圆球状小颗粒，即为储藏蛋白质的糊粉粒。

（3）脂肪和油滴的鉴定 取一粒花生种子的子叶做徒手切片，并制成临时装片，用苏丹Ⅲ染色后在显微镜下观察，可看到染成橘红色的圆球形油滴。

五、注意事项

① 切片时注意不要切伤自己或者其他人。

② 实验中所有种子不能食用。

六、结果记录及分析讨论

1. 实验结果记录

（1）种子的结构观察　记录数据于表 2.6.1。

表 2.6.1　种子的结构观察

物种名称	有无胚乳	子叶数目与大小	储存营养的器官

（2）种子成分的鉴定

水稻种子的浸泡时间：＿＿＿＿h，染色时间：＿＿＿＿＿，染色结果：＿＿＿＿＿＿＿＿

蚕豆种子的浸泡时间：＿＿＿＿h，染色时间：＿＿＿＿＿，染色结果：＿＿＿＿＿＿＿＿

花生种子的浸泡时间：＿＿＿＿h，染色时间：＿＿＿＿＿，染色结果：＿＿＿＿＿＿＿＿

2. 结果分析讨论

① 单子叶与双子叶植物种子的区别。

② 染色导致的颜色深浅是哪些原因造成的？

③ 水稻种子内含物用苏丹Ⅲ染液进行染色会有什么染色结果？

七、思考题

① 比较水稻种子和蚕豆种子内含物有什么不同，这与它们的生活环境或方式有什么关系？

② 种子的各个结构怎么发育形成的，它们的主要功能是什么？

实验七　鲫鱼的外形观察和内部解剖

一、实验目的

① 学习硬骨鱼的一般测量方法及硬骨鱼解剖方法。

② 通过对鲫鱼结构观察和解剖，了解硬骨鱼类的主要特征及鱼类适应于水生生活的形体结构特征。

二、实验原理

鱼类是最低等的有颌、变温脊椎动物，具有比圆口类更为进步的机能结构，主要表现在：出现了能咬合的上下颌；出现了成对的附肢（偶鳍）；骨骼为软骨或硬骨；脊柱代替了脊索，成为身体的主要支持结构；头骨更加完整，脑和感觉器官更发达。

鱼类因适应水生生活而发展出许多特有的结构，主要表现为：身体分为头、躯干和尾；体形多为流线型，体被骨质鳞片或盾鳞；体表富黏液；具侧线；以鳃为呼吸器官；血液循环为单循环；以鳔或脂肪调节身体比重获得水的浮力；靠躯干分节的肌肉的波浪式收缩传递和尾部的摆动获得向前的推进力；有良好的调节体内渗透压的机制。因此，不同的鱼类具有类似的结构与器官来达到这些生理特点，通过对鲫鱼结构的认识和理解能够让学生对鱼类的整体结构和特征有一定的了解。

三、实验材料、仪器及试剂

1. 实验材料

活鲫鱼。

2. 实验仪器及耗材

显微镜、解剖盘、剪刀、手术刀、镊子、大头针、培养皿、棉花、直尺、小锤子等。

四、实验步骤

1. 鲫鱼外部形态观察

观察鲫鱼外部形态，包括鱼头、鱼尾、躯干、尾鳍、背鳍、臀鳍、腹鳍、胸鳍等，并做好相关记录，记下各个部位的尺寸。鲫鱼体呈纺锤形，略侧扁，背部灰黑色，腹部近白色。身体可区分为头、躯干和尾三部分，如图 2.7.1 所示。

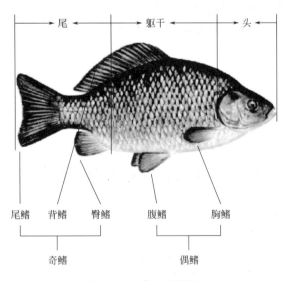

图 2.7.1 鲫鱼的外观

头部：自吻端至鳃盖骨后缘为头部。口位于头部前端（口端位），两侧一般有 2 条触须（鲫鱼无触须）。吻背面有鼻孔 1 对、眼 1 对，眼睛位于头部两侧，形大而圆，无眼睑，眼后头部两侧为宽扁的鳃盖。

躯干部和尾部：自鳃盖后缘至肛门（位于臀鳍前侧）为躯干部；自肛门至尾鳍基部最后一枚椎骨为尾部。躯干部和尾部体表被以覆瓦状排列的圆鳞，鳞外覆有一薄层表皮，表皮上具有丰富的黏液。躯体两侧从鳃盖后缘到尾部，各有 1 条由鳞片上的小孔排列成的点线结构，此即侧线，被侧线孔穿过的鳞片称侧线鳞。体背和腹侧有鳍，背鳍 1 个，较长，约为躯干的 3/4；臀鳍 1 个，较短；尾鳍末端凹入分成上下相称的 2 叶，为正尾型；胸鳍 1 对，位于鳃盖后方左右两侧；腹鳍 1 对，位于胸鳍之后、肛门之前，属腹鳍腹位；肛门紧靠臀鳍起点基部前方，紧接肛门后有 1 泄殖孔。

2. 观察鱼鳞并测量鲫鱼尺寸参数

取下几片鱼鳞，观察其形状、结构、纹路等，并测量硬骨鱼的全长、体长、体高、躯干长、尾柄长、尾柄高、尾长、头长、吻长、眼径、眼间距和眼后头长，如图 2.7.2 所示。全长指自吻端至尾鳍末端的长度，体长指自吻端至尾鳍基部的长度，体高指躯干部最高处的垂直高，躯干长指鳃盖骨后缘到肛门的长度，尾柄长指臀鳍基部后端至尾鳍基部的长度，尾柄高指尾柄最低处的垂直高，尾长指由肛门至尾鳍基部的长度，头长指由吻端至鳃盖骨后缘（不包括鳃盖膜）的长度，吻长指由上颌前端至眼前缘的长度，眼径指眼的最大直径，眼间距指两眼间的直线距离，眼后头长指眼后缘至鳃盖骨后缘的长度。

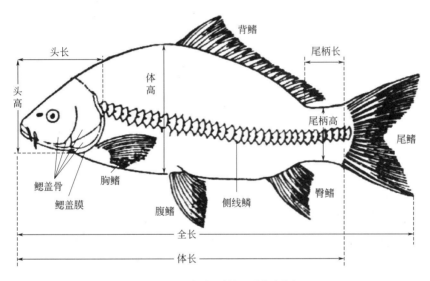

图 2.7.2　鲫鱼测量尺寸解析图

3. 鲫鱼的解剖及内部器官的观察

（1）鲫鱼的解剖流程（如图 2.7.3 所示）

① 用小锤子敲晕鲫鱼，将活鲫鱼置解剖盘，使鱼侧卧，腹部向上，用手术刀在肛门前与体轴垂直方向切一小口。

② 用剪刀插入将鱼肚剪开，一直剪开到鳃盖；随后，将手术剪尖端插入切口向背方剪开体壁到脊柱，再用中式剪沿脊柱下方向前剪至鳃盖后缘。

③ 沿鳃盖后缘剪至胸鳍之前。

④ 左手持镊自切口处揭起体壁肌肉，右手持镊仔细将该体壁肌肉与体腔腹膜分开，然后掀开左体壁，使心脏和内脏暴露。

⑤ 将中式剪刀尖插入口腔，从左侧口角开始，沿眼睛后缘将鳃盖剪去，使鱼鳃暴露出来（图 2.7.3）。用棉花拭净器官周围的血迹及组织液。

⑥ 鲫鱼解剖完毕时的状态。

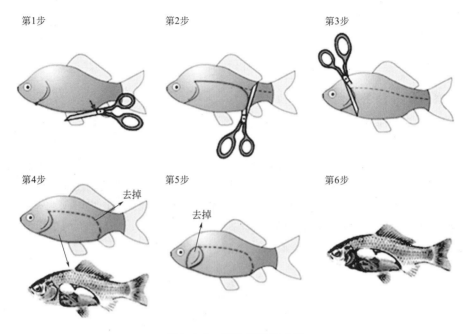

第1步　　　　　　第2步　　　　　　第3步

第4步　　　　　　第5步　　　　　　第6步

去掉

去掉

图 2.7.3　鲫鱼解剖模式图

（2）原位观察（如图 2.7.4 和图 2.7.5 所示）

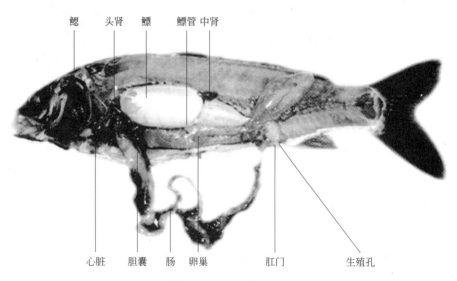

鳃　头肾　鳔　鳔管 中肾

心脏　胆囊　肠　卵巢　　肛门　　生殖孔

图 2.7.4　鱼的解剖图

整个胸腹腔横隔被分为围心腔和胸腹腔，前者位于前方、最后 1 对鳃弓的腹方，主要包括心脏。心脏背上方有头肾，其旁边是白色囊状的鳔。覆盖在前、后鳔室之间的三角形暗红色组织，叫中肾。鳔的腹方是长形的生殖腺，成熟体的雄性为乳白色的精巢、雌性为黄色的卵巢。

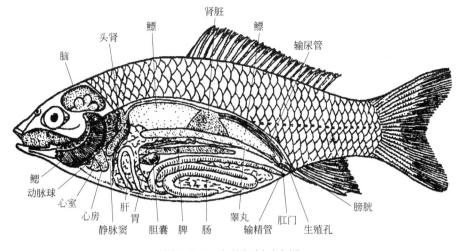

图 2.7.5　鱼的解剖示意图

　　胸腹腔腹侧盘曲的管道为肠管，肠管之间的肠系膜上，有暗红色、散漫状分布器官叫肝胰脏。在肠管和肝胰脏之间的一细长红褐色器官为脾脏，一般位于生殖腺与肠管之间。各个器官的特点和观察如下所述：

　　① 生殖系统　由生殖腺和生殖导管组成。生殖腺外包有极薄的膜。雄性有精巢 1 对，性未成熟时往往呈淡红色，成熟时纯白色，呈扁长囊状；雌性有卵巢 1 对，性未成熟时为淡橙黄色，呈长带状，性成熟时呈微黄红色，呈长囊形，几乎充满整个腹腔，内有许多小型卵粒。生殖导管，即输精管或输卵管，是生殖腺表面的膜向后延伸的短管。左右输精管或输卵管在后端汇合后通入泄殖窦，泄殖窦以泄殖孔开口于体外。

　　观察完毕，移去左侧生殖腺，以便观察消化器官。

　　② 消化系统　包括口腔、咽、食管、肠和肛门组成的消化管及肝胰脏和胆囊等消化腺体。此处主要观察食管、肠、肛门和胆囊。

　　食管：肠管最前端接于食管，食管很短，其背面有鳔管通入，并以此为食管和肠的分界点。

　　肠：用圆头镊子将盘曲的肠管展开。肠为体长的 2～3 倍，肠的前 2/3 段为小肠，后部为大肠，最后一部分为直肠，直肠以肛门开口于臀鳍基部前方。但肠的各部外形区别不甚明显。

　　胆囊：为一暗绿色的椭圆形囊，位于肠管前部右侧，大部分埋在肝胰脏内，掀动肝胰脏，从胆囊的基部观察胆管如何通入肠前部。

　　观察完毕，移去消化管及肝胰脏，以便观察其他器官。

　　鳔：位于腹腔消化管背方的银白色胶质囊，从头后一直伸展到腹部后端，分前后 2 室，后室前端腹面发出一细长的鳔管，通入食管背壁。

　　观察完毕，移去鳔，以便观察排泄器官。

　　③ 排泄系统（如图 2.7.6 所示）　包括肾脏、输尿管和膀胱。

　　肾脏：中肾紧贴于腹腔背壁正中线两侧，为红褐色狭长形器官，在鳔的前、后室相接处。头肾位于心脏的背上方，是拟淋巴腺。

　　输尿管：每肾最宽处各通出 1 细管，即输尿管，沿腹腔背壁后行，在近末端处 2 管汇合

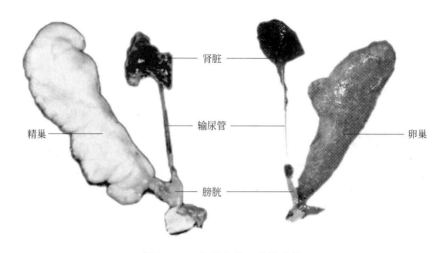

图 2.7.6　鱼的生殖、排泄系统

通入膀胱。

　　膀胱：输尿管后端汇合后稍扩大形成的囊即为膀胱，其末端开口于泄殖窦。用镊子分别从臀鳍前的 2 个孔插入，观察它们进入直肠或泄殖窦的情况，由此可在体外判断肛门和泄殖孔的开口。

　　④ 循环系统　主要观察心脏，心脏位于 2 胸鳍之间的围心腔内，由 1 心室、1 心房和静脉窦等组成（如图 2.7.7 所示）。

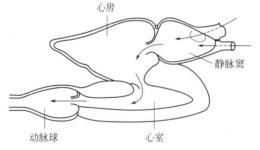

图 2.7.7　硬骨鱼心脏模式图

　　心室：淡红色，其前端有一白色壁厚的圆锥形小球体，为动脉球，自动脉球向前发出 1 条较粗大的血管，为腹大动脉。

　　心房：位于心室的背侧，暗红色，薄囊状。

　　静脉窦：位于心房背侧面，暗红色，壁很薄，不易观察。

　　⑤ 消化系统（口腔与咽，如图 2.7.8 和图 2.7.9 所示）　将剪刀伸入口腔，剪开口角，除掉鳃盖，以暴露口腔和鳃。

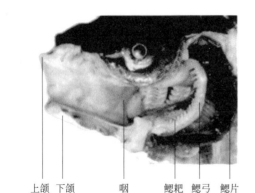

图 2.7.8　硬骨鱼的头部解剖图

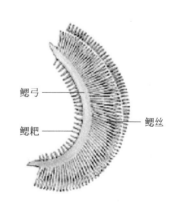

图 2.7.9　鳃的结构

口腔：口腔由上、下颌包围而成，颌无齿，口腔背壁由厚的肌肉组成，表面有黏膜，腔底后半部有一不能活动的三角形舌。

咽：口腔之后为咽部，其左右两侧有 5 对鳃裂，相邻鳃裂间生有鳃弓，共 5 对，第 5 对鳃弓特化成咽骨，其内侧着生咽齿。观察鳃的步骤完成后，将外侧的 4 对鳃除去，暴露第 5 对鳃弓，可见咽齿与咽背面的基枕骨腹面角质垫相对，能夹碎食物。

鳃：鳃是鱼类的呼吸器官。鲫鱼的鳃由鳃弓、鳃耙、鳃片组成，鳃隔退化。鳃弓位于鳃盖之内，咽的两侧，共 5 对。每鳃弓内缘凹面生有鳃耙；第 1～4 对鳃弓外缘并排长有 2 列鳃片，第 5 对鳃弓没有鳃片。鳃耙为鳃弓内缘凹面上成行的三角形突起。第 1～4 对鳃弓各有 2 行鳃耙，左右互生，第 1 对鳃弓的外侧鳃耙较长。第 5 对鳃弓只有 1 行鳃耙。鳃片为薄片状，鲜活时呈红色。每个鳃片称半鳃，长在同一鳃弓上的 2 个半鳃合称全鳃。剪下 1 个全鳃，放在盛有少量水的培养皿内，置体视显微镜下观察。可见每 1 鳃片由许多鳃丝组成，每 1 鳃丝两侧又有许多突起状的鳃小片，鳃小片上分布着丰富的毛细血管，是气体交换的场所。横切鳃弓，可见 2 个鳃片之间退化的鳃隔。

⑥ 神经系统　从两眼眶下剪，沿体长轴方向剪开头部背面骨骼，再在两纵切口的两端间横剪，小心地移去头部背面骨骼，用棉球吸去银色发亮的脑脊液，脑便显露出来（如图 2.7.10 所示）。

端脑：由嗅脑和大脑组成。大脑分左右 2 个半球，呈小球状，位于脑的前端，其顶端各伸出 1 条棒状的嗅柄，嗅柄末端为椭圆形的嗅球，嗅柄和嗅球构成嗅脑。

中脑：位于端脑之后，较大，受小脑瓣所挤而偏向两侧，各成半月形突起，又称视叶。用镊子轻轻托起端脑，向后掀起整个脑，可见在中脑位置的颅骨有 1 个陷窝，其内有一白色近圆形小颗粒，为内分泌腺脑垂体。用小镊子揭开陷窝上的薄膜，可取出脑垂体，用于其他研究。

小脑：位于中脑后方，为一圆球形体，表面光滑，前方伸出小脑瓣突入中脑。

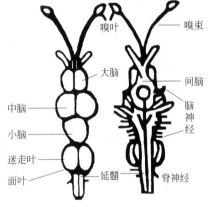

图 2.7.10　鲫鱼脑的模式图
（左为背面观，右为腹面观）

延脑：是脑的最后部分，由 1 个面叶和 1 对迷走叶组成，面叶居中，其前部被小脑遮蔽，只能见到其后部，迷走叶较大，左右成对，在小脑的后两侧。延脑后部变窄，连接脊髓。

五、注意事项

① 使用剪刀和手术刀时千万小心，注意不要随意挥动剪刀和手术刀，避免伤到自己或者其他人。

② 使用剪刀剪开腹部时须注意力度和深度，防止破坏鲫鱼的内脏。

③ 使用锤子敲晕鲫鱼后，后续操作过程中尽量将鲫鱼固定住，如果不能保证就先在温水中将其彻底杀死。

④ 实验用鱼请勿带出实验室，也不可以食用。

六、结果记录及分析讨论

1. 实验结果记录

① 绘制鲫鱼的外形图，并标上其全长、体长、体高、躯干、尾柄长、尾柄高、尾长、头长、吻长、眼径、眼间距和眼后头长。

② 解剖完鲫鱼后，拍照或者绘制内脏的简图，并注明各个器官。

③ 拍照或者绘制鲫鱼口腔的简图，并注明各个器官。

④ 拍照或者绘制鲫鱼脑的简图，并注明各个器官。

2. 结果分析讨论

① 解剖过程中出现的问题及解决方案。

② 如何避免破坏鲫鱼的内脏器官？

七、思考题

① 雌雄鲫鱼之间有什么区别？

② 鲫鱼的脑部结构与人类相比有何区别？这与其生活环境有什么联系？

③ 鲫鱼是如何改变其运动方向和速度的？

④ 鱼类体色与其生活环境有何适应关系？

⑤ 试总结鱼类适于水生生活的形态结构特征。

实验八　青蛙的外形观察和内部解剖

一、实验目的

① 通过对青蛙（或蟾蜍）外形和内部结构的观察，掌握两栖纲的主要特征。

② 学会蛙类的解剖方法。

二、实验原理

在脊椎动物进化史上，由水生到陆生是一个巨大的飞跃，两栖类是由水生到陆生的过渡类群，其代表动物蛙的形态结构明显地反映了两栖类对陆生的初步适应及不完善性。对青蛙的解剖和观察，有助于理解生物体结构与功能、生物与环境相适应的这一自然界的一般规律，而实验动物的处死和解剖方法是脊椎动物研究的常用技术方法。

三、实验材料、仪器及试剂

1. 实验材料

活青蛙（或蟾蜍），青蛙的骨骼标本、神经系统解剖标本等。

2. 实验仪器及试剂

解剖盘、蜡盘、剪刀、镊子、大头针、手术刀、放大镜、吸水纸、脱脂棉、广口瓶、乙醚。

四、实验步骤

1. 外形观察

将活蛙（或蟾蜍）放置于解剖盘内，观察其身体，可分为头、躯干和四肢三部分（如图 2.8.1 所示）。

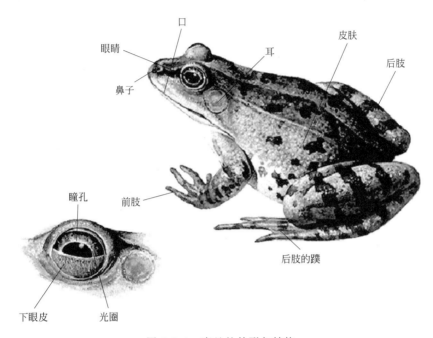

图 2.8.1 青蛙的外形与结构

头部：头部扁平，呈三角形，吻端稍尖。

（1）口 口宽阔，横裂，由上下颌组成。

（2）外鼻孔 上颌两侧有一对外鼻孔。

（3）眼 大而圆，位于头的两侧。具上、下眼睑，下眼睑的上方有一层折叠的透明瞬膜，可以向上移动遮盖眼球。

（4）鼓膜（耳） 眼后各有一明显的圆形鼓膜（蟾蜍的鼓膜较小）。鼓膜内紧接着耳柱骨。

（5）声囊 雄蛙的口角之后有一对声囊（蟾蜍无声囊，具耳后腺），为浅褐色皮膜凹陷，鸣叫时鼓成泡状。

躯干部：蛙类无明显颈部，鼓膜之后为躯干部。躯干宽短，躯干末端两腿之间偏背侧有一小孔为泄殖腔孔。

四肢：前肢短小，4 指，近体侧起依次为上臂、前臂、腕、掌和指 5 部分，指间无蹼。后肢长而发达，5 趾，趾间有蹼。

皮肤：蛙皮肤裸露、湿润，表面有由皮肤腺分泌的黏液覆盖，有黏滑感。

2. 处死方法

处死青蛙常用的方法有三种。

（1）乙醚麻醉　在广口瓶内放乙醚棉球，将蛙麻醉致死。该方法建议在通风橱中进行，因为乙醚具有极强的挥发性，易使实验人员昏迷。

（2）双毁髓　左手握蛙，使其背部朝上，用食指按压其头部前端，拇指按其背部，使头前俯。右手持解剖针自两眼之间沿中线向后端触划，当触到一凹陷处即枕骨大孔所在部位，将针垂直刺入枕骨大孔。然后将针尖向前刺入颅腔，在颅腔内搅动毁脑。再将针退至枕骨大孔，针尖转向后方，与脊柱平行刺入椎管，一边伸入，一边旋转毁髓，直到蛙后肢及腹部肌肉完全松弛。

（3）撞击处死　用手握住其后肢，将头背部在硬物上猛击，使其震昏。

3. 内部结构解剖与观察

（1）口咽腔　为消化系统和呼吸系统共同的通道（如图 2.8.2 所示）。用手术刀切开连接嘴巴上下颚的薄膜，把嘴巴打开，进而可以观察口咽腔。

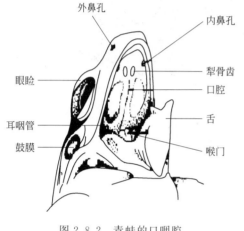

① 舌　舌位于口腔底部中央，前端固着，后端游离分叉，可外翻捕食。舌柔软，肉质，用手指触摸有黏感。

② 内鼻孔　1 对椭圆形孔，位于口腔顶壁近吻端处。

③ 齿　沿上颌边缘有一行细尖的牙齿即颌齿，上颌内侧着生两簇细齿称犁骨齿（蟾蜍无犁骨齿）。

④ 耳咽管孔　1 对，位于口腔顶壁两侧近口角处，与中耳相通。咽在口腔的深处，向后通入食道。

图 2.8.2　青蛙的口咽腔

⑤ 喉门　位于舌头的后方，为一圆形突起中央纵裂成的一孔。

⑥ 声囊孔　在雄蛙口腔底部两侧，近口角处，有 1 对小孔即为声囊孔。

⑦ 食管口（咽）　位于口腔深处，喉门的背侧，咽的最后部位，向后通食道，为一皱襞状开口。

（2）肌肉系统　将处死的青蛙腹面向上置于解剖盘内，展开四肢，一边用镊子夹起腹面后腿基部之间泄殖腔稍前方的皮肤，一边用剪刀剪一口。沿着腹中线向前剪开皮肤，直至下颌前端。然后在肩带处向两侧剪开并剥离前肢皮肤，在股部作一环形切口来剥去后肢皮肤。观察腹壁和四肢的主要肌肉。其大部分肌肉已经高度分化，分节现象消失，但是其腹直肌依然可见肌节遗迹。

（3）消化系统　包括口咽腔、食道、胃、小肠、大肠、泄殖腔及相关内脏。将剥皮的青蛙腹面朝上放置在解剖盘上，划"工"字形横切躯干，一直切到四肢，然后在腹部直切一刀，将切开的 2 片大肚皮往外拉，打开青蛙腹部，如有必要，可以用大头针把青蛙固定在解剖盘。随后，小心刺穿体腔外面的薄膜，不要戳到任何器官，把薄膜拉开，变松后就能脱离体腔，露出里面的器官，方便观察内脏。如果青蛙较肥大，会有大量脂肪体覆盖在内脏上，呈鲜橙色或黄色管状或块状，可能会干扰后续的观察，需要将其摘除。

① 肝脏　位于体腔前端，心脏后方，红褐色，分左右两叶和较小的中叶，左、右叶之间有一椭圆形的胆囊，呈黄绿色。胆管 2 条，一条与肝管连接，接收肝脏分泌的胆汁，另一

条接输胆总管，胆汁由此管入输胆总管，再通入十二指肠。

② 食管　心脏背面有白色短管与膨大的胃相连，即为食管。食管短，前端开口于口咽腔，后端与胃相连。

③ 胃　食道后方的膨大部分，常呈现为白色，幽门下接肠。食道入胃处为贲门。

④ 肠　分小肠和大肠。小肠由十二指肠和回肠组成。小肠始自幽门，向右前方伸出，此为十二指肠，再向后盘曲的为回肠。大肠膨大而陡直（又称直肠），向后通入泄殖腔。

⑤ 泄殖腔　为消化泄殖系统的共同腔道，以泄殖腔孔与外界相通。

⑥ 胰脏　胰脏为长形不规则的淡红色或淡黄色腺体，位于胃与十二指肠之间，输胆总管从胰腺中穿过，与胰管相通，胰液经胰管流入输胆总管。

⑦ 脾　位于直肠前端肠系膜上的暗红色球状物，与消化系统无关，为淋巴器官，一般被肠道掩盖住。

（4）循环系统　包含心脏和血管，本实验观察的主要是心脏和连接在心脏上的血管。观察心脏前，需要将保护心脏的胸骨剪去，注意不要伤到大血管。

① 心脏　位于体腔前部，呈现红紫色并带有白色筋膜，即膜状围心囊。

心房：左右各 1 个，为心脏前部的薄壁、有皱襞的囊状结构。

心室：1 个，为心脏后端厚壁部分，圆锥形，心室尖向后。

静脉窦：静脉窦为心脏背面一暗红色三角形的薄壁囊。其左右两个前角分别连接左右前大静脉，后角连接后大静脉。静脉窦开口于右心房。

② 动脉圆锥　由心室腹面右上方发出的一条较粗的肌质管，与心室相通。其前端分为 2 支，即左右动脉干。

③ 动脉弓　左、右动脉干穿出围心腔后，每支又分成 3 支，即颈动脉弓、肺皮动脉弓和体动脉弓。

颈动脉弓：由动脉干发出的最前面的 1 支血管。分为外颈动脉和内颈动脉。

肺皮动脉弓：由动脉干发出的最后面的 1 支动脉弓，分为粗细不等的 2 支，分别通向肺和皮肤，称肺动脉和皮肤动脉。

体动脉弓：是动脉干发出的中间的 1 支，最粗。左右体动脉弓前行汇合成 1 条背大动脉。

（5）呼吸系统　移除肝脏、小肠、大肠和心脏后，便可以清楚地观察喉气管和肺。

① 喉气管室　用钝头镊子自喉门插入，可见心脏背部有一短粗略透明的管子，即喉气管室，后端通入肺囊。

② 肺　位于胸腹腔前方、肝的背面，为 1 对薄壁呈粉红色的囊状物。剪开肺壁可见其内壁为蜂窝状，密布血管，具有弹性。

（6）排泄系统　青蛙的生殖系统和排泄系统是连在一起的。

① 肾脏　肾脏呈扁豆形，所在位置和人类基本相同，为 1 对暗红色扁平的器官，靠近脊柱两侧（靠近背侧），贴在背壁上。它们和人类肾脏一样，颜色很深，有时候上面会黏附黄色的脂肪体。肾的腹侧镶嵌着一排淡黄色的肾上腺，为内分泌腺。

② 输尿管　由肾的外缘后部发出的 1 对小管，分别通向泄殖腔的背壁。雄性的兼有输精作用。

③ 膀胱　位于泄殖腔的腹面，为一薄壁的两叶状囊，与泄殖腔相通。

（7）生殖系统

① 雄性生殖系统

精巢：1 对，位于肾的腹面内侧，呈淡黄色或灰白色。

输精小管和输精管：由精巢内侧发出许多输精小管通入肾脏前端，其输尿管兼有输精管的功能。

② 雌性生殖系统

卵巢：1 对，位于肾的前端腹面，成熟个体在生殖季节内充满黑色球状卵，未成熟时卵巢呈淡黄色。其前端具脂肪体。

输卵管：为 1 对长而迂曲的管子，位于卵巢的外侧。输卵管的前端膨大呈漏斗状，开口于胸腹腔；其后端膨大部分为子宫，左右子宫末端分别通入泄殖腔。

（8）神经系统　在观察完青蛙内脏的各个器官后，小心将其摘除，并将青蛙的脊柱和后腿附近的肌肉进行梳理，注意连接肌肉的白色神经组织，它一般位于血管旁边，一端连着脊柱，一端连着肌肉。

五、注意事项

① 使用剪刀时注意不要弄伤自己和其他人。

② 处死青蛙时，请务必保证处死，防止解剖过程中，青蛙乱动。

③ 解剖过程中注意及时用棉花除去血液，防止血液过多干扰视线。

④ 实验用青蛙，请勿食用。

六、结果记录及分析讨论

1. 实验结果记录

① 描述青蛙的外形，推测其雌雄性别。

② 描述青蛙背部肌肉与腿部肌肉的特点。

③ 拍照或绘制青蛙的解剖图，并注明各个内脏器官。

2. 结果分析讨论

① 青蛙腹直肌与其他肌肉有什么区别？

② 解剖时出现的问题与解决方案。

七、思考题

① 如何证实青蛙的脊柱也是神经反射中心？

② 与陆生动物相比，两栖生物青蛙具有哪些独特的结构特征？这与其生活环境有什么关联？

实验九　家鸽的外形观察及内部解剖

一、实验目的

① 通过对家鸽的形态观察和内部解剖，掌握鸟类的主要特征，了解鸟类适应飞行生活的身体结构特点。

② 掌握鸟类的解剖技术。

二、实验原理

在生物的进化过程中，水生生物最先出现，征服了海洋；陆生生物较晚出现，征服了陆地；鸟类最晚出现，征服了天空。为了适应和便于飞行，鸟类进化出了一些相似的特殊结构与器官，因此，我们可以通过对家鸽的解剖和观察，了解和学习鸟类的主要特征和适应飞行的结构特点。

三、实验材料、仪器及试剂

1. 实验材料

家鸽。

2. 实验仪器及耗材

蜡盘、解剖盘、成套解剖工具（成套解剖工具清单：镊子2把、剪刀2把、解剖刀1把、解剖针1根）、大头针、吸水纸或者棉花。

四、实验步骤

1. 家鸽外形观察

家鸽：鸟纲，突胸总目，鸽形目，鸠鸽科，鸽属。鸟类的基本结构类似，如图2.9.1所

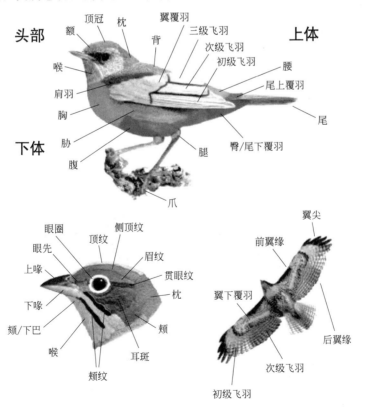

图 2.9.1　鸟类的外形结构

示，解剖前先对家鸽的外形进行观察。家鸽的身体呈流线型，分头、颈、躯干、尾和四肢5部分。体表被覆羽毛。家鸽的前肢变成翼，翼是其飞行器官。

2. 家鸽内部解剖

（1）处死　有窒息致死法和水溺致死法。

窒息致死法：一手握住其双翼并紧压腋部，另一只手以拇指和食指压住腊膜（头前端上喙基部的皮肤隆起，上喙与头部连接处），中指托住其颏部，使其鼻孔和口均闭塞1～2min，家鸽会因窒息而死亡。

水溺致死法：将鸽头浸入水中1～2min后，可将其溺亡。

（2）处死后观察　处死后，通过对家鸽的观察，理解常用的鸟类测量术语和羽的划分（初级飞羽、次级飞羽的数目）。

（3）解剖　首先用水浇湿羽毛，小心拔去羽毛，每次不超过2～3根，按照羽毛着生方向拔，双手协同作用。从胸部龙骨突起切开皮肤，前至喙基，后至泄殖腔。用解剖刀的钝端剥离皮肤，去除胸骨、乌喙骨、叉骨和锁骨。原位观察消化、呼吸、循环、泌尿生殖等系统的器官结构（图2.9.2）。

消化系统：口腔、食道、嗉囊、胃、肠、肝脏、胰脏。

呼吸系统：外鼻孔、内鼻孔、喉、气管、肺、气囊。

循环系统：心脏结构、动脉和静脉血管。

排泄系统（图2.9.3）：肾脏、输尿管、泄殖腔（分3室：粪道、泄殖道和肛道）、腔上囊。

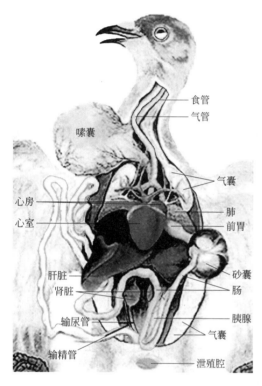

图2.9.2　家鸽的解剖示意

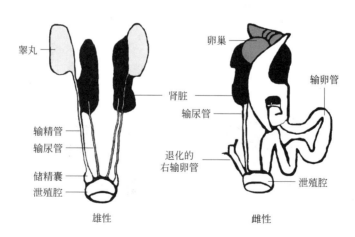

图2.9.3　家鸽的排泄和生殖系统

生殖系统（雄性）：白色睾丸，位于肾脏前端附近；输精管。

生殖系统（雌性）：右侧卵巢退化，左侧卵巢充满卵泡。

五、注意事项

① 使用剪刀和手术刀时，注意不要弄伤自己和其他人。

② 处死鸽子后才能进行解剖，防止解剖过程中鸽子乱动，容易抓伤实验者，最好等鸽子尸体僵硬后再解剖。

③ 解剖过程中注意及时用棉花除去血液，防止血液过多干扰视线。

④ 实验用鸽子，请勿食用。

六、结果记录及分析讨论

1. 实验结果记录

① 描述所用家鸽外形，并注明初级飞羽和次级飞羽的数目。

② 拍照或者绘制鸽子解剖后的简图，并注明各个器官。

2. 结果分析讨论

① 如何更安全、更快地处死鸽子？

② 解剖过程中出现的问题及解决方案。

七、思考题

① 鸽子的外形上具有哪些特点使其更适应于飞行生活？

② 与陆生动物相比，鸽子内部具有哪些特有的器官，是否有助于飞行？哪些器官出现了特殊的结构，进而有助于飞行？

实验十　人体心音听诊及动脉血压的测定

一、实验目的

① 学习心音听诊的方法，学会辨别第一心音和第二心音。

② 学习并掌握间接测量人体血压的原理和方法。

二、实验原理

由于心脏瓣膜关闭和心肌收缩引起振动而产生心音，在心前区的胸壁上可以用听诊器听到，每个心动周期可以听到两个心音：第一心音是由房室瓣关闭和心室肌收缩振动而产生，音调较低而历时较长，声音较响，其响度和性质的变化，常可反映心室肌收缩强弱和房室瓣的机能状态；第二心音是由半月瓣关闭产生振动造成的，音调较高而历时较短，声音较响脆，第二心音是心室舒张的标志，其响度常可反映动脉压的高低。

测定人体动脉血压最常用的方法是间接测量法，动脉血压一般是指主动脉压，通常选择上臂的肱动脉压代表主动脉压。在一个心动周期中，心室收缩时主动脉血压上升达到的最高值称为收缩压，心室舒张时，主动脉血压下降达到的最低值称为舒张压。血压测定利用气囊压迫血管法，压力大于血管内压时无血流通过，因此听不到任何声音，当外加压力等于或稍低于肱动脉内的收缩压而高于舒张压时，则在心脏收缩时，动脉内可有少量血流通过，而在心脏舒张时无血流通过，血液断续的流过血管时，会发出声音，故恰好可以完全阻断血流的最小管外压力（发出第一次声音时的压力）相当于收缩压，当外加压力等于或小于舒张压时，血管内的血液可以连续通过而不再产生涡流，所发出的音调会突然降低或声音消失，在心室舒张时有少许血流通过的最大管外压力（即音调突然降低时的压力）相当于舒张压。正常成年人在安静时的收缩压为 $100\sim120\mathrm{mmHg}$、舒张压为 $60\sim80\mathrm{mmHg}$，脉压差为 $30\sim40\mathrm{mmHg}$。

三、实验材料、仪器及试剂

1. 实验对象

同组学生。

2. 实验仪器及试剂

听诊器、血压计、冰水、酒精棉球。

四、实验步骤

1. 找到听诊部位

第五肋骨中线稍内侧（心尖部）为左房室瓣听诊区，胸骨右缘第四肋骨或胸骨下端稍偏右侧为右房室瓣听诊区，胸骨右缘第二肋间为主动脉瓣第一听诊区、胸骨左缘第三肋间为主动脉瓣第二听诊区，主动脉瓣关闭不全时可在该处听到杂音。胸骨左侧第二肋间为肺动脉瓣听诊区。

2. 听心音

受试者安静端坐，着单衣。检查者佩戴好听诊器，右手拇指、食指和中指轻持听诊器胸具，将其紧贴在受试者胸上。依次在左房室瓣听诊区、右房室瓣听诊区、动脉瓣第二听诊区和肺动脉瓣听诊区处听取心音。计算心率。

3. 人体动脉血压的测定

受试者静坐 5min，使身体放松，注意受试者心脏与血压计零点应当处于同一水平。在这个过程中，将打气球上的螺丝松开来排尽压脉带里的空气，旋紧螺丝。将受试者左臂外露，手掌向上放在桌子上，在肘窝上方 3cm 处裹上压脉带，使其与心脏大致水平。在压脉带下方、肘窝上方找到动脉，将听诊器放在上面听心音。随后，开始加压压脉带，听取心音的变化，在心音消失后再升高 30mmHg，然后开始拧松打气球上的螺丝，缓慢放气，注意听取心音变化和压强变化：先从无到有，再从低到高，随后突然变低，最后完全消失。记录心音出现和消失的压强变化点，并重复 2～3 次。

4. 不同因素对血压和心率的影响

测试在不同因素影响下心率和血压的变化，例如深呼吸、情绪波动、运动、冷刺激和热刺激等，至少选择两个因素进行测试。

五、注意事项

① 测试正常心率时，尽量在安静的环境中进行，避免外界干扰。

② 利用压脉带裹住手臂时，不能太紧，也不能太松，位置与心脏大致水平。

③ 重复测量血压时，需将压脉带中的空气排干净。

④ 戴听诊器时，务必使耳具的弯曲方向与外耳道一致。

六、结果记录及分析讨论

1. 实验结果记录

① 当受试者安静时，在左房室瓣听诊区、右房室瓣听诊区、动脉瓣第二听诊区和肺动脉瓣听诊区处听取心音，并计算心率，依次为_____次/s、_____次/s、_____次/s 和_____次/s，平均心率为_____次/s。

② 安静时受试者的三次血压为_____ mmHg、_____ mmHg 和_____ mmHg。

③ 选择以下两项或以上进行测试：

a. 连续进行 10 次深呼吸后的心音频率为_____次/s、_____次/s 和_____次/s，血压为_____ mmHg、_____ mmHg 和_____ mmHg。

b. 心情激动后的心音频率为_____次/s、_____次/s 和_____次/s，血压为_____ mmHg、_____ mmHg 和_____ mmHg。

c. 跑步 1min 后的心音频率为_____次/s、_____次/s 和_____次/s，血压为_____ mmHg、_____ mmHg 和_____ mmHg。

d. 手放在冰水中 1min 后的心音频率为_____次/s、_____次/s 和_____次/s，血压为_____ mmHg、_____ mmHg 和_____ mmHg。

e. 手放在 45~50℃热水中 1min 后的心音频率为_____次/s、_____次/s 和_____次/s，血压为_____ mmHg、_____ mmHg 和_____ mmHg。

f. （自定义刺激）_____的心音频率为_____次/s、_____次/s 和_____次/s，血压为_____ mmHg、_____ mmHg 和_____ mmHg。

2. 结果分析讨论

① 第一心音和第二心音的相对大小在四个听诊区有什么区别？

② 深呼吸、情绪波动、运动、冷刺激和热刺激等会导致心率和血压如何变化？

七、思考题

① 心率与血压的测定具有什么重要作用？

② 如何才能使血压和心率更加稳定与健康？

第三章　微生物学实验

微生物学是生物学的重要分支学科之一，也是一门应用很广的学科，涉及农业、食品、环境保护、医药、生物能源等各个领域，是现代高新生物技术的理论与技术基础。它是高校生物类专业的基础核心课程，是学习发酵工程、酶工程等专业课程的基础，在专业课程中起着重要的奠基石作用。微生物学是一门实验性很强的学科，实验教学在其专业学习中有十分重要的地位。本章将学习显微镜的使用、革兰染色等染色方法、常见微生物的培养和形态观察、培养基的配制与灭菌、实验室的无菌操作、微生物的计数方法等基础实验，以及从土壤中分离纯化微生物和水中细菌学检查等综合性实验。通过实验教学培养学生的微生物实验基本操作和技能，提高他们的动手能力、专业素质、创新能力和综合能力。

实验一　细菌简单染色及显微镜的使用

一、实验目的

细菌简单染色及
显微镜的使用

① 掌握细菌简单染色法。
② 了解普通光学显微镜的构造和原理，正确掌握使用显微镜的方法。

二、实验原理

1. 细菌简单染色法的原理

细菌的涂片和染色是微生物实验中的一项基本技术。细菌的细胞小而透明，在普通光学显微镜下不易识别，必须对它们进行染色，使染色后的菌体与背景形成明显的色差，从而能清楚地观察到它们的形态和构造。

利用单一染料对菌体进行染色的方法称为简单染色。用于染色的染料是一类苯环上带有发色基团和助色基团的有机化合物。发色基团赋予染料颜色特征，助色基团促进染料与生物细胞结合。不含助色基团而仅具有发色基团的物质即使具有颜色也不能用作染料，因为它不能电离，不能与酸或碱形成盐，难以与微生物细胞结合使其着色。常用的微生物细胞染料分碱性染料和酸性染料两种，前者包括亚甲蓝（即美蓝）、结晶紫、碱性复红（碱性品红）、番红（即沙黄）及孔雀绿等，后者包括酸性品红（酸性复红）、伊红及刚果红等。通常采用碱性染料进行简单染色，原因在于微生物细胞在碱性、中性及弱酸性溶液中通常带负电荷，而染料电离后染色部分带正电荷，很容易与细胞结合使其着色；当细胞处于酸性条件下（如细菌分解糖类产酸）所带正电荷增加时，可采用酸性染料染色。

染色前必须先固定细菌，其目的有二：一是杀死细菌并使菌体黏附于载玻片上；二是增加其对染料的亲和力。常用的有加热固定和化学固定两种方法。固定时应尽量维持细胞原有形态，防止细胞膨胀或收缩。

2. 油镜原理

在中学已经学过显微镜的原理和操作，这里主要学习油镜的相关内容。油镜与其他物镜的不同之处是载玻片与接物镜之间，不是隔一层空气，而是隔一层油质，称为油浸系。这种油常选用香柏油，因香柏油的折射率 $n=1.52$，与玻璃基本相同。当光线通过载玻片后，可直接通过香柏油进入物镜而不发生折射。如果玻片与物镜之间的介质为空气，则称为干燥系；当光线通过玻片后，受到折射发生散射现象，进入物镜的光线减少，这样视野的照明度就会减低。利用油镜不但能增加照明度，还能增加数值口径，提高显微镜的放大效能。

三、实验材料、仪器及试剂

1. 实验材料

大肠杆菌（*Escherichia coli*），金黄色葡萄球菌（*Staphylococcus aureus*）。

2. 实验仪器及耗材

显微镜、擦镜纸、酒精灯、载玻片、盖玻片、接种环、接种铲或接种针、镊子、载玻片夹子、载玻片支架、玻璃纸、培养皿、玻璃涂棒、U型玻棒、滴管等。

3. 实验试剂

香柏油、二甲苯、草酸铵结晶紫或苯酚（又称石炭酸）、复红等。

四、实验步骤

1. 细菌染色

（1）涂片　载玻片泡在 95% 乙醇缸中待用。用镊子从缸中取出一块载玻片，在缸内壁上将玻片沥一下，然后用酒精灯烧去玻片上残余乙醇和可能存在的油污。残余乙醇燃尽即可，不要一直灼烧载玻片。

用记号笔将载玻片平均分为两个区域并标记；加 1 滴生理盐水于两个区域中央；用接种环无菌操作，挑取适量大肠杆菌和金黄色葡萄球菌的菌苔，将沾有菌苔的接种环置于载玻片上的生理盐水中涂抹，使菌悬液在载玻片上形成均匀薄膜。若用液体培养物涂片，可用接种环蘸取 2～3 环菌液直接涂于载玻片上。

（2）干燥　自然干燥或用电吹风冷风吹干。

（3）固定　涂菌面朝上，通过火焰 2～3 次。此操作过程称热固定，其目的是使细胞质凝固以固定细胞形态，并使之牢固附着在载玻片上。固定温度不宜过高（以玻片背面不烫手为宜）。

（4）染色　将载玻片平放于载玻片支架上，滴加染液覆盖涂菌部位即可，使用草酸铵结晶紫染液染色 1min。

（5）水洗　倾斜玻片，用缓流自来水从一端清洗，使水从载玻片的另一端流下，勿直接冲洗涂片处，直至洗出水无色为止。

（6）干燥　用吸水纸吸去多余水分，自然干燥或电吹风冷风吹干。

（7）镜检　涂片干燥后置于显微镜下进行观察、记录。

2. 使用显微镜观察细菌

（1）取镜　显微镜是光学精密仪器，使用时应特别小心。从镜箱中取出时，一手握镜臂，一手托镜座，放在实验台上。使用前首先要熟悉显微镜的结构和性能，检查各部零件是否完好无损，镜身有无尘土，镜头是否清洁。做好必要的清洁和调整工作。

（2）调节光源

① 将低倍物镜旋到镜筒下方，旋转粗调螺旋，使镜头和载物台距离约为 0.5cm 左右。

② 上升聚光器，使之与载物台表面相距 1mm 左右。

③ 左眼看目镜调节反光镜镜面角度（在自然光线下观察，一般用平面反光镜；若以灯光为光源，则一般多用凹面反光镜）。调节光圈大小，直至视野内得到最均匀、最适宜的照明为止。

一般观察染色标本时，光度宜强，可将光圈开大，聚光器上升到最高，反光镜调至最强；未染色标本，在低倍镜或高倍镜观察时，应适当地缩小光圈，下降聚光器，调节反光镜，使光度减弱，否则光线过强不易观察。

（3）低倍镜观察　低倍物镜（10×）视野面广，焦点深度较深，为易于发现目标确定检查位置，应先用低倍镜观察。操作步骤为：

① 先将标本玻片置于载物台上（注意标本朝上），并将标本部位处于物镜的正下方，转动粗调螺旋，上升载物台使物镜距标本约 0.5cm 处。

② 左眼看目镜，同时反时针方向慢慢旋转粗调节螺旋使载物台缓慢上升，至视野内出现物像后，改用细调节螺旋，上下微微转动，仔细调节焦距和照明，直至视野内获得清晰的物像，及时确定需进一步观察的部位。

③ 移动推动器。将所要观察的部位置于视野中心，准备换高倍镜观察。

（4）高倍镜观察　将高倍物镜（40×）转至镜筒下方（在转换物镜时，要从侧面注视，以防低倍镜未对好焦距而造成镜头与玻片相撞），调节光圈和聚光镜，使光线亮度适中，再仔细反复转动微调螺旋，调节焦距，获得清晰物像，再移动推动器选择最满意的镜检部位将染色标本移至视野中央，待油镜观察。

（5）油镜观察

① 用粗调螺旋提起镜筒，转动转换器将油镜转至镜筒正下方。在标本镜检部位滴上一滴香柏油。右手顺时针方向慢慢转动粗调螺旋，上升载物台，并及时从侧面注视使油浸物镜浸入油中，直到几乎与标本接触时为止（注意切勿压到标本，以免压碎玻片，甚至损坏油镜头）。

② 左眼看目镜，右手反时针方向微微转动粗调螺旋，下降载物台（注意：此时只准下降载物台，不能向上调动），当视野中有模糊的标本物像时，改用细调螺旋，并移动标本直至标本物像清晰为止。

③ 如果向上转动粗调螺旋已使镜头离开油滴又尚未发现标本时，可重新按上述步骤操作直到看清物像为止。

④ 观察完毕，下降载物台，取下标本片。先用擦镜纸擦去镜头上的油，然后再用擦镜纸沾少量二甲苯擦去镜头上残留油迹，最后再用擦镜纸擦去残留的二甲苯。切忌用手或其他纸擦镜头，以免损坏镜头，可用绸布擦净显微镜的金属部件。

⑤ 将各部分还原，反光镜垂直于镜座，将接物镜转成八字形，再向下旋。罩上镜套，

然后放回镜箱中。

五、注意事项

① 载玻片要洁净无油，否则菌液涂不开。
② 挑菌宜少，涂片宜薄，过厚则不易观察。
③ 显微镜镜头的保护和保养，在转动粗调螺旋时不要用力过猛，以免损坏镜头。
④ 使用显微镜时应据不同的物镜而调节光线。

六、结果记录及分析讨论

分别绘出在低倍镜、高倍镜和油镜下观察到的几种供试菌的形态，并注明物镜放大倍数和总放大率。

七、思考题

① 用油镜观察时应注意哪些问题？在载玻片和镜头之间加滴什么油，起什么作用？
② 为什么要求制片完全干燥后才能用油镜观察？
③ 进行简单染色的目的及原理是什么？
④ 进行微生物制片时是否都需要进行染色？为什么？

实验二　革兰染色及形态观察

一、实验目的

① 了解革兰染色的原理。
② 初步掌握革兰染色的基本操作方法。

革兰氏染色及
形态观察

二、实验原理

革兰染色法是 1884 年由丹麦病理学家 Christain Gram 所创立，后经不断改进而成。现普遍采用的是 Hucker 氏改良的革兰染色法。革兰染色法可将所有的细菌区分为革兰阳性菌（G^+）和革兰阴性菌（G^-）两大类，是细菌学上最常用的鉴别性染色法。

革兰染色法的主要步骤是先用结晶紫进行初染；再加媒染剂--碘液，以增加染料与细胞间的亲和力，使结晶紫和碘在细胞膜上形成分子量较大的复合物；然后用脱色剂（乙醇或丙酮）脱色；最后用沙黄等红色染料复染。凡细菌不被脱色而保留初染剂颜色（紫色）者为革兰阳性菌，如被脱色后又染上复染剂的颜色（红色）者为革兰阴性菌。

该染色法之所以能将细菌分为 G^+ 菌和 G^- 菌，是由这两类菌的细胞壁结构和成分的不同所决定的。G^- 菌的细胞壁中含有较多易被乙醇溶解的类脂质，而且肽聚糖层较薄、交联度低，故用乙醇或丙酮脱色时溶解了类脂质，增加了细胞壁的通透性，使结晶紫和碘的复合物易于渗出，结果细菌就被脱色，再经番红复染后就成红色。G^+ 菌细胞壁中肽聚糖层厚且交联度高，类脂质含量少，经脱色剂处理后反而使肽聚糖层的孔径缩小，通透性降低，因此细菌仍保留初染时的颜色。

三、实验材料、仪器及试剂

1．实验材料

在28℃培养24h的大肠杆菌和金黄色葡萄球菌的营养琼脂斜面培养物。

2．实验仪器及耗材

显微镜、酒精灯、载玻片、接种环、香柏油、二甲苯、擦镜纸、生理盐水、吸水纸、染色缸等。

3．实验试剂

革兰染色液（草酸铵结晶紫染色液、卢戈碘液、95％乙醇、0.5％番红染色液）。

四、实验步骤

1．革兰染色法

制片→初染→媒染→脱色→复染→镜检。

（1）制片

① 常规涂片法　涂片（在一张载玻片上加两滴蒸馏水后，分别涂布金黄色葡萄球菌和大肠杆菌）→干燥→固定（热固定，固定时通过火焰1～2次即可，不可过热，以载玻片不烫手为宜）。

② 三区涂片法　在载玻片的左右端各加1滴水，用无菌接种环挑少量金黄色葡萄球菌与左边水滴充分混合成仅有金黄色葡萄球菌的区域，并将少量菌液延伸至载玻片的中央。再用无菌的接种环挑少量大肠杆菌与右边水滴充分混合成仅有大肠杆菌的区域，并将少量大肠杆菌菌液延伸至载玻片中央，与金黄色葡萄球菌相混合成含有两种细菌的混合区，如图3.2.1所示。

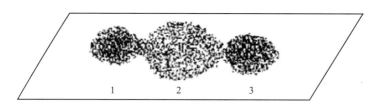

图3.2.1　三区涂片法示意图

1—金黄色葡萄球菌区；2—两菌混合区；3—大肠杆菌区

（2）染色

① 初染　将玻片置于玻片搁架上，加草酸铵结晶紫染色液（加量以盖满菌膜为度），染色1～2min。倾去染色液，用自来水小心冲洗。

② 媒染　用卢戈碘液冲去残水，再用卢戈碘液覆盖1min后，水洗。

③ 脱色

a.用滤纸吸去残水；b.玻片倾斜→95％乙醇脱色（20～30s）→水洗（洗去紫色）。

④ 复染　番红液复染 2min 后，水洗；最后用吸水纸轻轻吸干。

（3）镜检　干燥后（用吸水纸吸干），用油镜观察。被染成紫色者即为革兰阳性菌（G⁺）；被染成红色者是革兰阴性菌（G⁻）。

2. 革兰染色法（三步法）

（1）制片　在一洁净载玻片上加蒸馏水一滴，然后用接种环分别挑取少量大肠杆菌和金黄色葡萄球菌与上述水滴混匀，制成薄薄的细菌涂片，而后将此载玻片在火焰上通过 3～4 次，使细菌固定在载玻片上。

（2）染色和脱色

① 结晶紫染色　在上述的细菌涂片上加草酸铵结晶紫液（加量以覆盖菌膜为度），染 1～2min 去除浮水。

② 媒染　在上述涂片上滴加碘液，染 1～2min，水洗，去除浮水。

③ 复染和脱色　在上述涂片上，滴加番红乙醇溶液，维持 1min，水洗。用吸水纸轻轻吸干。

（3）镜检　用油镜观察上述涂片。

（4）后处理　关闭电源，清洁显微镜并将各部分还原。罩上镜套，然后放回镜箱。

五、注意事项

① 革兰染色成败的关键是脱色时间。如脱色过度，革兰阳性菌也可被脱色而被误认为是革兰阴性菌；如脱色时间过短，革兰阴性菌也会被认为是革兰阳性菌。脱色时间的长短还受涂片厚薄、脱色时玻片晃动的快慢及乙醇用量多少等因素的影响，难以严格规定。一般可用已知革兰阳性菌和革兰阴性菌作练习，以掌握脱色时间。

② 涂片不宜过厚（以免脱气不完全造成假阳性），火焰固定不宜过热。

③ 水洗时，水流不宜过急、过大，不能直接冲洗涂面，以免涂片薄膜脱落。

④ 染色过程中勿使染色液干涸。用水冲洗后，应吸去玻片上的残水，以免染色液被稀释而影响染色效果。

⑤ 选用培养 18～24h 菌龄的细菌为宜。若菌龄太老，由于菌体死亡或自溶常使革兰阳性菌转呈阴性反应。

六、结果记录及分析讨论

列出供试菌染色观察结果（描述供试菌的形状、颜色和革兰染色反应结果）。

七、思考题

① 你认为哪些环节会影响革兰染色反应结果的正确性？

② 革兰染色时，初染前能加碘液吗？乙醇脱色后复染之前，革兰阳性菌和阴性菌应分别是什么颜色？

③ 革兰染色中哪一步是关键，为什么？你如何控制这一步？

④ 固定的目的之一是杀死菌体，这与用自然死亡的菌体进行染色有何不同？

实验三　培养基配制和灭菌

一、实验目的

① 掌握培养基的配制和灭菌原理。
② 掌握培养基的配制和灭菌的一般方法和步骤。

二、实验原理

1．培养基的配制

培养基是一种由人工配制的适合微生物生长繁殖和累积代谢产物的混合养料。虽然培养基种类繁多，但就其营养成分而言，不外乎含有碳源、氮源、能源、无机盐、生长因子和水六大类。由于微生物的营养方式不同，获取能力也有差异，因此，必须根据微生物的特点及目的选择合适的培养基。

培养基除了满足微生物所必需的营养物质之外，还要求有适宜的酸碱度和渗透压。不同的微生物对 pH 的需求不一样，大多数细菌、放线菌生长的最适 pH 为中性至微碱性，而酵母菌和霉菌则偏酸性，所以配制培养基时都要将 pH 调至合适的范围。

按培养基的物理状态来区分，可将培养基分成液体、半固体和固体三类，固体培养基通常就是在液体培养基中加入适量的凝固剂（琼脂或明胶、硅胶等）配制而成。培养异养菌最常用的凝固剂是琼脂（其熔点在 96℃ 以上，而凝固点在 42℃ 以下），它是从海藻中提取的多糖类物质，其主要成分是半乳糖和半乳糖醛酸的聚合物，一般不能被微生物所利用，仅起凝固剂的作用。硅胶仅用于配制供自养微生物生长的固体培养基。

培养异养细菌最常用的培养基是牛肉膏蛋白胨培养基，它是一种天然培养基。牛肉膏是牛肉浸液的浓缩物，含有丰富的营养物质，它不仅能为微生物提供碳源、氮源，还含有多种维生素。蛋白胨是酪蛋白、大豆蛋白或鱼粉等经蛋白酶水解后的中间产物，含有肽、胨和氨基酸等丰富的含氮素营养物。

配制供细菌、酵母菌、放线菌和霉菌生长用的通用培养基的程序大致相同，即先按配方称取药品，用少于总量的水分先溶解各组分，待完全溶解后补足水至所需的量，再调整 pH，然后将培养基分装于合适的容器中，经灭菌后备用。有些实验要求将配制的培养基放在合适的温度下培养过夜，确证无杂菌后，才可使用。

配制一般的固体培养基时所用的凝固剂可直接用市售的琼脂粉，但这类琼脂粉常含有少量矿物质和色素，如要求用较纯净的琼脂，就须经过特殊的处理，以去除杂质。其方法是将琼脂放在蒸馏水中浸泡数日，每天换水，以除去无机盐和其他可溶性有机物，然后用 95％乙醇浸泡过夜，取出后放在洁净的纱布上晾干，备用。

配制适合于厌氧菌生长的培养基时，通常须在培养基中加入适量的还原剂如巯基乙酸钠、维生素 C 或半胱氨酸等来降低培养基的氧化还原电位，以利厌氧菌的生长。

2．灭菌

灭菌是用物理或化学的方法来杀死或除去物品上或环境中的所有微生物。消毒是用物理或化学的方法杀死物体上绝大部分微生物（主要是病原微生物和有害微生物）。消毒实际上是部分灭菌。在微生物实验、生产和科研工作中，需要进行纯培养，不能有任何杂菌，因此，对所用器材、培养基要进行严格灭菌，对工作场所进行消毒，以保证工作顺利进行。

实验室常用的是高压蒸汽灭菌，是将待灭菌的物品放在一个密闭的加压灭菌锅内，通过加热，使灭菌锅隔套间的水沸腾而产生蒸汽。待水蒸气急剧地将锅内的冷空气从排气阀中驱尽，然后关闭排气阀，继续加热，此时由于蒸汽不能溢出，而增加了灭菌器内的压力，从而使沸点增高，得到高于100℃的温度，导致菌体蛋白质凝固变性而达到灭菌的目的。此法通常是将物品放在0.1MPa、121.3℃的高压蒸汽灭菌锅内保持15～30min进行灭菌。时间的长短可根据灭菌物品种类和数量的不同而有所变化，以达到彻底灭菌为准。这种灭菌适用于培养基、工作服、橡胶制品等的灭菌。

在同一温度下，湿热的杀菌效力比干热大，其原因有三：一是湿热中细菌菌体吸收水分，蛋白质较易凝固，因蛋白质含水量增加，所需凝固温度降低；二是湿热的穿透力比干热大；三是湿热的蒸汽有潜热存在，每1g水在100℃时，由气态变为液态时可放出2.26kJ热量，这种潜热，能迅速提高被灭菌物体的温度，从而增加灭菌效力。

在使用高压蒸汽灭菌锅灭菌时，灭菌锅内冷空气的排除是否完全极为重要，因为空气膨胀压大于水蒸气的膨胀压，所以，当水蒸气中含有空气时，在同一压力下，含空气蒸汽的温度低于饱和蒸汽的温度。一般培养基用0.1MPa、121.3℃、15～30min的条件即可达到彻底灭菌的目的。灭菌的温度及维持的时间随灭菌物品的性质和容量等具体情况而有所改变。例如含糖培养基用54.9kPa、112.6℃灭菌15min，但为了保证效果，可将其他成分先行于121.3℃、20min灭菌，然后以无菌操作方式加入灭菌的糖溶液。

三、实验材料、仪器及试剂

1. 实验材料

牛肉膏、蛋白胨、NaCl、琼脂粉。

2. 实验仪器及耗材

高压蒸汽灭菌锅、干热灭菌箱、具刻度1L搪瓷盅、天平、10mm×200mm试管、培养皿、量筒、小烧杯、玻璃棒、骨匙、pH试纸、分装漏斗、试管盒、纱布、棉花、报纸、麻绳、标签等。

3. 实验试剂

1mol/L NaOH溶液、1mol/L HCl溶液。

四、实验步骤

1. 称取药品和溶解培养基

（1）配方　牛肉膏0.3g，蛋白胨1g，NaCl 0.5g，琼脂粉1.5g，水100mL，pH 7.2～7.4（配制液体培养基时不加琼脂粉）。

（2）称取药品　按培养基配方与用量分别称取各药品（药匙切勿混用，瓶盖及时盖上）。

取少于总量的水于烧杯中，将各培养基成分（琼脂除外）逐一加入水中待溶。

（3）加热溶解 将玻璃烧杯放在石棉网上（搪瓷烧杯可直接用文火加热），用文火加热，并不断搅拌，促使各药品快速溶解，然后补充水分至所需配制培养基的量。有时要配制成多倍浓度的培养基，其加水量按浓度计算即可。

（4）调节 pH 初配好的牛肉膏蛋白胨液体培养基是微酸性的，故需用 1mol/L NaOH 调 pH 至 7.2～7.4。为避免调节时过碱，应缓慢加入 NaOH 液，即要边滴加 NaOH 边搅匀液体培养基，然后用 pH 试纸测其 pH。也可先取 10mL 液体培养基于干净试管中，逐滴加入 NaOH 调 pH 至 7.2～7.4，并记录 NaOH 的用量，再换算出培养基总体积中需加入 NaOH 的数量，既可防止 NaOH 过量，也可避免因用 HCl 回调而引入过多氯离子。

（5）过滤 若需配制出清澈透明的液体培养基，则可用滤纸过滤。固体培养基去杂质可用 4 层纱布趁热过滤。但供一般使用的通用培养基可省略此步骤。

2. 分装和包扎培养基

（1）分装 按照实验要求进行分装。装入试管中的量不宜超过试管高度的 1/5，装入锥形瓶中的量以烧瓶总体积的一半为限。在分装过程中，应注意勿使培养基沾污管口或瓶口，以免弄湿棉塞，造成污染。

（2）加塞 培养基分装好后，在试管口或烧瓶口上应加上一只棉塞。棉塞的作用有二：一方面阻止外界微生物进入培养基内，防止由此而引起的污染；另一方面保证有良好的通气性能，使微生物能不断地获得无菌空气。因此棉塞质量的好坏对实验的结果有很大影响。也可用专用封口纸进行封口。

（3）包扎 在棉塞外再包上一层牛皮纸，防止灭菌时冷凝水直接沾湿棉塞及防止存放中尘埃等污染。若培养基分装于试管中，则应先把试管成捆扎牢（用传统的打结法，严防捆内试管的脱出），再在成捆试管的棉塞外包上一层牛皮纸再扎紧（也可装在试管架上或铁丝筐中），然后挂上标签，注明培养基名称、日期及组别后进行灭菌。

3. 培养基灭菌

（1）灭菌操作 不同灭菌锅的使用方法有差异，根据实验室灭菌锅的说明书进行操作，将待灭菌的培养基放入加压灭菌锅内，于 121℃灭菌 20min。

（2）储存 经无菌试验，证实培养基已灭菌彻底后，才能收藏于 4℃冰箱或于清洁的柜内储存备用。在存放期间应尽量避免反复移位或晃动等这样的易造成污染的行为。

五、注意事项

① 配制固体培养基用的琼脂应先行用冷水浸泡、纱布过滤，再调好 pH 值后加入。

② 称药品用的各药匙不要混用；称完药品应及时盖紧瓶盖，瓶盖切勿盖错，尤其是易吸潮的蛋白胨等更应注意及时盖紧内盖，并旋紧瓶盖。

③ 调 pH 时要小心操作，尽量避免回调而带入过多的无机离子。

六、结果记录及分析讨论

简述培养基制作和灭菌的主要过程，并就试验结果进行分析。

七、思考题

① 配制牛肉膏蛋白胨斜面培养基有哪些操作步骤，哪几步中易出差错？如何防止？

② 培养基配制好后，为什么必须立即灭菌？如何检查灭菌后的培养基是无菌的？

实验四　实验室无菌操作

一、实验目的

① 熟练掌握从固体培养物和液体培养物中转接微生物的无菌操作技术。

② 理解无菌操作的重要性。

二、实验原理

无菌操作是指在微生物操作过程中，除了使用的容器、用具（试管、锥形瓶、培养皿和吸管等）和培养基必须进行严格的灭菌处理外，还要通过一定的技术来保证目的微生物在转移过程中不被环境中的微生物污染，这些技术包括用接种环（针）、吸管、涂布棒等工具进行接种、稀释、涂片、计数和划线分离等。

高温对微生物具有致死效应，因此在微生物的转接过程中，一般在火焰旁进行，并用火焰直接灼烧接种环（针、铲），以达到灭菌的目的，但一定要保证其冷却后方可进行转接，以免烫死微生物。如果是转接液体培养物，则用预先已灭菌的玻璃吸管或吸嘴；如果只取少量而且无须定量也可用接种环，视实验目的而定。

三、实验材料、仪器及试剂

1.实验材料

大肠杆菌营养琼脂斜面和液体培养物。

2.实验仪器及耗材

接种环、酒精灯、试管架、记号笔、移液枪、营养琼脂斜面培养基、营养肉汤培养基等。

3.实验试剂

无菌水。

四、实验步骤

1.用接种环转接菌种

① 用记号笔分别标记：3 支营养琼脂斜面为 A（接菌）、B（接无菌水）、C（非无菌操作）和 3 支营养肉汤培养基为 a（接菌）、b（接无菌水）和 c（不接种）。

② 左手持大肠杆菌斜面培养物，右手持接种环，将接种环进行火焰上灼烧灭菌（烧至发红），然后在火焰旁打开斜面培养物的棉塞（注意：棉塞不能放在桌上），并将管口在火焰

上烧一下。

③ 在火焰旁，将接种环轻轻插入斜面培养物试管的上半部（此时不要接触斜面培养物），至少冷却 5s 后，挑起少许培养物（菌苔），再烧一下管口，盖上棉塞并将其放回试管架中。

④ 从试管架上取出 A 管，在火焰旁取下管帽棉塞，管口在火焰上烧一下，将沾有少量菌苔的接种环迅速放进 A 管斜面的底部（注意：接种环不要碰到试管口边）并从下到上划一直线。完毕后，同样烧一下试管口，塞上棉塞，将接种环在火焰上灼烧后放回原处。按上述方法从盛无菌水的试管中取一环无菌水于 B 管中，同样划线接种。

⑤ 以非无菌操作为对照：在无酒精灯的条件下，用未经灭菌的接种环从另一盛无菌水的试管中取一环水划线接种到 C 管中。

2. 用移液枪转接菌种

① 用记号笔分别标记，3 瓶营养肉汤培养基为 a（接菌）、b（接无菌水）和 c（不接种）。

② 左手持液体培养物，右手持装有枪头的移液枪，然后在火焰旁打开液体培养物的棉塞（注意：棉塞不能放在桌上），并将瓶口在火焰上烧一下。

③ 在火焰旁，将移液枪插入液体培养物瓶内，吸取 $100\mu L$ 液体培养物，再烧一下瓶口，盖上棉塞放回原处。

④ 在火焰旁打开 a 瓶棉塞，并将瓶口在火焰上烧一下。将移液枪插入三角瓶内（此时不要接触三角瓶瓶壁），并将吸取的 $100\mu L$ 液体培养物打进营养肉汤培养基中。拿出移液枪，并将枪头打进废液桶。再烧一下瓶口，盖上棉塞放回原处。按上述方法从盛无菌水的试管中吸取 $100\mu L$ 无菌水于 b 瓶中。

⑤ c 瓶不接种，作为对照，不做任何处理。

3. 培养

将标有 A、B、C 的 3 支试管置 37℃ 静置培养，经过夜培养后，观察各管生长情况。将标有 a、b、c 的 3 瓶培养基置 180r/min、37℃ 的摇床中振荡培养，经过夜培养后，观察各瓶生长情况。

五、注意事项

① 无菌操作需要在火焰旁进行，因此，在操作时要小心，不要将手烫伤。

② 接种环自菌种管转移至待接试管斜面的过程中，切勿无意间通过火焰或触及其他物品的表面，以防止斜面接种失败或转接的斜面菌种污染杂菌。

六、结果记录及分析讨论

记录观察结果，描述生长状况以及简要说明。

七、思考题

① 说明本实验 B 管和 C 管、b 瓶和 c 瓶起什么作用，你从中又体会到什么？

② 从理论上分析，A、B、C 各管和 a、b、c 各瓶经培养后，其正确结果应该是怎样的？你的实验结果与此相符吗？请做相应的解释。

实验五 酵母菌的形态观察

一、实验目的

① 学习并观察酵母菌的形态及出芽生殖方式。

② 学习区分酵母菌的死、活细胞的试验方法和子囊孢子的观察方法。

③ 掌握酵母菌的一般形态特征及其与细菌的区别。

酵母菌的
形态观察

二、实验原理

酵母菌是单细胞真核微生物，其大小通常比常见的细菌大几倍甚至十几倍。大多数酵母以出芽方式进行无性繁殖，有的分裂繁殖。有性生殖是通过接合产生子囊孢子。

美蓝是一种无毒性的染料，氧化型呈蓝色，还原型呈无色。酵母菌的活细胞新陈代谢作用强，有较强的还原能力，能使美蓝由蓝色的氧化型变为无色的还原型；而死细胞或代谢作用较弱的易老细胞则呈蓝色或淡蓝色，借此即可对酵母菌的死、活细胞进行鉴别。

子囊孢子是子囊菌类真菌的有性生殖产生的有性孢子。在酵母菌中，能否形成子囊孢子及其形态是酵母菌分类鉴定的重要依据之一。麦氏培养基有利于子囊孢子的产生。子囊孢子壁厚，不易染色亦不易脱色，可采用芽孢染色法染色观察。子囊孢子呈现绿色，而子囊壁和营养细胞呈红色。

三、实验材料、仪器及试剂

1. 实验材料

酿酒酵母（*Saccharomyces cerevisiae*）。

2. 实验仪器及耗材

显微镜、解剖针、载玻片、盖玻片、镊子、培养皿等。

3. 实验试剂

0.05％和0.1％吕氏碱性美蓝染色液、7.6％孔雀绿染液、0.5％番红染液、50％乙醇、95％乙醇等。

四、实验步骤

1. 水浸片法观察酵母菌的死活细胞

① 在载玻片中央加一滴0.1％吕氏碱性美蓝染色液，然后按无菌操作用接种环挑取少量酵母菌苔放在染液中，混合均匀。

② 用镊子取一块盖玻片，先将一边与菌液接触，然后慢慢将盖玻片放下使其盖在菌液上。

③ 约3min后镜检，先用低倍镜然后用高倍镜观察酵母的形态及出芽情况，并根据颜色来区分死活细胞。

④ 染色约 0.5h 后再次进行观察，注意死细胞数量是否增加。

⑤ 用 0.05％吕氏碱性美蓝染色液重复上述操作进行观察。

2．子囊孢子的观察

① 菌种的活化→麦氏培养基上产孢培养→制片（涂片、干燥、固定）。

② 孔雀绿初染 10min→95％乙醇脱色 30s→水洗→番红复染 5min→水洗→干燥镜检（子囊孢子绿色、营养菌体和子囊呈红色）。

③ 制美蓝水浸片观察酿酒酵母。

五、注意事项

① 加盖玻片时注意不要产生气泡，并且不要再移动盖玻片，以免弄乱菌丝。

② 观察酵母时染液不能过多或过少，否则盖盖玻片时出现大量气泡而影响观察。

③ 观察时，应先用低倍镜沿着边缘寻找合适的生长区，然后再换高倍镜仔细观察有关构造并绘图。

六、结果记录及分析讨论

绘图说明所观察到的酵母菌的形态特征。

七、思考题

① 美蓝染色液浓度和作用时间对酵母菌死细胞数量有何影响？分析其原因。

② 显微镜下酵母菌与一般细菌相比有哪些突出的特征？

③ 如何区别酵母菌的营养细胞和释放出子囊外的子囊孢子？

实验六　霉菌形态观察

一、实验目的

① 掌握霉菌的制片技术和染色方法。

② 学习并掌握观察霉菌形态的基本方法。

③ 了解并掌握四类常见霉菌（根霉、毛霉、曲霉、青霉）的基本形态特征。

二、实验原理

霉菌也称小型丝状真菌，由许多交织在一起的菌丝体构成，主要分为基内菌丝和气生菌丝，气生菌丝生长到一定阶段分化产生繁殖菌丝，由繁殖菌丝产生孢子。霉菌菌丝体（尤其是繁殖菌丝）及孢子的形态特征是识别不同种类霉菌的重要依据。霉菌菌丝直径比细菌或放线菌菌丝大几倍到几十倍，因此，用低倍显微镜观察即可。

1．霉菌制片

利用乳酸石炭酸棉蓝染色液进行染色，盖上盖玻片后制成霉菌制片。乳酸可以保持菌体不变形，石炭酸（苯酚）可以杀死菌体及孢子并具有防腐作用，棉蓝使菌体着色。这种霉菌制片不易干燥，能防止孢子飞散，用树胶封固后可制成永久标本长期保存。

2. 观察霉菌形态的方法

（1）直接制片观察法　直接取菌丝置于载玻片乳酸石炭酸棉蓝染色液中，用解剖针将菌丝分开，盖上盖玻片，在显微镜下观察。

（2）透明胶带法　利用胶带的黏性，将霉菌粘在透明胶带上，再浸入载玻片上的乳酸石炭酸棉蓝染色液中。将透明胶带两端固定在载玻片两端，在显微镜下进行观察。

（3）载玻片培养观察法　采用无菌操作将培养基琼脂薄层小块（约1cm²）置于载玻片上，接种后盖上盖玻片培养，霉菌即在载玻片和盖玻片之间的培养基中沿盖玻片横向生长。培养一定时间后，将培养物置于显微镜下观察。这种方法既可以保持霉菌的自然生长状态，还便于观察不同发育期的培养物。

（4）玻璃纸透析培养观察法　利用玻璃纸的半透膜特性及透光性，使霉菌生长在覆盖于琼脂培养基表面的玻璃纸上，然后将长菌的玻璃纸剪取一小片，贴放在载玻片上用显微镜观察。

三、实验材料、仪器及试剂

1. 实验材料

根霉（*Rhizopus*）、毛霉（*Mucor*）、曲霉（*Aspergillus*）、青霉（*Penicillium*）。

2. 实验仪器及耗材

显微镜、载玻片、盖玻片、酒精灯、解剖针、镊子、透明胶带、培养皿、圆滤纸片、U形玻棒、解剖刀、接种针、马铃薯葡萄糖琼脂平板。

3. 实验试剂

乳酸石炭酸棉蓝染色液、50%乙醇、20%甘油。

四、实验步骤

1. 根霉的形态结构观察（直接制片观察法）

① 在洁净载玻片上，滴加乳酸石炭酸棉蓝染色液1滴。

② 用镊子从根霉马铃薯琼脂平板培养物中取菌丝少许，先放入50%乙醇中浸一下洗去脱落的孢子，再置于染液中。

③ 用解剖针将菌丝分开，盖上盖玻片。

④ 在显微镜下观察。

2. 毛霉的形态结构观察（透明胶带法）

① 在洁净载玻片上，滴加乳酸石炭酸棉蓝染色液1滴。

② 用食指和拇指粘住一段透明胶带两端，使胶带呈现U型，胶面朝下。

③ 将透明胶带胶面轻轻触及毛霉菌落表面。

④ 将粘在透明胶带上的菌体浸入载玻片上的染液中，并将胶带两端固定在载玻片两端。

⑤ 在显微镜下观察。

3. 曲霉的形态结构观察（载玻片培养观察法）

（1）培养小室的灭菌　在培养皿皿底铺一张略小于皿底的圆滤纸片，再放一个U形玻棒，在其上面放一个洁净载玻片和两个盖玻片，盖上皿盖，于121℃灭菌30min，烘干备用。

（2）琼脂块的制备　通过无菌操作，用解剖刀在马铃薯琼脂薄层平板上切下1cm²左右的琼脂块，将其移至培养小室的载玻片上，每个载玻片放两块。

（3）接种　通过无菌操作，用接种针从曲霉马铃薯琼脂平板培养物中挑取很少量的孢子接种于培养小室中琼脂块的边缘上，用无菌镊子将盖玻片覆盖在琼脂块上。

（4）培养　通过无菌操作，在培养皿中圆滤纸片上加3～5mL灭菌的20％甘油（用于保持培养皿内的湿度），盖上皿盖，于28℃培养。

（5）镜检　根据需要于不同时间取出载玻片在显微镜下观察。

4. 青霉的形态结构观察（玻璃纸透析培养观察法）

① 在洁净载玻片上，滴加乳酸石炭酸棉蓝染色液1滴。

② 剪取一小块用玻璃纸透析培养的带有青霉菌丝和孢子的玻璃纸，先放在50％乙醇中浸一下，洗去脱落的孢子，再放在载玻片上的染色液中。

③ 盖上盖玻片，在显微镜下观察。

五、注意事项

① 霉菌培养注意控制时间和菌丝生长长度。

② 在直接制片观察法中，用镊子取菌和用解剖针分散菌丝时要小心，减少菌丝断裂及形态破坏。

③ 用50％乙醇浸泡时应浸透，洗去脱落的孢子。

④ 盖盖玻片时避免产生气泡。

⑤ 在载玻片培养观察中，注意无菌操作，接种量要少，尽可能将分散的孢子接种在琼脂块的边缘上，避免培养后菌丝过于密集影响观察。

六、结果记录及分析讨论

绘图说明所观察到的霉菌的形态特征。

七、思考题

① 根霉、毛霉、曲霉、青霉的主要区别是什么？

② 细菌、放线菌、酵母菌、霉菌的主要区别是什么？

实验七　水的细菌学检查

一、实验目的

① 掌握水样的采集方法。

② 掌握水样中细菌总数测定的方法。

③ 掌握平板菌落计数的原则。

二、实验原理

生活用水的水源常被生活污水或工业废水或人与动物的粪便所污染，导致生活用水中可能含有不同类型的微生物，其中的病原性微生物能引起传染病的发生。因此，必须对生活用水及其水源进行严格的细菌学检查。测定水样是否合乎饮用标准，通常包括两个项目：细菌总数的测定和大肠菌群的测定。本实验主要学习水中细菌总数的测定。

细菌菌落总数是指1mL水样在相应培养基中，37℃培养24h后所生长的菌落数。水中菌落总数往往同水体受有机物污染的程度呈正相关，它是评价水质污染程度的一个重要指标，也是卫生指标，在饮用水中测得的细菌菌落总数还指示该饮用水能否饮用。我国现行《生活饮用水卫生标准》（GB 5749—2022）规定：生活饮用水中的细菌菌落总数不得超过100CFU/mL。

本实验采用平板计数法测定水中的细菌总数。由于水中细菌种类繁多，它们对营养和其他生长条件的要求差别很大，不可能找到一种培养基在一种条件下使水中所有的细菌均能生长繁殖，因此，以一定的培养基平板上生长出来的菌落，计算出来的水中细菌总数仅是一种近似值。

三、实验材料、仪器及试剂

1. 实验材料

水样。

2. 实验仪器及耗材

显微镜、酒精灯、锥形瓶、无菌吸管、无菌培养皿、带塞玻璃瓶、试管、接种环、营养琼脂培养基等。

四、实验步骤

1. 自来水中细菌总数的测定

（1）采样　水龙头先用酒精灯火焰烧5～10min，再放水5min，排除水龙头口所带的微生物，用无菌锥形瓶取样。

（2）测定　用无菌吸管吸取1mL水样，加入无菌培养皿中，设计三个重复，再取1mL无菌水加入无菌培养皿中做空白对照；将营养琼脂培养基加热融化并冷却至45℃左右，每皿倒入约15mL，立即在桌面上平面旋摇，使水样与培养基充分混匀，待培养基凝固后倒置于37℃恒温培养箱中培养24h，计菌落数。计算3个平板上生长的菌落总数的平均值，即1mL水中的细菌总数。

2. 水源水或其他水样中细菌总数的测定

（1）采样　将无菌玻璃瓶瓶口向下浸入水中10～15cm处，然后翻转过来，除去瓶塞，水即流入瓶中，盛满后将瓶塞塞好，从水中取出。水样采集后应在4h内检验，来不及检验，应于 4℃ 保存。

（2）稀释水样　无菌操作，取 3 支大试管，分别加 9mL 无菌水；取 1mL 水样加入第 1 管，摇匀，吹吸 3 次；再从第 1 管取 1mL 至第 2 管，摇匀，吹吸 3 次；如此稀释到第 3 管；则稀释度分别为 10^{-1}、10^{-2}、10^{-3}。稀释倍数视水质而定，以培养后平板的菌落数在 30～300 之间最为合适。一般中等污染水样，取 10^{-1}～10^{-3} 共 3 个稀释度；若 3 个稀释度的菌落数都多或少到无法计数，则需要继续稀释或减小稀释倍数。

（3）接种　用无菌吸管吸 3 个稀释度的稀释液各 1mL，分别加入到无菌培养皿中，每一稀释度做 2 个平行，共 6 个。另取 1mL 无菌水加入到无菌培养皿中做空白对照。将营养琼脂培养基加热融化并冷却至 45℃ 左右，每皿倒入约 15mL，立即在桌面上平面旋摇，使水样与培养基充分混匀，待培养基凝固后倒置于 37℃ 恒温培养箱中培养 24h。

（4）菌落计数　肉眼观察，计各浓度 2 个平行皿的菌落总数的平均数。根据各种不同情况采用不同的计算方式报告结果，有以下几种情况：

① 首先选择平均菌落数在 30～300 之间者进行。当只有 1 个稀释度的平均菌落数在此范围内，则以该平均菌落数×稀释倍数即为该水样的细菌总数。

② 如有 2 个稀释度的平均菌落数在 30～300 之间时，则按两者菌落总数之比来决定，若比值<2，应取两者的平均数；若比值>2，则取其中较小的菌落总数。

③ 若所有稀释度的平均菌落数均>300，则应按稀释度最高的平均菌落数×稀释倍数报告之。

④ 若所有稀释度的平均菌落数均小于 30，则应按稀释度最低的平均菌落数×稀释倍数报告之。

⑤ 若所有稀释度的平均菌落数均不在 30～300 之间，则以最接近 30 或 300 的平均菌落数×稀释倍数报告之。

⑥ 若所有的菌落数均为"无法计数"时，应注明水样的最大稀释倍数。

⑦ 在求同稀释度的平均数时，若其中 1 个平板上有较大片状菌落生长时，则不宜采用，而应以无片状菌落生长的平板作为该稀释度的平均菌落数。若片状菌落约为平板的 1/2，而另 1/2 平板上菌落分布很均匀，则可按半平板上的菌落计数，然后×2 作为整个平板的菌落数。

⑧ 菌落报告：菌落数在 100 以内时，按实有数报告；大于 100 时，采用两位有效数字，两位数字后面的位数四舍五入计算。

五、注意事项

① 水样采集后，应迅速送回实验室测定。若来不及测定，应放在 4℃ 冰箱中保存。

② 水源水或其他水样进行细菌总数测定时，由于水中有时所含细菌数量较多，因而上述水样的稀释倍数可适当增大，才能取得较理想结果。

六、结果记录及分析讨论

对各水样测定的平板中细菌菌落计数结果进行记录分析。

七、思考题

① 通过对自来水样品中细菌菌落总数的测定，你认为此样品是否符合国家饮用水的卫

生标准？

② 你所测的水源水的污染程度如何？通过实验你对保护水源水有何看法？

实验八　微生物的直接计数法

一、实验目的

① 学习并掌握使用血细胞计数板进行微生物计数的原理和方法。

② 了解微生物细胞活体染色的原理和计数方法。

二、实验原理

测定微生物数量的方法很多，可分为直接法和间接法。直接法通常采用的是显微镜直接计数法，它是将适当浓度待测样品的悬浮液置于一种特殊载玻片上的有确定容积的小室中，于显微镜下直接观察、计数的方法。血细胞计数板常用于显微计数，它是一块特制的厚载玻片，载玻片上有 4 条槽而构成 3 个平台（图 3.8.1）。中间的平台较宽，其中间又被一短横槽分隔成两半，每个半边上面各有一个方格网。每个方格网共分 9 大格，其中间的一大格（又称为计数室）常被用作微生物的计数。计数室的刻度有两种：一种是大方格分为 16 个中方格，每个中方格又分成 25 个小方格；另一种是一个大方格分成 25 个中方格，每个中方格又分成 16 个小方格。不管计数室是哪一种构造，它们都有一个共同特点，即每个大方格都由 400 个小方格组成（图 3.8.2）。每个大方格边长为 1mm，则每一大方格的面积为 $1mm^2$，每个小方格的面积为 $1/400mm^2$，盖上盖玻片后，盖玻片与计数室底部之间的高度为 0.1mm，所以每个计数室（大方格）的体积为 $0.1mm^3$，每个小方格的体积为 $1/4000mm^3$。

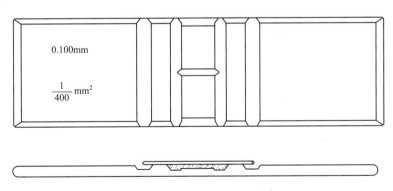

图 3.8.1　血细胞计数板的构造

上：平面图；下：侧面图

计数时，通常数五个中方格的总菌数，然后求得每个中方格的平均值，再乘以 25 或 16，就得出一个大方格中的总菌数，然后再换算成 1mL 菌液中的总菌数。以 25 个中方格的计数板为例，设五个中方格中的总菌数为 A，菌液稀释倍数为 B，则：1mL 菌液中的总菌数 $= A/5 \times 25 \times 10^4 \times B$。

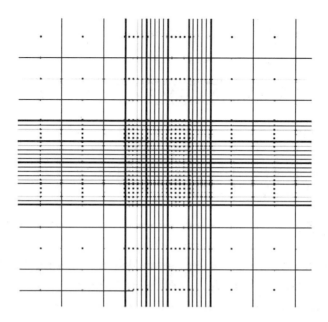

微生物的
计数方法

图 3.8.2　血细胞计数板计数网的分区和分格

若要区分计数样品中的死菌和活菌值，则可采用微生物的活体染色法。活体染色法就是用对微生物无毒性的染料（如美蓝、刚果红、中性红等染料）配成一定的浓度，再与一定量的菌液混合，经一段时间后，死菌和活菌会呈现出不同的颜色，这样便可在显微镜下区分活菌数与死菌数。

美蓝是常用的活体染色染料，当它处于氧化态时呈蓝色、还原态时为无色。用它进行活体染色时，由于活细胞代谢过程中的脱氢作用，美蓝接受氢后就由氧化态转变成还原态，活细胞呈现为无色，而衰老或死亡的细胞由于代谢缓慢或停止，不能使美蓝还原，故细胞呈淡蓝色或蓝色。

三、实验材料、仪器及试剂

1. 实验材料

酿酒酵母（*Saccharomyces cerevisiae*）培养斜面。

2. 实验仪器及耗材

显微镜、接种环、血细胞计数板、盖玻片、毛细滴管、含玻璃珠锥形瓶、吸水纸、镊子等。

3. 实验试剂

生理盐水、95％乙醇、pH 7.0 磷酸盐缓冲液、美蓝染色液。

四、操作步骤

1. 计总菌数

（1）制备菌悬液　将 5mL 无菌生理盐水加到酿酒酵母培养斜面，用无菌接种环在斜面上轻轻来回刮取。将制备的悬液倒入盛有 5mL 生理盐水和玻璃珠的锥形瓶中，充分振荡使细胞分散。该菌悬液经适当稀释后作为计数菌液的样品。为提高计数精确度，菌液应稀释到每一计数板的中格平均有 15～20 个细胞数为宜。

（2）清洗血细胞计数板　先用自来水冲洗，再用 95％乙醇棉球轻轻擦洗后用水冲洗，最后用吸水纸吸干。经镜检确证计数室上无污物或黏附的微生物细胞后才可使用。盖玻片也做同样的清洁处理。

（3）加菌液　将清洁干燥的血细胞计数板盖上盖玻片，用无菌的毛细滴管吸取少量摇匀的酿酒酵母菌悬液滴加在盖玻片与计数板的边缘缝隙处，让菌液沿盖玻片与计数板间的缝隙渗入计数室。再用镊子轻碰一下盖玻片，以免因菌液过多将盖玻片浮起而改变计数室的实际容积。加样后静置 5min，待菌体自然沉降与稳定后，可在显微镜下选择中格区并逐格计数。

（4）计数　将加有样品的血细胞计数板置于显微镜载物台上，先在低倍镜下寻找计数板大方格网，再在大方格网中央寻找计数室并将其移至视野的中央，转用高倍镜观察和计数。若发现菌液太浓或太稀，需要重新调节稀释度后再计数。通常选取 25 中格计数室内的 5 格（4 个角与中央）计取其含菌数。位于格线上的菌体一般计上方不计下方、计左方不计右方。为提高精确度，每个样品必须重复计数 2～4 个计数室内的含菌数，若误差在统计的允许范围内，则可求其平均值。

（5）清洗　使用完毕后，将血细胞计数板及盖玻片进行清洗、干燥，放回盒中，以备下次使用。

2. 计死活菌体数

（1）制备菌悬液　取酿酒酵母培养斜面一支，用 10mL pH 7.0 磷酸盐缓冲液将菌苔洗下，倒入含有玻璃珠的锥形瓶中，充分振荡以分散细胞。将上述菌液再进行适当稀释。

（2）活体染色　取配制的美蓝染色液 0.9mL 于试管中，再取上述菌液 0.1mL 相混合，染色 10min 后进行计数。

（3）清洗血细胞计数板　清洗血细胞计数板与盖玻片的方法同前。

（4）加染色菌液　方法同前。

（5）分别计数与计算　分别计各中格中的死细胞（蓝色）和活细胞（无色）数目，再计算出活细胞百分比。

（6）清洗　实验完毕后清洗血细胞计数板和盖玻片，方法同前。

五、注意事项

① 用接种环在培养斜面上刮取时动作要轻，不要将琼脂培养基一起刮起。
② 清洗计数板时切勿用刷子等硬物，也不可用酒精灯火焰烘烤计数板。
③ 取样前要先摇匀菌悬液，加样时计数室不可有气泡产生。
④ 活菌染色法计数的效果常受细胞数与染料比例、染色时间和染色时的 pH 等因素的影响，酵母菌悬液的 pH 控制在 6.0～6.8 时效果较好。

六、结果记录及分析讨论

① 对计总菌数的结果进行记录和换算。
② 对计死、活菌数的结果进行记录和换算。

七、思考题

① 为何用血细胞计数板可计得样品的总菌数？叙述其适用的范围。

② 为什么计数室内不能有气泡？试分析产生气泡的可能原因。

③ 试分析影响本实验结果的误差来源，并提出改进措施。

实验九　微生物的间接计数法

一、实验目的

① 了解利用平板菌落计数法测定微生物样品中活细胞数的原理。

② 熟练掌握平板菌落计数的操作步骤与方法。

二、实验原理

微生物间接计数法的种类繁多，应用极广，其中最常见的是平板菌落计数法，它是将待测定的微生物样品按比例地做一系列稀释（通常为 10 倍系列稀释法）使微生物菌体充分分散成单个细胞，再吸取一定量的菌稀释液涂布于平板上，经培养后，将各平板中计得的菌落数的平均值换算成单位体积的含菌数，再乘以样品的稀释倍数，即可测知原始菌样的单位体积中所含的活细胞数。但是，由于待测样品往往不易完全分散成单个细胞，平板上形成的一个单菌落有可能来自样品中两个或两个以上的细胞，因此平板计数的结果往往低于待测样品中实际活菌数。为了清楚地表明平板计数的结果，使用"菌落形成单位（colony forming unit，CFU）"概念，而不以绝对菌落数来表示样品的活菌含量。

平板菌落计数法的最大优点是能测出样品中的活菌数。此法还常用于微生物的选种与育种、分离纯化及其他方面的测定。缺点是操作过程较繁，时间较长，测定值常受各种因素的影响。

三、实验材料、仪器及试剂

1. 实验材料

大肠杆菌（*E. coli*）悬液。

2. 实验仪器及耗材

无菌试管、无菌培养皿、无菌移液管、无菌水、涂布器、试管架，牛肉膏蛋白胨琼脂培养基。

3. 实验试剂

生理盐水、95%乙醇、pH 7.0 磷酸盐缓冲液、美蓝染色液。

四、实验步骤

（1）编号　取 6 支无菌试管，依次编号为 10^{-1}、10^{-2}、10^{-3}、10^{-4}、10^{-5}、10^{-6}；再

取 10 套无菌培养皿，依次编号为 10^{-4}、10^{-5}、10^{-6}，各稀释浓度做 3 个重复测定，留下 1 个培养皿作空白对照。

（2）分装稀释液　无菌操作，用 5mL 移液管分别精确吸取 4.5mL 无菌水于上述各编号的试管中。

（3）倒平板　先将融化后冷却至 45℃ 左右的牛肉膏蛋白胨琼脂培养基倒入无菌培养皿中（约 15mL/皿），立即摇匀，小心平放在实验台平面处，待培养基凝固后，将平板倒置于实验台面上，待用。

（4）稀释菌液　每次吸取待测的原始样品时，先将其充分摇匀。然后用 1mL 无菌移液管在待稀释的原始样品中先来回吹吸数次，再精确吸取 0.5mL 菌液至 10^{-1} 的试管中，将 10^{-1} 稀释管充分振荡，使菌液充分混匀。然后另取 1mL 无菌移液管，以同样的方式，先在 10^{-1} 试管中来回吹吸样品数次，并精确移取 0.5mL 菌液至 10^{-2} 的试管中，如此稀释至 10^{-6} 为止。

（5）转移菌液　分别用 1mL 无菌移液管精确吸取 10^{-4}、10^{-5}、10^{-6} 稀释菌液各 0.1mL，加至相应编号的无菌培养皿中。空白对照培养皿中加入 0.1mL 无菌水。

（6）涂布与培养　用无菌涂布棒在培养基表面轻轻地均匀涂布。其方法是将菌液先沿一条直线轻轻地来回推动，使之分布均匀；然后改变方向 90°，沿另一垂直线来回推动，平板内边缘处可改变方向，用涂布棒再涂布几次。待平板完全凝固后，倒置于 37℃ 恒温培养箱中培养。

（7）计菌落数　培养 48h 后取出平板，统计并计算出同一稀释度 3 个平板上的菌落平均数，再按下列公式计算出每毫升中菌落形成单位：

$$菌落数/CFU = 同一稀释度三次重复的平均菌落数 \times 稀释倍数 \times 10$$

选择平板上长有 30～300 个菌落的稀释度计算每毫升的含菌量较为合适。同一稀释度的 3 个重复对照的菌落数不应相差很大，否则表示试验不精确；同一稀释度重复 3 个平板上菌落数应相近，这样的统计数据方为可信。平板菌落计数法所选择的稀释度很重要，一般以 3 个连续稀释度中第 2 个稀释度在平板上所出现的平均菌落数在 50 个左右为宜，否则要调整涂布稀释度。

（8）消毒和清洗器皿　将计数后的平板在沸水中煮沸 10min 后清洗晾干。

五、注意事项

① 各稀释度菌液移入无菌培养皿内时，要"对号入座"，切勿混淆。

② 每支移液管只能接触一个稀释度的菌液试管，每支移液管在移取菌液前，都必须在待移菌液中来回吹吸几次，使菌液充分混匀并让移液管内壁达到吸附平衡。

六、结果记录及分析讨论

对各培养皿的菌落数进行记录，并计算原菌液的浓度。

七、思考题

① 平板菌落计数的原理是什么？它适用于哪些微生物的计数？

② 要想本实验获得成功，哪几步最为关键？为什么？

③ 平板菌落计数法与显微镜直接计数法相比，各有何优缺点？

④ 当平板上长出的菌落不是均匀分散，而是集中在一起，你认为问题出在哪里？

实验十　土壤微生物的分离纯化

一、实验目的

① 学习并掌握从土壤中分离纯化微生物的原理和方法。

② 掌握倒平板的方法和几种常用的分离纯化微生物的基本操作技术。

二、实验原理

从混杂的微生物群体中获得只含有某一种或某一株微生物的过程称为微生物的分离与纯化。常用的方法有：

1. 涂布平板分离法

涂布平板分离法是将样品经无菌生理盐水稀释后用玻璃涂布棒均匀涂布至琼脂培养基的表面，经培养后，在培养基的表面形成单菌落。

2. 平板划线分离法

用接种环蘸取少许样品或样品稀释液在琼脂平板平面上分区进行划线，经培养后会得到呈分散状态的单菌落纯培养。

3. 简易单孢子分离法

采用很细的毛细管吸取较稀的萌发的孢子悬浮液滴在培养皿盖的内壁上，在低倍镜下逐个检查微滴，将只有一个萌发孢子的微滴放一小块营养琼脂片，使其发育成微菌落。

为了获得某种微生物的纯培养，一般是根据该微生物对营养、酸碱度、氧等条件要求不同，而供给它适宜的培养条件，或加入某种抑制剂造成只利于此菌生长而抑制其他菌生长的环境，从而淘汰其他一些不需要的微生物，再用各种方法分离、纯化该微生物，直至得到纯菌株。例如：链霉素可以抑制细菌和放线菌的生长，对酵母菌和霉菌不起作用。加入一定量链霉素的培养基可以从混杂的微生物群体中分离出酵母菌和霉菌。重铬酸钾或苯酚对土壤真菌、细菌有明显的抑制作用，可用于选择分离放线菌。

土壤是微生物生活的大本营，在其中生活的微生物无论是数量或种类都是极其多样的，因此，土壤是我们开发利用微生物资源的重要基地，可以从其中分离、纯化到许多有用的菌株。

本实验采用稀释涂布平板法和平板划线法从土壤中分离纯化微生物。

三、实验材料、仪器及试剂

1. 实验材料

10cm左右深层土壤。

2. 实验仪器及耗材

酒精灯、显微镜、盛9mL无菌水的试管、盛90mL无菌水并带有玻璃珠的锥形瓶、无菌吸管、无菌培养皿、接种环、记号笔、涂布棒、牛肉膏蛋白胨培养基、高氏 1 号合成培养基和 PDA 培养基等。

四、实验步骤

1. 稀释涂布平板法

（1）制备土壤稀释液　准确称取待测样品 10g，放入装有 90mL 无菌水并放有玻璃珠的 250mL 锥形瓶中，用手或置摇床上振荡 20min，使微生物细胞分散，静置约 20～30s，即成 10^{-1} 稀释液；再用 1mL 无菌吸管，吸取 10^{-1} 稀释液 1mL 移入装有 9mL 无菌水的试管中，吹吸 3 次，让菌液混合均匀，即成 10^{-2} 稀释液；再换一支无菌吸管吸取 10^{-2} 菌液 1mL 移入装有 9mL 无菌水的试管中，即成 10^{-3} 稀释液；以此类推，一定要每次更换吸管，连续稀释，制成 10^{-4}、10^{-5}、10^{-6}、10^{-7}、10^{-8}、10^{-9} 等一系列稀释度的菌液，供平板接种使用。

用稀释平板法时，待测菌稀释度的选择应根据样品确定。样品中所含待测菌的数量多时，稀释度应高，反之则低。通常测定细菌菌剂含菌数时，多采用 10^{-7}、10^{-8}、10^{-9} 稀释度的菌液；测定土壤细菌数量时，多采用 10^{-4}、10^{-5}、10^{-6} 稀释度的菌液；测定放线菌和真菌数量时，多采用 10^{-3}、10^{-4}、10^{-5} 稀释度的菌液。

（2）倒平板　将加热融化的牛肉膏蛋白胨培养基、高氏 1 号合成培养基和 PDA 培养基分别倒平板，并标明名称。

倒平板的方法：右手持盛有培养基的试管或锥形瓶置火焰旁边，用左手将试管塞或瓶塞轻轻地拔出，试管口或瓶口保持对着火焰；然后用右手手掌边缘或小指与无名指（环指）夹住试管（瓶）塞（也可将试管塞或瓶塞放在左手边缘或小指与无名指之间夹住。如果试管内或锥形瓶内的培养基一次用完，试管塞或瓶塞则不必夹在手中）。左手持培养皿并将皿盖在火焰旁打开一缝后，迅速倒入培养基约 15mL，加盖后轻轻摇动培养皿，使培养基均匀分布在培养皿底部，然后平置于桌面上，待凝固后即为平板。

（3）涂布　将上述每种培养基的培养皿盖周边用记号笔分别写上 10^{-7}、10^{-8} 和 10^{-9} 稀释度字样，每种培养基每稀释度标记 3 皿，然后用无菌吸管分别由 10^{-7}、10^{-8} 和 10^{-9} 3 管土壤稀释液中吸取适量对号放入已写好稀释度的平板中央位置，每皿准确放入 0.2mL，用无菌玻璃涂布棒在培养基表面轻轻地涂布均匀。

（4）培养　将含高氏 1 号合成培养基和 PDA 培养基的平板倒置于 28℃ 恒温培养箱中培养 3～5 天，牛肉膏蛋白胨培养基平板倒置于 37℃ 恒温培养箱中培养 1～2 天。

（5）挑菌　将培养后长出的单个菌落分别挑取少许菌苔接种在上述 3 种培养基中培养观察，并镜检是否为纯菌株，若发现杂菌则需进一步进行分离、纯化，直到纯培养。

2. 平板划线分离法

（1）倒平板　将加热融化的牛肉膏蛋白胨培养基、高氏 1 号合成培养基和 PDA 培养基分别倒平板，并标明名称。

（2）划线　在近火焰处，左手拿皿底，右手拿接种环，挑取经稀释 10 倍的土壤悬液一环在平板上划线。目的是通过划线将样品在平板上进行稀释，使形成单个菌落。常用的划线方法有以下两种：

① 用接种环以无菌操作挑取土壤悬液一环，先在平板培养基的一边作第一次平行划

线 3～4 条，再转动培养皿约 70°，并将接种环上剩余物烧掉，待冷却后通过第一次划线部分作第二次平行划线，再用同法通过第二次平行划线部分作第三次平行划线和通过第三次平行划线部分作第四次平行划线。划线完毕后，盖上皿盖，倒置于恒温培养箱中培养。

② 挑取有样品的接种环在平板培养基上作连续划线。划线完毕后，盖上皿盖，倒置于恒温培养箱中培养。

（3）挑菌　将培养后长出的单个菌落分别挑取少许菌苔接种在上述 3 种培养基中培养观察，并镜检是否为纯菌株，若发现杂菌则需进一步进行分离、纯化，直到纯培养。

五、注意事项

① 在整个实验过程中无菌操作。

② 在倒平板时可在培养基中添加某些药物，如在高氏 1 号合成培养基中加 10％的苯酚，在 PDA 培养基中加入链霉素（30g/mL），这样可减少不需要的杂菌。

六、结果记录及分析讨论

① 你所做的涂布平板法和划线法是否较好地得到了单菌落，如果不是，请分析其原因并重做。

② 在不同平板上你分离得到哪些类群的微生物？简述其菌落特征。

七、思考题

① 如何确定平板上某单个菌落为纯培养？请写出实验的主要步骤。

② 划线分离时，为什么每次都要将接种环上多余的菌体烧掉？划线为何不能重叠？

③ 为什么高氏 1 号合成培养基和 PDA 培养基中要分别加入苯酚和链霉素？

第四章　植物生理学实验

　　植物生理学是一门研究植物各种生命活动的现象、规律及其机制的科学，具有较强的实验性。植物生理学理论知识来源于生活中细致的观察和科研中精确的研究手段测定所得的实验数据，它的发展更是建立在实验技术不断发展前提之下，利用各种实验技术手段获得的实验数据支撑，使其理论推导或者假说不断完善和发展，从而引导人们对植物的生命活动规律持续深入地认识和了解，并将其用于指导生产实践，创造经济价值。植物生理学实验课程是高等院校生物类各专业的一门重要的专业基础课程，是与植物生理学理论课程平行开设的。开展植物生理学实验课程的教学，学习生理学实验技术、基本原理以及研究过程，不仅可以巩固、加深学生对植物生理学理论知识的理解，还可以训练学生的基本实验操作技能，引导学生思考、培养学生创造性思维，提高学生独立分析和解决问题的能力，培养学生在科研过程中严谨的科学态度和勇于探索创新的精神。

实验一　质壁分离法测定植物组织细胞液的渗透势

一、实验目的

① 观察植物组织在不同浓度溶液中细胞质壁分离的产生过程。
② 理解质壁分离法测定植物组织渗透势实验原理，掌握用于测定植物组织渗透势的方法。

二、实验原理

　　当植物组织（细胞）处于一定浓度的溶液中时，细胞膜（液泡膜等）选择透性的存在使其产生渗透现象。如果将植物组织（细胞）放入高渗溶液中，细胞内水分外流而失水，细胞就会发生质壁分离现象。细胞处于等渗溶液（细胞内的汁液的浓度与其周围某种溶液浓度相等）中，此时细胞和外界的溶液处于渗透平衡状态，细胞内的压力势为零，细胞汁液的渗透势就等于该溶液的渗透势。该溶液的浓度称为等渗浓度。

　　当用一系列梯度浓度溶液观察细胞质壁分离现象时，细胞的等渗浓度将介于刚刚引起初始质壁分离的浓度和尚不能引起质壁分离的浓度之间。代入公式即可计算出渗透势。

三、实验材料、仪器及试剂

1. 实验材料

　　有色素的植物组织（叶片），一般选用有色素的洋葱鳞片的外表皮、紫鸭跖草、苔藓、红甘蓝或黑藻、丝状藻等水生植物，也可用蚕豆、玉米、小麦等作物叶的表皮。

2. 实验仪器及耗材

电子天平、显微镜、载玻片及盖玻片、擦镜纸、镊子、解剖刀柄及刀片或工具刀、移液管、胶头移液管、烧杯、量筒、容量瓶、培养皿、吸水纸、标签纸等。

3．实验试剂及配制方法

（1）1mol/L 蔗糖溶液（母液） 精密称量 342.29g 蔗糖，用去离子水溶解定容至 1000mL。

（2）0.1～0.5mol/L 梯度浓度蔗糖溶液 按目的浓度（0.50mol/L、0.45mol/L、0.40mol/L、0.35mol/L、0.30mol/L、0.25mol/L、0.20mol/L、0.15mol/L、0.10mol/L）用去离子水适当稀释上述母液即得。

四、实验步骤

① 取干燥洁净的培养皿 9 套，按浓度编号，将配制好的 0.10～0.50mol/L 梯度浓度蔗糖溶液各 100mL，充分摇匀后按顺序加入到培养皿中，盖好皿盖备用。

② 将带有色素的植物组织（叶片），洗净后用吸水纸吸去植物体表面的水分，用镊子剥取或徒手撕取供试材料的有色表皮组织，大小以 0.5cm² 为宜，迅速分别投入系列浓度蔗糖溶液中，每一浓度放 4～5 片/小组，使其完全浸没，浸泡 20～30min（注意：高糖溶液中质壁分离所需时间短，随着浓度的降低质壁分离所需时间增加）。同时记录室温。

注意：为便于观察，可先将植物组织于 0.03％中性红中染色 5min 左右，吸去水分，再浸入蔗糖溶液中；但如不加染色即能区别质壁分离时，仍以不染色为宜。

③ 从最高浓度（0.50mol/L）开始取出表皮薄片放在滴有同样浓度蔗糖溶液的载玻片上，盖上盖玻片，在显微镜下观察。如果所有细胞都产生质壁分离的现象，则开始取较低浓度溶液中的材料制片作同样观察，并记录质壁分离的相对程度。当时间不影响结果时，检查可先从中间浓度开始。

显微镜观察注意：低倍镜找细胞视野，高倍镜观察质壁分离具体情况。

④ 实验中必须确定两个极限浓度：

a. 确定一个引起半数（50％）以上细胞原生质刚刚从细胞壁的角隅处与细胞壁分离的蔗糖浓度 c_1；

b. 不引起质壁分离的蔗糖溶液最高浓度 c_2。

在此条件下，细胞的渗透势与两个极限溶液浓度之平均值的渗透势相等，即等渗溶液浓度 $c = (c_1 + c_2)/2$。

⑤ 重复实验：在找到上述两个浓度极限时，取样同一处理的实验材料重复实验 2～3 次，直到有把握确定实验结果为止。在此条件下，细胞的渗透势与两个极限溶液浓度之平均值的渗透势相等。拍照记录显微镜观察到的代表性实验结果。

五、注意事项

① 实验用洋葱以紫色的最易于观察质壁分离，其他材料如紫鸭趾草、红甘蓝也可代替。

② 撕取的洋葱鳞茎表皮组织应尽量薄，否则后续观察细胞会层叠在一起，影响显微观察；此外，撕下的洋葱表皮细胞尽量保留色素，否则不利于后续裸眼观察。

③ 发生质壁分离的判断标准：每 1 制片观察的细胞不应少于 100 个，统计 50 个细胞；如果有 50％发生了（原生质体刚从细胞壁的角隅分离）质壁分离，即可认定为此溶液浓度下细胞发生了（初始）质壁分离。

六、结果记录及分析讨论

1. 实验结果记录（见表 4.1.1）

实验人：_____；时间：_____；材料名称：_____；实验时室温：_____℃。

表 4.1.1　实验结果记录

序号	蔗糖浓度/(mol/L)	质壁分离的相对程度(实现现象记录)	极限浓度判断
1	0.50		
2	0.45		
3	0.40		
4	0.35		
5	0.30		
6	0.25		
7	0.20		
8	0.15		
9	0.10		

随附高浓度质壁分离、极限浓度 c_1 和 c_2、低浓度质壁未分离的代表图片支撑上述实验结果。

2. 计算等渗溶液浓度 c

计算过程略。

3. 按下式计算在常压下实验用组织细胞汁液的渗透势

$$\psi_s = -RTic \tag{4.1.1}$$

式中，ψ_s 为细胞渗透势，Pa；R 为气体常数，$0.083 \times 10^5 \, L \cdot Pa/(mol \cdot K)$；$T$ 为绝对温度，K，即 $273℃ + t$，t 为实验温度，℃；i 为解离系数，蔗糖为 1；c 为等渗溶液的浓度，mol/L。

4. 分析与讨论

查阅文献或资料，分析小组的测定结果是否合理？请分析导致该结果的原因，并提出实验改进措施。

七、思考题

① 叙述细胞渗透作用的原理。

② 如何根据计算所得的植物组织渗透势数据判断植物是否需要灌溉？

实验二　小液流法测定植物组织水势

一、实验目的

① 了解测定植物组织水势的方法及其优缺点。

② 学习用小液流法测定植物组织水势的基本操作。

二、实验原理

植物组织的水分状况可用水势（ψ）来表示。植物体细胞之间、组织之间以及植物体与环境之间的水分移动方向都由水势差决定。将植物组织放在已知水势的一系列溶液中，如果植物的水势（ψ_{cell}）小于某一溶液的水势（ψ_{out}），则该组织吸水而使外部溶液浓度变大；反之，则植物细胞内水分外流而使溶液浓度变小。若植物组织的水势与溶液的水势相等，则二者水分交换保持动态平衡，所以外部溶液浓度不变，而溶液的渗透势即等于所测植物的水势。

组织的吸水或失水会使溶液的浓度、密度、电导率以及组织本身的体积与质量发生变化。根据这些参数的变化情况可确定与植物组织等水势的溶液。同一种物质浓度不同时其密度不一样，浓度大的密度大，把高浓度溶液一小液滴放到低浓度溶液中时，液滴下沉；反之则上升。因此可以利用溶液的浓度不同其密度也不同的原理来测定试验前后溶液的浓度的变化。根据公式 $\psi_s = -icRT$ 计算出溶液的渗透势，即为植物组织的水势。

三、实验材料、仪器及试剂

1．实验材料

菠菜叶片、马铃薯（土豆）薄片等。

2．实验仪器及耗材

电子天平、移液管、刻度试管、配套试管塞、试管架、弯头毛细滴管、20cm 细长头移液管、剪刀、镊子、容量瓶、标签纸、胶头吸管、量筒、切条器、工具刀、烧杯等。

3．实验试剂及配制方法

（1）10％亚甲蓝水溶液　精密称量 10g 亚甲蓝，用去离子水溶解定容至 100mL。或购买商品化试剂。

（2）1mol/L 蔗糖溶液（母液）　精密称量 342.29g 蔗糖，用去离子水溶解定容至 1000mL。

（3）0.05～0.8mol/L 梯度浓度蔗糖溶液　按实验目的浓度（0.05mol/L、0.1mol/L、0.15mol/L、0.2mol/L、0.3mol/L、0.4mol/L、0.5mol/L、0.6mol/L、0.7mol/L、0.8mol/L）用去离子水适当稀释上述母液即得。

四、操作步骤

1．准备对照组溶液

分别量取已配制好的 0.05～0.8mol/L 各 10mL/组，注入 10 支编好号的试管中，各管都加上塞子。按编号顺序在试管架上排成一列，作为对照组。

2．准备试验组溶液

另取 10 支试管，编好号，按顺序放在试管架上，作为试验组。然后从对照组的各管中分别取 4mL 溶液移入相同编号的试验组试管中，再将各试管都加上塞子。

试剂配制及分装见表 4.2.1。

表 4.2.1 试剂配制及分装表

试管序号	1	2	3	4	5	6	7	8	9	10
1mol/L 糖液添加量/mL	0.5	1	1.5	2	3	4	5	6	7	8
去离子水添加量/mL	9.5	9	8.5	8	7	6	5	4	3	2
系列蔗糖浓度/(mol/L)	0.05	0.1	0.15	0.2	0.3	0.4	0.5	0.6	0.7	0.8
对照组/mL	6	6	6	6	6	6	6	6	6	6
试验组/mL	4	4	4	4	4	4	4	4	4	4

3. 打取、浸泡叶片

用工具将菠菜叶剪成约 0.5cm² 大小相等的小块 60～80 片（注意：尽量避开叶脉，选取部位一致、边缘整齐无破损的叶片）。若实验采用土豆为实验材料，则需采用口径较大的试管，每管加入的土豆条长度需一致，最好控制在 0.5～0.7cm 间，并切成厚度均匀的片状后迅速投入培养皿中（防止水分蒸发影响实验结果）。向试验组的每一试管中各加入相等数目（约 10 片）的叶片小块，塞好塞子，放置 40min，期间不断轻摇试管数次，以加速水分平衡（如温度低，可适当延长放置时间）。

4. 染色

到预定时间后，用胶头滴管吸取适量 10%亚甲蓝水溶液（1～3 滴）加入试验组每一试管中，并振荡摇动，使溶液染色呈均匀蓝色（每管加入的亚甲蓝适量，使各管中溶液颜色基本保持一致即可；不宜过多，否则将使试验组各管中溶液的密度均加大）。

5. 测定

分别用干净的弯头毛细滴管或细长头胶头移液管从试验组的各试管中依次吸取着色的液体少许，然后轻缓地伸入对照组的相同编号试管的液体的中部，缓慢从毛细滴管尖端横向放出一滴蓝色试验溶液，轻轻取出滴管（注意：尽量保持蓝色小液滴的整体性，避免分散不便观察），观察蓝色小液滴的移动方向并记录（用白纸划一直线置于试管背面，方便观察）。

① 如果蓝色液滴向上（↑）移动，说明溶液从叶片细胞细胞液中吸出水分而被冲淡，密度比原来小了；

② 如果蓝色液滴向下（↓）移动，则说明叶片细胞从溶液中吸了水，溶液变浓，密度变大；

③ 如果液滴不动（—），则说明叶片与试验溶液的密度相等，处于水分交换平衡状态，即植物组织的水势等于此种浓度溶液的渗透势，即此时 $\psi_{cell} = \psi_{out}$。

④ 如果找不到静止不动的浓度，则可找液滴上升和下降交界的两个浓度，取其平均值，即可按公式计算出该植物的水势。

五、注意事项

① 培养皿、移液管和毛细管等用前洗净烘干，移液管与毛细移液管应从低浓度到高浓度依次吸取溶液。

② 蔗糖溶液用前一定要摇匀，时间放久了的蔗糖溶液会分层，影响测定结果。

③ 释放蓝色液滴最好选用直角弯头毛细滴管，动作要缓慢，防止过急挤压造成的冲力影响蓝色液滴的移动。

六、结果记录及分析讨论

1. 实验现象记录（见表 4.2.2）

表 4.2.2　实验现象记录表

序号	蔗糖溶液浓度/(mol/L)	0.05	0.1	0.15	0.2	0.3	0.4	0.5	0.6	0.7	0.8
1	液滴移动方向										
2	液滴移动方向										
3	液滴移动方向										

备注：蓝色液滴向上/↑；液滴向下/↓；液滴不动/—。重复测定 2~3 次上述实验。

（1）分析上述实验现象产生的原因。

（2）判断并计算水分交换平衡状态时的溶液浓度。

2. 按下列公式计算植物组织的水势

$$\psi_{cell} = \psi_{out} = -RTic \qquad (4.2.1)$$

式中，ψ_{cell} 表示植物细胞水势；ψ_{out} 表示外界溶液渗透势；i 表示解离常数或渗透系数，蔗糖为 1；c 表示小液滴在其中基本不动的溶液平衡浓度，mol/L；R 为气体常数，$0.083×10^5$ L·Pa/(mol·K)；T 为热力学温度，K，即 $273+t$，t 为试验温度，℃。

3. 分析与讨论

① 查阅文献或资料，分析小组的测定结果是否合理？试分析导致该结果的原因，并提出实验改进措施。

② 与实验 4.1 的结果对比，哪个实验方法测定的结果更合理？试分析其原因。

七、思考题

① 测定植物组织水势的方法有哪些？试述小液流法测定植物组织水势的原理，并分析小液流法的优缺点。

② 如果小液滴在各对照溶液中全部上升（或下降），说明什么问题？应如何避免？

③ 如果某一支试管内多加入或少加入一个圆片，对结果有无影响？为什么？

实验三　钾离子对气孔开度的影响

一、实验目的

① 掌握测定气孔开度的方法。

② 学会分析影响因素对气孔运动的调节；了解钾离子对气孔开度的影响，加深对"气孔运动——钾离子积累学说"的理解。

③ 学习显微镜物镜测微尺（物尺）标定目镜测微尺（目尺）的方法。

二、实验原理

气孔运动和保卫细胞积累 K^+ 有着非常密切的关系。"气孔运动——钾离子积累学说"认为：钾离子可以调节植物保卫细胞的渗透系统。在光照下，植物保卫细胞叶绿体通过光合磷酸化合成 ATP，活化了保卫细胞质膜上的 H^+-ATP 酶，激活的 H^+-ATP 酶水解 ATP 释放能量将 H^+ 从保卫细胞分泌到周围细胞中，产生跨膜的 H^+ 浓度差和膜电位差，为周围细胞中的 K^+ 跨膜运输进入保卫细胞提供动力，保卫细胞 K^+ 浓度增加，溶质势降低，引起水分进入保卫细胞，气孔张开。黑暗中，K^+ 由保卫细胞运输到周围细胞，使保卫细胞失水，造成气孔关闭。本实验通过人为增加 K^+ 浓度观察气孔的变化。光下植物叶片的气孔开启，暗中气孔关闭。气孔的形态、大小及气孔开度也可在显微镜下直接观察。

三、实验材料、仪器及试剂

1. 实验材料

蚕豆叶片或盆栽紫鸭跖草，实验前将其放置于室温下暗培养 4～8h，此时绝大多数气孔处于关闭状态。

2. 实验仪器

天平、显微镜、光照恒温培养箱、载玻片和盖玻片、培养皿（浸泡样品用）、目镜测微尺、物镜测微尺、铅笔、剪刀、镊子、工具刀、容量瓶、标签纸、胶头吸管、量筒、烧杯、红色胶头滴管等。

3. 实验试剂及配制方法

① 0.5％硝酸钾（KNO_3）溶液　精密称量 5g 硝酸钾，用去离子水溶解并定容至 1000mL。
② 0.5％硝酸钠（$NaNO_3$）溶液　精密称量 5g 硝酸钠，用去离子水溶解并定容至 1000mL。
③ 去离子水。

四、实验步骤

① 在 3 个培养皿中各加入 0.5％KNO_3、0.5％$NaNO_3$ 及去离子水适量。
② 从相似叶位/相近大小的紫鸭跖草叶片撕取其下表皮 3～5 张/组放入上述三个培养皿中。
③ 将培养皿放入 25℃温箱中，保温 40min，使溶液温度达到 25℃。
④ 将培养皿置于光照条件下照光 40～60min（晴天可放于室外，阴天需放置于光照恒温培养箱中），然后分别在显微镜下观察气孔开度。
⑤ 利用物镜测微尺对目镜测微尺进行校正，并用目镜测微尺测量不同溶液处理的气孔的长短径各 3～5 个。拍照记录实验结果。

五、注意事项

气孔张开的速度与光照处理强度和光照时间有关。光照结束后检查一下气孔是否已经张开，如已经张开则可以进行观察；否则继续光照或增加光强，直至气孔张开方能开始观察气孔开度。

六、结果记录及分析讨论

1. 校正

10×和40×目镜测微尺的校正（需附图）及校正结果。

2. _____气孔开度测量结果（见表4.3.1）

表4.3.1　不同溶液处理后的气孔的开度记录表

处理方式	序号	气孔开度(目尺格数，预估到小数点后一位)（长径×短径）	气孔开度(长径×短径)/μm 放大倍数：_____ 1格＝____μm	平均开度(长径×短径)/μm
0.5% KNO_3	气孔1			
	气孔2			
	气孔3			
0.5% $NaNO_3$	气孔1			
	气孔2			
	气孔3			
去离子水	气孔1			
	气孔2			
	气孔3			

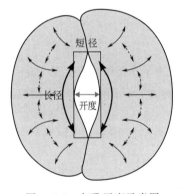

图4.3.1　气孔开度示意图

失败？试分析说明原因。

每一处理结果需至少测量3个气孔开度大小。图片记录实验结果（如图4.3.1所示）：

0.5%KNO_3　　　0.5%$NaNO_3$　　　去离子水

注意：图片需标明放大倍数；为了便于比较实验结果，要求所贴图片放大倍数统一。

3. 分析与讨论

① K^+在保卫细胞的积累，可以促进气孔开放。Na^+可以代替K^+，使气孔开放，但效果如何？

② 试比较气孔开度大小。

③ 实验测定结果是否与理论推断相符？实验是成功或

七、思考题

钾离子引起气孔张开的原理是什么？

实验四　植物对离子的选择性吸收

一、实验目的

① 加深理解植物对离子的选择性吸收。

② 理解生理酸性盐、生理碱性盐和生理中性盐的概念及缘由。

③ 通过实验了解植物对环境的阴离子和阳离子的吸收速度不同而改变环境酸碱度，用以指导农业生产实践中施用化肥时应注意的实际问题。

二、实验原理

植物根系对不同离子的吸收量是不同的。即使是同一种盐类，植物根系对其溶液中的阴、阳离子的吸收量也是不相同的。本实验是利用植物根系对不同盐类的阴、阳离子吸收量不同，从而使溶液的 pH 发生改变以说明这一吸收特性，也间接通过实验使人们更好地了解什么是生理酸性盐和生理碱性盐。

三、实验材料、仪器及试剂

1. 实验材料

玉米苗或小麦苗，实验前 20 天培养成具有完整根系的幼苗。

2. 实验仪器及耗材

pH 计或精密 pH 试纸、量筒、移液管、锥形瓶等。

3. 实验试剂及配制方法

（1）0.5mg/mL（NH$_4$）$_2$SO$_4$ 溶液　精密称量 0.5g（NH$_4$）$_2$SO$_4$，用去离子水溶解并定容至 1000mL。

（2）0.5mg/mL NaNO$_3$ 溶液　精密称量 0.5g NaNO$_3$，用去离子水溶解并定容至 1000mL。

四、实验步骤

① 实验前 2～3 周培养根系完好的玉米苗、小麦苗或其他植株幼苗。

② 取 3 个锥形瓶，做好标识，分别加入 100mL 0.5mg/mL（NH$_4$）$_2$SO$_4$ 溶液、100mL 0.5mg/mL NaNO$_3$ 溶液和 100mL 去离子水。用 pH 计或精密 pH 试纸测定两种溶液和去离子水的原始 pH 值并做好记录。

③ 取根系发育完善、大小相似的玉米或小麦苗 3～5 份，每份至少 3 株，且保持数目相同，分别放于上述 3 个装有不同溶液的锥形瓶中，室温下培养 2～3h、12h、24h、72h 以及 7d（植物根系对离子吸收的时间长短与选用植株根系的发育和温度有关）。按时间点取出植株，并测定溶液的 pH。将实验结果记在表 4.4.1 中。

五、注意事项

① 增加玉米或小麦幼苗的株数，可缩短实验时间并增加结果的显著性。

② 正确标定、使用 pH 计，确保实验结果的准确性。

六、结果记录及分析讨论

1. 实验结果记录

① 选用＿＿＿＿＿植株，株数＿＿＿＿＿。用文字描述和图片拍照说明根系发育情况。

② 处理结果记录：室温为_____℃。

表 4.4.1 植物从盐溶液中吸收离子后溶液 pH 的变化

处理	溶液 pH 变化					
	0h(放植株前)	2～3h	12h	24h	72h	7d
0.5mg/mL $(NH_4)_2SO_4$						
0.5mg/mL $NaNO_3$						
去离子水						

2. 结果分析与讨论

① 根据实验现象，分析 $(NH_4)_2SO_4$ 和 $NaNO_3$ 分别是生理碱性还是酸性盐。

② 试分析生产中施用 $(NH_4)_2SO_4$ 和 $NaNO_3$ 肥料应该注意哪些事项。

七、思考题

① 本实验中用去离子水作对照，它主要起什么作用？

② 供给氮源类型不同，对根系的吸收有无影响？

实验五　植物体内硝酸还原酶活性的测定

一、实验目的

① 了解硝酸还原酶测定对植物氮代谢的重要意义及实际应用。

② 硝酸还原酶是硝酸盐同化过程中的关键酶，在植物生长发育中具有重要作用，测定硝酸还原酶活力，可作为作物育种和营养诊断的生理生化指标。了解离体法和活体法测定硝酸还原酶的不同点。掌握离体法测定的原理和基本操作。

二、实验原理

硝酸还原酶（nitrate reductase，NR）存在于细胞液中，为一种诱导酶，也是硝酸盐同化中的第一个酶，是限速酶，处于植物氮代谢的关键位置。它与植物吸收利用氮肥有关，对农作物产量和品质有重要影响，因而硝酸还原酶活性被当作植物营养或农田施肥的指标之一，也可作为品种选育的指标之一。

在一般的土壤条件下，NO_3^- 是植物吸收的主要形式。NO_3^- 进入细胞后被硝酸还原酶（NR）和亚硝酸还原酶（NiR）还原成铵。

$$\underset{NO_3^-}{\overset{(+5)}{}} \xrightarrow[\text{硝酸还原酶}]{+2e^-} \underset{NO_2^-}{\overset{(+3)}{}} \xrightarrow[\text{亚硝酸还原酶}]{+6e^-} \underset{NH_4^+}{\overset{(-3)}{}}$$

硝酸还原酶（NR）催化植物体内的硝酸盐还原为亚硝酸盐，产生的亚硝酸盐与对氨基苯磺酸（或对氨基苯磺胺）及 α-萘胺（或萘基乙烯胺）在酸性条件下定量生成红色偶氮化合物。其反应如下：

$$NO_3^- + NAD(P)H + H^+ + 2e^- \xrightarrow{NR} NO_2^- + NAD(P)^+ + H_2O$$

在一定条件下，NO_2^- 的生成量与硝酸还原酶的活性呈正相关，因此，可以测定 NO_2^- 的生成量来代表硝酸还原酶的活性。NO_2^- 含量可用磺胺显色法测定。即在酸性条件下，NO_2^- 与对氨基苯磺酰胺发生重氮反应形成重氮盐，生成的重氮化合物再与 α-萘胺偶联生成紫红色偶氮化合物（不稳定，见光容易分解，测定需迅速），如图 4.5.1 所示。该偶氮化合物在 540nm 处有最大吸收峰，可以用分光光度计测定（A_{540}）。当磺胺与 α-萘胺均过量时，所生成的红色深浅与 NO_2^- 含量成直线关系。硝酸还原酶活性可由产生的亚硝态氮的量表示。一般单位鲜重样品中

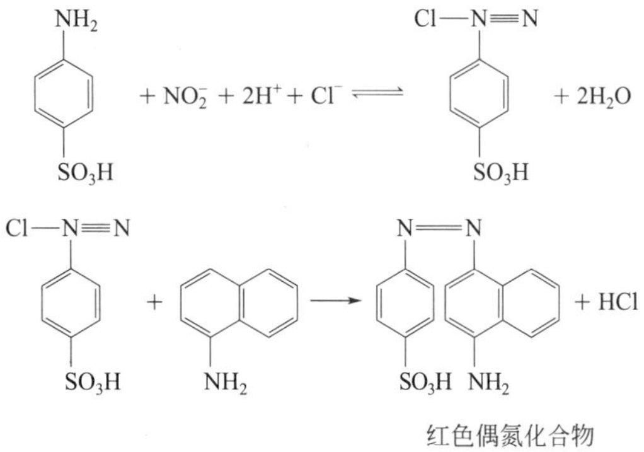

图 4.5.1　磺胺显色法测定原理示意图

酶活性以 $\mu g/(g \cdot h)$ 为单位。NR 的测定可分为活体法和离体法。活体法步骤简单，适合快速、多组测定。离体法复杂，但重复性较好。

三、实验材料、仪器及试剂

1. 实验材料

水稻幼苗、小麦幼苗或红薯的叶片等。取样前 3～5 天，用 50mmol/L（5.055g/L）KNO_3 加到培养植物的水或土壤中，光照，以诱导硝酸还原酶产生。也可选用室外植物品种，取样前 15 天做好标记，每 5～7 天浇灌一次 KNO_3 溶液诱导硝酸还原酶产生。

2. 实验仪器及耗材

冷冻离心机、分光光度计、比色皿、电子天平、冰箱、恒温水浴、研钵、剪刀、离心管、具塞试管、移液管、洗耳球等。

3. 实验试剂及配制方法

（1）1g/L 亚硝态氮（$NaNO_2$）标准母液　准确称取分析纯 $NaNO_2$ 0.1g，溶于去离子水后定容至 100mL。

（2）5μg/mL 亚硝态氮（$NaNO_2$）标准液　吸取 5mL 1g/L 亚硝态氮（$NaNO_2$）标准母液定容至 1000mL，即为含亚硝态氮 5μg/mL 的标准液。

（3）0.1mol/L pH 7.5 的磷酸缓冲液　称取 $Na_2HPO_4 \cdot 12H_2O$ 30.0905g 与 $NaH_2PO_4 \cdot 2H_2O$ 2.4965g，加去离子水溶解后定容至 1000mL。混匀后，用 pH 计或精密 pH 试纸复查 pH 并微调。

（4）0.1mol/L KNO_3 溶液配制　称取 2.5275g KNO_3 溶于 250mL 0.1mol/L pH7.5 的磷酸缓冲液中。

（5）0.025mol/L pH 8.7 的磷酸缓冲液　称取 8.8640g $Na_2HPO_4 \cdot 12H_2O$、0.0570g $K_2HPO_4 \cdot 3H_2O$ 溶于 1000mL 去离子水中。

（6）提取缓冲液　称取 0.1211g 半胱氨酸、0.0372g $EDTA \cdot Na_2$ 溶于 100mL 0.025mol/L pH 8.7 的磷酸缓冲液中。

（7）3mol/L HCl　量取 25mL 浓盐酸加去离子水定容至 100mL。用于配制（8）。

（8）1% 对氨基苯磺酸/磺胺试剂　称取 1.0g 对氨基苯磺酸或磺胺加 25mL 浓盐酸，搅

拌尽量溶解；再缓慢多次加少量去离子水搅拌至全部溶解，以去离子水定容至 100mL。或称取 1.0g 对氨基苯磺酸或磺胺溶于 100mL 3mol/L HCl 中。

（9）0.2% α-萘胺/萘基乙烯胺试剂　称取 0.2g α-萘胺/萘基乙烯胺溶于含 1mL 浓盐酸的去离子水中，稀释定容至 100mL，储存于棕色瓶中。

（10）2mg/mL NADH（辅酶Ⅰ）溶液　4mg NADH 溶于 2mL 0.01mol/L NaOH（pH 9~11 为宜）中。应在临用前配制，4℃保存使用，冻存时成分可能会有改变，且产生的杂质在 340nm 处的光吸收与 β-NADH 相同，还会抑制部分酶的活性。不建议单独用水配制，因为其在水溶液中偏酸，容易降解；此外，其遇到磷酸盐也会变得很不稳定。若长期保存，可以配制高浓度母液。

四、实验步骤（离体法）

1. 亚硝态氮标准曲线制作

① 取 7 支洁净烘干的 15mL 刻度试管，按表 4.5.1 编号并按顺序加入试剂，配成含量为 0~5.0μg/mL 的系列亚硝态氮标准液。

② 标准曲线绘制

以亚硝态氮含量（μg/mL）为横坐标 x、0~6 号管吸光度值为纵坐标 y，绘制标准曲线，建立回归方程。

表 4.5.1　制作标准曲线时各溶液加入量

试剂	管号						
	0	1	2	3	4	5	6
5μg/mL 亚硝态氮母液/mL	0	0.1	0.2	0.4	0.6	0.8	1.0
去离子水/mL	1.0	0.9	0.8	0.6	0.4	0.2	0.0
对应每管亚硝态氮含量/μg	0	0.5	1	2	3	4	5
1%磺胺/mL	2	2	2	2	2	2	2
0.2%萘基乙烯胺/mL	2	2	2	2	2	2	2

加入表中试剂后，混合摇匀 1min，在 25℃下暗处静置保温 30min，
然后以 0 号管为空白对照，立即于 540nm 波长处测定吸光度（A）值

2. 样品中硝酸还原酶活力测定

（1）酶的提取　称取 1.0g 左右（$m=$＿＿＿）植物鲜样，剪碎于研钵中，置于低温冰箱冰冻 30min，取出置冰浴中加少量石英砂及 5mL 4℃预冷的提取缓冲液，研磨匀浆，转移于预冷的离心管中，用天平平衡两管等重后，放在离心机相对应的离心孔位置，4℃，4000r/min 下冷冻离心 20min，上清液即为 NR 粗提液。

如有可能，可尝试采用不同类型的材料提取硝酸还原酶，并比较不同植物该酶活性。

（2）酶促反应　取 NR 粗提液 0.4mL 于 10mL 试管或离心管中，加入 0.3mL 0.1mol/L KNO₃ 磷酸缓冲液和 0.3mL NADH 溶液，混匀，在 25℃水浴中保温反应 30min。

注意：空白对照不加 NADH 溶液，而以 0.3mL 0.1mol/L pH 7.5 的磷酸缓冲液代替。

（3）终止反应和比色测定　保温结束后立即加入 2mL 1%磺胺溶液终止酶反应，再加 2mL 0.2%萘基乙烯胺溶液，暗处显色 15min 后于 4000r/min 下离心 5min。以本组样品的空白对照管进行调零，取上清液在 540nm 波长处测定吸光度（A）值。

各溶液加入量见表 4.5.2。

表 4.5.2　　　植物叶片 NR 酶活测定时各溶液加入量

试剂	未处理叶片 NR				处理后叶片 NR			
管号	1-0	1-1	1-2	1-3	2-0	2-1	2-2	2-3
酶粗提液/mL	0.4	0.4	0.4	0.4	0.4	0.4	0.4	0.4
0.1mol/L KNO$_3$（底物 1）/mL	0.3	0.3	0.3	0.3	0.3	0.3	0.3	0.3
NADH 溶液（底物 2）/mL	0	0.3	0.3	0.3	0	0.3	0.3	0.3
0.1mol/L pH7.5 的磷酸缓冲液/mL	0.3	0	0	0	0.3	0	0	0
加入上述试剂后，混合摇匀 1min，在 25℃下暗处保温反应 30min								
1%磺胺溶液(mL)，加完后立即摇匀	2	2	2	2	2	2	2
0.2%萘基乙烯胺溶液/mL	2	2	2	2	2	2	2

混合摇匀 1min，暗处静置显色 15min 后，4℃、4000r/min 下离心 5min，
以同一样品 0 号管为空白对照，取上清液在 540nm 波长处测定吸光度(A)值

五、注意事项

① 取样宜在晴天进行，让植株充分照光；或取样前 3～5 天，施用一定量的硝态氮肥 (50mmol/L KNO$_3$) 加到培养植物的水或土壤中，光照诱导硝酸还原酶产生，可增加酶的活性；取样部位应一致。一般生长旺盛的材料 NR 酶活性较高。小麦幼苗以 3～7 天龄的为最高。

② 硝酸还原酶容易失活，离体法测定时，操作应迅速，并且在 4℃下进行。

③ 硝酸盐还原过程应在黑暗中进行，以防亚硝酸盐还原为氨。

④ 从显色到比色时间要一致，显色时间过长或过短对颜色都有影响。

⑤ 亚硝酸的磺胺比色法比较灵敏（可检出 0.5μg/mL 的 NaNO$_2$），显色速度受温度和酸度等因素的影响，因此标准液与样品的测定应在相同条件下进行，方可比较。

六、结果记录及分析讨论

1. 亚硝态氮标准曲线数据记录及标准曲线绘制

要求：根据表 4.5.1 记录亚硝态氮标准曲线测定结果，用相应数据处理软件处理、绘制标准曲线，标注相应参数，贴图支撑结果。根据实际结果分析标准曲线方程用于后续定量的精确性和适用性。

2.　　　样品的预处理记录

实验样品名称：_____，采集地：_____，采样人：_____。

采样前植株预处理方法：

植株处理期间的天气记录于表 4.5.3。

表 4.5.3　植株处理期间的天气记录

时间：
天气：

植物照片：处理前　　　　　　；处理后　　　　　　　　　　。

3. _____样品的硝酸还原酶粗提液中亚硝态氮含量 x（μg）计算

要求：

① 根据表 4.5.2 记录所测样品硝酸还原酶粗提液反应体系的吸光度测定结果，计算样品的平均值 A_{540}；

② 根据亚硝态氮标准曲线方程，计算所测样品中硝酸还原酶粗提液亚硝态氮含量 x（μg）。

4. _____**样品的硝酸还原酶活性计算**

按公式（4.5.1）计算所测样品的硝酸还原酶酶活性：

$$单位鲜重样品中酶活性[\mu g/(g \cdot h)] = \frac{X \times \dfrac{V_1}{V_2}}{mt} \tag{4.5.1}$$

式中，X 表示据标准曲线计算出反应液中亚硝态氮总量，μg；V_1 表示提取酶时加入的缓冲液体积，mL；V_2 表示酶反应时加入的酶液体积，mL；m 表示样品鲜重，g；t 表示酶反应时间，h。

5.结果分析与讨论

① 查阅文献或资料，正常生长的植物体内硝酸还原酶的含量如何？

② 你所采用的样品测定结果是否合理？本实验是成功还是失败？试讨论分析其原因。

七、思考题

① 测定硝酸还原酶的材料为什么要提前施用一定量的硝态氮肥，并且取样应在晴天进行？

② 酶促反应为什么要在暗处进行？

③ 离体法测定硝酸还原酶活性过程中，影响测定结果的步骤有哪些？怎样才能保证测定结果的准确性？

④ 一般在酶促反应中，空白对照体系都是不加酶液。为什么本实验的空白对照加硝酸还原酶而不加 NADH 溶液呢？请在实验过程中认真观察。

实验六 叶绿体色素的提取、分离和理化性质

一、实验目的

① 掌握叶绿体色素提取、分离的基本原理和方法。

② 掌握叶绿体色素的主要理化性质。

二、实验原理

（1）提取 叶绿体中含有绿色素（叶绿素 a 和叶绿素 b）和黄色素（胡萝卜素和叶黄素）。这两类色素均不溶于水，而溶于有机溶剂，故常用乙醇或丙酮等提取。

（2）分离 叶绿体色素可用色谱分析法加以分离。其原理主要是色素种类不同，被吸

附剂吸附的强弱就不同，当用适当溶剂推动时，不同色素的移动速度不同，色素便被分离。

（3）性质　叶绿素是一种二羧酸的酯，可与碱起皂化作用，产生的盐能溶于水，可用此法将叶绿素与类胡萝卜素分开。叶绿素与类胡萝卜素都具有共轭双键，在可见光区表现出一定的吸收光谱，可用分光镜检查或用分光光度计精确测定。叶绿素吸收光量子后转变成的激发态叶绿素分子很不稳定，当它回到基态时，可以发出红光量子，因而产生荧光。叶绿素的化学性质也很不稳定，容易受强光的破坏，特别是当叶绿素与蛋白质分离后，破坏得更快。叶绿素分子中的镁可被 H^+ 所取代而成为褐色的去镁叶绿素，后者遇到 Cu^{2+} 可形成绿色的铜代叶绿素，这种叶绿素在光下不易受到破坏，故常用此法制作绿色多汁植物的浸制标本。

三、实验材料、仪器及试剂

1. 实验材料

菠菜叶、木瓜叶或其他植物叶片。

2. 实验器材

天平、研钵、剪刀、玻璃棒、量筒、滤纸、小烧杯、漏斗、层析滤纸条、玻璃毛细管、铅笔、层析管、移液管、锡箔纸、刻度试管、电炉、量筒等。

3. 实验试剂

95％乙醇、石油醚：丙酮（体积比）＝10：1、$CaCO_3$ 粉、石英砂、20％KOH 甲醇溶液、30％醋酸、苯、醋酸铜粉等。

四、实验步骤

1. 叶绿体色素的提取

称取新鲜叶片 7～8g，洗净、擦干叶表面，去除中脉，剪碎于研钵中，加少量95％乙醇（或 80％丙酮）和少量 $CaCO_3$ 粉及石英砂，研磨成匀浆，再加 95％乙醇（或 80％丙酮）20mL 稀释研磨（约 3min）后，用滤纸（可用 95％乙醇提前沾湿处理）过滤于小瓶中，滤液即为叶绿体色素提取液，残渣可用 5mL 95％乙醇再次冲洗过滤于锥形瓶中。将所得滤液分为 2 份，1 份用于色谱分离（需较高浓度色素），另 1 份后续适当稀释用于理化性质测定。提取液应避光保存。

2. 叶绿体色素的色谱分离

（1）点样　取色谱滤纸条［规格为（1.5～2）cm×10cm］，在其一端距边沿约 1.5cm 处画一点样线，用玻璃毛细管吸取叶绿体色素提取液点于点样线上，注意一次所点样品溶液不可过多；每点一次样待稍干后再点下一次，重复在原样点点样 4～5 次，然后将样点完全吹干后进行色素色谱分离。实验重复 2～3 张色谱滤纸条。

（2）色谱分离　取一支平底试管，加入推动剂溶液（石油醚：丙酮以 10：1 比例混合）约 2mL，将已点好样的滤纸条插入试管中，使点样端浸入推动剂中（注意：样点不能浸入溶剂中，要略高于液面，滤纸条边缘不可碰到试管壁），盖紧软木塞，直立于暗处进行色谱

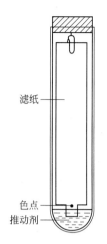

滤纸

色点

推动剂

图 4.6.1　纸色谱
示意图

分离，如图 4.6.1 所示。约 5min（推动剂到达距滤纸前沿约 2cm 处）后，将滤纸条取出，立即用铅笔标出推动剂前沿和各色带对应的位置，拍照记录实验结果。

3. 叶绿体色素的理化性质

（1）叶绿素的皂化作用（绿色素与黄色素的分离）

① 用移液管吸取叶绿体色素提取原液 3mL 2 份放入 2 支试管中。

② 取其中 1 管加入 1.5mL 左右 20% KOH 甲醇溶液，充分摇匀。片刻后，加入 3mL 苯，摇匀，再沿试管壁慢慢加入 1～1.5mL 去离子水，轻轻混匀（勿激烈摇荡），静置试管架上，观察液体的分层和颜色变化，并分析上层、下层的组成。

③ 对比 2 管，并拍照记录实验结果。

（2）叶绿素的荧光现象　取叶绿素提取液 2mL 放入试管中，在直射光下观察溶液的透射光及反射光的颜色有何不同。

（3）H^+ 和 Cu^{2+} 对叶绿素分子中 Mg^{2+} 的取代作用

① 吸取叶绿体色素提取液 3mL 放入试管中，将其稀释 5 倍，混匀。

② 取叶绿体色素稀释液 5mL 于另一支试管中，加入 30% 醋酸数滴，直至溶液颜色出现褐绿色（叶绿素分子已遭破坏，形成了去镁叶绿素）。拍照记录实验结果。

③ 将变褐色液体倾出一半于第三支试管中，投入少许醋酸铜晶体，微微加热液体，观察溶液颜色变化（又产生鲜亮的绿色，此即形成了铜代叶绿素）。

④ 3 管进行比较，拍照记录实验结果。解释上述颜色变化过程，并列出反应式。

（4）光对叶绿素的破坏作用

① 吸取叶绿体色素提取液 2mL 放入试管中，将其稀释 8～10 倍，混匀。

② 另取两支小试管，各加入上述稀释后的叶绿体色素提取液 3～5mL，一管放在强光下（晴天可放于室外，阴天需放置于光照恒温培养箱亮光处），另一管放在黑暗处（或用黑纸或锡箔纸包裹），1～2h 后观察两管溶液颜色有何区别，并拍照记录实验结果。

③ 或取上述实验"2. 叶绿体色素的色谱分离"所得的色谱分离滤纸条，将其拍照后放在强光下处理，约 1h 以后观察比较光照前后色谱分离滤纸条上各色素的颜色变化。将处理前后的图片放在一起对比实验结果。

五、注意事项

① 色素多涂抹几次，风干后再涂抹第二次。要求涂抹细、匀、直、浓。

② 涂抹的色素要适量，量多易发生拖尾，量少色带看不清。

③ 分离时一定要盖严试管，防止推动剂蒸发。

④ 提取得到的叶绿体色素先观察是否有血红色的荧光，如无荧光或荧光很弱，则表明提取液浓度较低。

⑤ 发生皂化反应的叶绿体色素溶液，在低温下易乳化而出现白絮状物，溶液浑浊，且不分层。可激烈摇匀，放在 30～40℃ 的水浴中加热，溶液很快分层，絮状物消失，溶液变得清澈透明。

六、结果记录及分析讨论

1. 叶绿素的分离提取

文字描述分离提取效果、现象，最好附图。

2. 叶绿素的色谱分离

① 色谱分离滤纸/图，标明各条带的颜色及对应色素类别。

② 标明色谱分离各条带的移动距离，并计算各条带的迁移率（R_f）。

3. 叶绿体色素的理化性质

① 叶绿素的皂化作用　从作用原理、反应式、实验现象角度分析该理化性质；要求附结果图，图要有图题，图中有对照样品，图片内有多个样品时应标识清楚。

② 叶绿素的荧光现象　要求同（1）。

③ H^+ 和 Cu^{2+} 对叶绿素分子中 Mg^{2+} 的取代作用　要求同（1）。

④ 光对叶绿素的破坏作用　要求同（1）。

4. 结果分析与讨论

① 实验是成功还是失败？实验结果是否正确？分析说明原因。

② 思考实验过程中存在哪些可以改进的步骤或方法。

七、思考题

① 为什么色素在色谱滤纸条上会分离成不同的色带？试从色谱分离的原理以及色素的化学结构等方面加以分析。

② 提取叶绿素时为什么要加入少量的 $CaCO_3$，加多了会出现什么问题？

③ 通过本实验，你对叶绿体的色素获得了哪些认识？

实验七　1,5-二磷酸核酮糖羧化/加氧酶 羧化活性的测定

一、实验目的

① 加深对 1,5-二磷酸核酮糖羧化/加氧酶的双功能特性的认识。

② 了解 1,5-二磷酸核酮糖羧化/加氧酶的双功能特性中的羧化活性及其测定方法。

二、实验原理

1,5-二磷酸核酮糖（ribulose-1,5-bisphosphate，RuBP）羧化/加氧酶（carboxylase/oxygenase，简称 Rubisco）是植物光合作用碳代谢中的一个关键酶，是植物中最丰富的蛋白质，主要存在于叶绿体的可溶部分，在叶绿素间质中浓度为 300mg/mL，总量约占叶绿体可溶蛋白的 $50\% \sim 60\%$。

Rubisco 是一种双功能酶，既可催化 RuBP 的羧化反应，即催化 RuBP 与 1 分子的 CO_2

结合产生 2 分子的 3-磷酸甘油酸（3-phosphoglycerate，PGA），反应式如下：

$$RuBP + CO_2 \xrightarrow[Mg^{2+}]{Rubisco} 2PGA$$

Rubisco 还可以催化加氧反应，即催化将 O_2 加在 RuBP 的 C2 位置上生成 1 分子的磷酸乙醇酸和 1 分子的 3-磷酸甘油酸（PGA）。

$$RuBP + O_2 \xrightarrow[Mg^{2+}]{Rubisco} 磷酸乙醇酸 + PGA$$

本实验从叶片中提取 Rubisco，以 1,5-二磷酸核酮糖（RuBP）和 $NaHCO_3$ 为底物，在 3-磷酸甘油酸激酶和 3-磷酸甘油醛脱氢酶的作用下，PGA 转变成 3-磷酸甘油醛（glyceraldehyde-3-phosphate-dehydrogenase，GAP），并使还原型辅酶Ⅰ（nicotinamide adenine dinucleotide，NADH）氧化，反应如下：

$$PGA + ATP \xrightarrow{3-磷酸甘油酸激酶} DPGA + ADP$$

$$DPGA + NADH + H^+ \xrightarrow{3-磷酸甘油醛脱氢酶} GAP + NAD^+ + Pi$$

由上述反应可以看出，固定一分子 CO_2 就有 2 分子 NADH 被氧化。由 340nm 处吸光值的变化可计算 NADH 被消耗的量，进而计算出 Rubisco 的羧化活性。为使 NADH 的氧化与 CO_2 的固定同步，需加入磷酸肌酸（creatine phosphate，CrP）和磷酸肌酸激酶的 ATP 再生系统。

$$ADP + Crp \xrightarrow{磷酸肌酸激酶} ATP + Cr$$

三、实验材料、仪器及试剂

1. 实验材料

新鲜植物叶片。

2. 实验仪器及耗材

紫外可见分光光度计、冷冻高速离心机、匀浆器、秒表、移液管等。

3. 实验试剂及配制方法

（1）50mmol/L ATP 溶液　称取 27.5575g 腺苷-5′-三磷酸二钠盐（ATP，分子量 551.14）溶于去离子水中，并定容至 1000mL。

（2）50mmol/L 磷酸肌酸溶液　称取 12.754g 磷酸肌酸二钠盐（分子量 255.08）溶于去离子水中，并定容至 1000mL。

（3）0.2mol/L $NaHCO_3$ 溶液　称取 16.802g $NaHCO_3$（分子量 84.01）溶于去离子水中，并定容至 1000mL。

（4）160U/mL 磷酸肌酸激酶溶液，160U/mL 磷酸甘油酸激酶溶液，160U/mL 磷酸甘油醛脱氢酶溶液（U 为酶活单位）　购买商品化上述酶，根据其包装的酶活性适当稀释即得。

（5）25mmol/L RuBP 溶液　称取 7.75g RuBP（$C_5H_{12}P_2O_{11}$，分子量 310.09）溶于去离子水中，并定容至 1000mL。

（6）5mmol/L NADH　称取 3.547g 还原型辅酶Ⅰ二钠盐（NADH-Na_2），溶于 0.01mol/L NaOH（pH 9～11 为宜）中，定容至 1000mL。应临用前配制，4℃ 保存使用。

（7）提取介质　40mmol/L pH 7.6 Tris-HCl 缓冲液，内含 10mmol/L $MgCl_2$（0.9521g/L）、0.25mmol/L EDTA（73mg/L）、5mmol/L 谷胱甘肽（1.537g/L）。配制方法：称取 4.846g

Tris 置于 1L 烧杯中，加入约 800mL 的去离子水充分搅拌均匀，然后加入 0.9521g $MgCl_2$ 搅拌均匀，再加入 EDTA 0.073g 和 1.537g 谷胱甘肽分别搅拌均匀，最后加入浓 HCl 适量调节至 pH 7.6，最终定容至 1000mL。

（8）反应介质 0.1mol/L pH 7.8 Tris-HCl 缓冲液，内含 12mmol/L $MgCl_2$（1.143g/L）、0.4mmol/L EDTA（0.117g/L）。配制方法：称取 12.114g Tris 置于 1L 烧杯中，加入约 800mL 的去离子水充分搅拌均匀，然后加入 1.143g $MgCl_2$ 搅拌均匀，再加入 EDTA 0.117g 搅拌均匀，最后加入浓 HCl 适量调节至 pH 7.8，最终定容至 1000mL。

四、实验步骤

1. Rubisco 酶粗提液的准备

取新鲜叶片 10g，洗净擦干，放匀浆器中，加入 10mL 预冷的提取介质，高速匀浆 30s，停 30s，交替进行 3 次；匀浆经 4 层纱布过滤，滤液于 2～4℃下，以 8000r/min 离心 15min，弃沉淀；上清液即 Rubisco 酶粗提液，置 0℃保存备用。

2. Rubisco 羧化活力测定

按表 4.7.1 配制酶反应体系。

表 4.7.1　酶反应体系配制表

序号	试剂	加入量/mL
1	5mmol/L NADH	0.2
2	50mmol/L ATP	0.2
3	Rubisco 酶提取液	0.1
4	50mmol/L 磷酸肌酸	0.2
5	0.2mol/L $NaHCO_3$	0.2
6	羧化反应介质	1.4
7	160U/mL 磷酸肌酸激酶	0.1
8	160U/mL 磷酸甘油酸激酶	0.1
9	160U/mL 磷酸甘油醛脱氢酶	0.1
10	去离子水	0.3

将配制好的反应体系摇匀，倒入比色杯内，以去离子水为空白，在紫外分光光度计上测 340nm 处反应体系的吸光值，作为零点值。将 0.1mL RuBP 加于比色杯内，立即计时并测定 0s 时的吸光值（A_0），之后每 15s 测一次吸光值，共测 3min。以 0s 到第 1min（A_1）内吸光值下降的绝对值 ΔA_1（$\Delta A_1 = |A_1 - A_0|$）计算酶活力。

由于酶提取液中可能存在 PGA，会使酶活力的测定产生误差，因此除上述测定外还需做一个不加 RuBP（以 0.1mL 去离子水替代）的对照。对照的反应体系与上述酶反应体系完全相同，所不同的仅仅是把酶提取液放在最后加，加入后马上测定此反应体系在 340nm 处的吸光值（A_0'），并记录前 1min（A_1'）内吸光值的变化量 ΔA_2（$\Delta A_2 = |A_1' - A_0'|$）。计算酶活力时应减去这一变化量。

3. Rubisco 羧化活力的计算

Rubisco 羧化活力用每毫升粗酶液每分钟固定 CO_2 的量（μmol）来计算。

$$酶活力[\mu mol\ CO_2/(mL\ 酶液\cdot min)] = \frac{\Delta A}{6.22 \times 2 \times d \times \Delta t} \times \frac{V_t}{V_s} \qquad (4.7.1)$$

式中，ΔA 为 Rubisco 酶活力测定反应最初 1 min 内 340 nm 处吸光值变化的绝对值减去对照液最初 1 min 的变化量，即 $\Delta A = |\Delta A_1 - \Delta A_2|$；$V_s$ 为活力测定所用 Rubisco 酶粗提液的体积，0.1mL；6.22 为 $1\mu mol$ NADH 在 340 nm 处的吸光系数；2 为每固定 1mol CO_2 有 2mol NADH 被氧化；V_t 为 Rubisco 酶反应体系总体积，3mL；d 为比色皿光程，cm；Δt 为测定时间，1min。

五、注意事项

RuBP 很不稳定，特别是在碱性环境中，因而该溶液使用注意要在 pH 5.0～6.5 范围内，最好现用现配；或者以 100mmol/L 的浓度保存于 -20℃冰箱中，用前稀释即可，但是储存液的使用不宜超过 2～4 周。

六、结果记录及分析讨论

1. 实验结果记录

列表记录实验测定结果。

2. 计算

Rubisco 羧化活力计算。

3. 结果分析与讨论

查阅文献或资料，正常生长的植物体内 Rubisco 羧化活力如何？实验结果是否相符？试分析说明导致该结果的原因。

七、思考题

① Rubisco 在光合作用中起什么作用？
② 为什么加入 ATP 再生系统可使 NADH 的氧化与 CO_2 的还原同步？

实验八　植物体内多酚氧化酶活性的测定

一、实验目的

① 学习植物体内多酚氧化酶活性的分光光度测定法。
② 了解多酚氧化酶的活性与植物组织褐变以及生理活动之间的关系。

二、实验原理

众所周知，马铃薯、茄子、苹果等去皮切分后非常容易发生酶促褐变，这一现象是马铃薯加工产业必须解决的难题。其中，多酚氧化酶是导致马铃薯等果蔬发生酶促褐变的重要酶类。多酚氧化酶（polyphenol oxidase，PPO），又称儿茶酚氧化酶，是自然界中分布极广的一种含铜氧化酶，分子量约为 125000，最适 pH 为 6.5，最适温度为 2℃。正常情况下，酚氧化酶和底物在细胞质中是分隔开的，当细胞受到机械损伤或病菌侵染细胞结构部分解体时，PPO 催化邻苯二酚（儿茶酚）与 O_2 氧化形成棕褐色的邻醌，使组织形成褐变。褐变生成的醌类物质在 525nm 波长处有最大吸收峰，其吸光值与产物的生成量呈正相关，可据此测定多酚氧化酶的活性。多酚氧化酶催化的反应如下：

$$邻苯二酚（儿茶酚）+ \frac{1}{2}O_2 \xrightarrow{\text{多酚氧化酶}} 邻醌 + H_2O$$

三、实验材料、仪器及试剂

1. 实验材料

马铃薯块茎、茄子或苹果等，注意植物样品在处理前勿碰伤搓揉。

2. 实验仪器及耗材

研钵、分光光度计、比色皿、低温冷冻离心机、恒温水浴、匀浆机、试管、移液管、纱布、烧杯、量筒、容量瓶、标签纸等。

3. 实验试剂及配制方法

（1）0.1mol/L pH 6.5 KH_2PO_4-NaOH 缓冲液　称取 KH_2PO_4 6.8g，加 0.1mol/L NaOH 溶液 152mL，加去离子水定容至 1000mL，即得。

（2）0.1mol/L 儿茶酚溶液　称取 11.011g 儿茶酚溶于去离子水中，并定容至 1000mL。

（3）聚乙烯吡咯烷酮。

四、实验步骤

1. PPO 粗提液的制备

马铃薯块茎洗净去皮，切碎，称取 5g 放置于研钵中，加入 0.5g 不溶性聚乙烯吡咯烷酮（事先用去离子水浸洗，然后过滤以除去杂质）和 2～4℃提前预冷的 10mL 0.1mol/L pH 6.5 KH_2PO_4-NaOH 缓冲液，研磨成匀浆，转入离心管中，再用 5mL 0.1mol/L pH 6.5 KH_2PO_4-NaOH 缓冲液冲洗研钵，合并提取液，在 4℃下以 8000r/min 离心 5min，所得上清液即为 PPO 粗提液。量取该粗提液的体积 V（_____ mL），低温下保存备用。

2. PPO 活性的测定

取试管 4 支，按表 4.8.1 在试管中加入 3.9mL 0.1mol/L pH 6.5 KH_2PO_4-NaOH 缓冲液、1.0mL 0.1mol/L 儿茶酚，样品测定管加入 0.5mL PPO 粗提液（可视酶活性大小适当增减用量），空白调零管加入等量的磷酸缓冲液，迅速摇匀，立刻倒入比色皿内于 525nm 波长处测定反应体系的吸光度值，从 0s 开始记录吸光度值，每隔 30s 测定一次，在 1～2min 内测定吸光度变化值，共测定并记录 5 次。

表 4.8.1　PPO 酶活性测定试剂表

试剂	空白对照	PPO 测定		
		试样 1	试样 2	试样 3
0.1mol/L pH 6.5 KH_2PO_4-NaOH 缓冲液/mL	3.9	3.9	3.9	3.9
0.1mol/L 儿茶酚/mL	1.0	1.0	1.0	1.0
PPO 粗提液/mL	—	0.5	0.5	0.5
0.1mol/L pH 6.5 KH_2PO_4-NaOH 缓冲液/mL	0.5	—	—	—

3. 酶活性的计算

以 1min 内 ΔA_{525} 值变化 0.01 为 1 个酶活力单位，按下式计算多酚氧化酶的活力和比活性。

$$PPO\ 酶活力(U/min) = \frac{\Delta A_{525} V_T}{V_S \times 0.01 \times t} \qquad (4.8.1)$$

$$PPO\ 的比活性[U/(g\ FW \cdot min)] = \frac{\Delta A_{525} V_T}{W V_S \times 0.01 \times t} \qquad (4.8.2)$$

式中，ΔA_{525} 为反应时间内吸光度的变化值；V_T 为提取酶液的总体积，mL；W 为所取用的样品鲜重，g；V_S 为测定时取用酶液的体积，mL；t 为反应时间，min。

五、注意事项

因马铃薯、茄子、苹果等去皮切分后非常容易发生酶促褐变，为简化操作，一般用粗酶液测定多酚氧化酶活性。

六、结果记录及分析讨论

1. 实验结果记录

列表记录实验测定结果。

2. PPO 活性计算

计算第 1min 末和第 2min 末的 PPO 活力和比活性，并比较所得数据，说明其代表的意义。

3. 结果分析与讨论

查阅文献或资料，说明实验结果是否合理，试分析说明导致该结果的原因，并探讨提高实验结果精度的方法。

七、思考题

① 联系理论知识，多酚氧化酶活性与植物的"伤呼吸"有何关系？
② 联系实际生活，谈谈你对多酚氧化酶及其活性的认识。

实验九 迷迭香精油提取及成分鉴定

一、实验目的

① 了解植物精油的提取工艺流程。
② 熟悉天然活性成分鉴定方法。

二、实验原理

从迷迭香叶片中提取的挥发性物质即精油，是一种无色至淡黄色的挥发性液体，可清除活性氧自由基，具有保肝、利胆、抑瘤作用，在食品、化妆品和医疗方面有其独特的效果。微波法提取时间短、产物收率高，是近年流行的快速精油提取方法。微波辅助水蒸气蒸馏法提取迷迭香精油在显著提高提取效率的同时，可获得纯净的迷迭香精油。

迷迭香精油具有浓郁辛香，在抗氧化、抗菌、美容、抗肿瘤、消炎、抗心血管疾病等诸多方面有作用，这些功能主要与其精油中的 α-蒎烯、樟脑、1,8-桉叶素、莰烯、龙脑等成分有关。由于精油成分十分复杂，可采用气相色谱-质谱（gas chromatography-mass spectrometer，GC-MS）法对其中的化学成分进行定性和定量检测，为精油的品质控制提供技术支持。

三、实验材料、仪器及试剂

1. 实验材料

迷迭香鲜叶或干叶，购自湖南慕她生物科技发展有限公司香料产业园。

2. 实验仪器及耗材

电子天平、组织搅碎机、微波-超声波合成萃取仪、恒温水浴锅、离心机、干燥箱、旋转蒸发器、气相色谱-质谱联用仪等；烧杯、40目筛、保鲜袋、圆底烧瓶、量筒、干燥试管、标签纸、称量纸、称量勺、进样注射器等。

3. 实验试剂

NaCl、乙醚、无水硫酸钠、无水乙醇，以上试剂均为分析纯。

四、实验步骤

1. 迷迭香精油的微波辅助水蒸气蒸馏法提取

将采集的迷迭香新鲜叶片洗干净，45℃干燥至恒重，用组织搅碎机将迷迭香干样粉碎，过40目筛后，装入保鲜袋贴上标签备用。称取粉碎后的迷迭香干样100g置于500mL圆底烧瓶中，按比例1:10加水浸泡1h，再加入一定量的NaCl，至其充分溶解后置于微波-超声波合成萃取仪中，上端连接冷凝管和挥发油提取器，设置微波功率为500W，温度为80℃，进行3h的微波辅助-水蒸气蒸馏提取迷迭香精油，直至没有更多的精油被提取出来方可停止。向蒸馏液中加入定量乙醚进行萃取，所得产物为淡黄色油状液体，具有强烈的芳香气味；再加入无水硫酸钠进行干燥，在无水分的基础上量取蒸馏液体积，称重，计算出精油产量。

2. 迷迭香精油成分鉴定

检测方法：气相色谱-质谱法。

气相色谱条件：石英毛细管柱，采用程序升温：起始温度40℃，保持3min，以5℃/min升至120℃，再以10℃/min升至250℃，保持3min。进样口温度为250℃，载气为氮气，柱流速度1mL/min，分流比为1:20，分流量为20mL/min。进样量2μL（10μL迷迭香精油溶于190μL正己烷中）。

质谱条件：EI离子源，电离电压70eV；离子源温度250℃；扫描范围50~600aum；扫描速率：5次/s；电压：1300V。

所提取的精油化合物的质谱峰通过从数据库（Mainlab图书馆和Replib库）中与类似化合物进行对比，以及通过比较它们的气相色谱保留指数与参阅相关文献确定。应用色谱峰面积归一化法测定各成分的质量分数，数据由软件进行分析。

五、注意事项

迷迭香精油的沸点较低，迷迭香鲜叶提取效果会较干叶提取效果好。

六、结果记录及分析讨论

1. 计算

迷迭香精油提取率的计算。

2. 迷迭香精油成分鉴定

附气相色谱-质谱图及主要成分类别分析。

3. 结果分析与讨论

① 试比较实验测得的迷迭香精油提取率是否符合文献报道结果。若不符合，试全面分析导致实验误差的原因。

② 查阅文献或资料，对比迷迭香精油成分含量，试分析说明导致该结果的原因。

七、思考题

① 利用所学知识，分析提取迷迭香精油的注意事项。

② 列举生活中你所接触到的迷迭香精油产品及其功效。

实验十　种子生活力的快速测定

一、实验目的

① 熟悉种子生活力快速测定的原理和方法。

② 掌握并能实际应用种子生活力快速测定技术。

二、实验原理

种子生活力是指种子能够萌发的潜在能力或种胚具有的生命力。种子成熟采收之后，由于储藏条件不当往往会使种子的品质劣变，影响种子发芽、幼苗的健壮成长，最终影响经济产量。这是由于细胞的结构和生理功能受到损害所致。因此，了解和掌握快速测定种子生活力的方法在实际生活中非常必要。

氯化三苯四氮唑法（TTC 法）：凡有生命活力的种子胚部，在呼吸作用过程中都有氧化还原反应，在呼吸代谢途径中由脱氢酶催化所脱下来的氢可以将无色的 TTC 还原为红色、不溶性三苯基甲𬭩（TTF）（图 4.10.1）；而且种子的生活力越强，代谢活动越旺盛，被染成红色的程度越深。种胚生活力衰退或部分丧失生活力，则染色较浅或局部被染色。死亡的种子由于没有呼吸作用，因而不会将 TTC 还原为红色。因此，可以根据种胚染色的部位以及染色的深浅程度来判定种子的生活力。

溴麝香草酚蓝法（BTB 法）：凡活细胞必有呼吸作用，吸收空气中的 O_2 放出 CO_2。

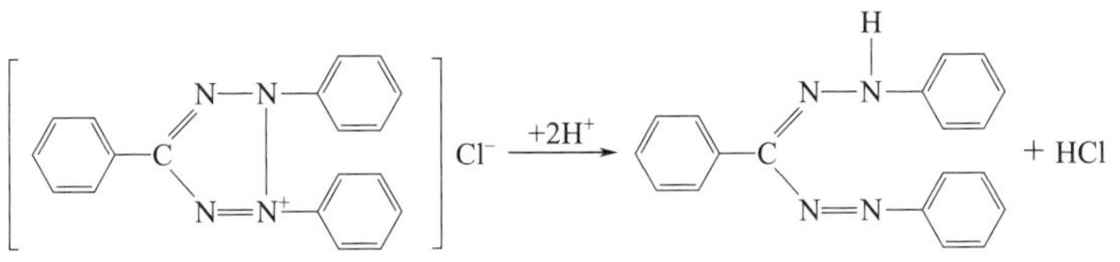

图 4.10.1　氯化三苯四氮唑法变色反应原理

CO_2 溶于去离子水成为 H_2CO_3，H_2CO_3 解离成 H^+ 和 HCO_3^-，使得种胚周围环境的酸度增加，可用溴麝香草酚蓝（BTB）来测定酸度的改变。BTB 的变色范围为 pH 6.0~7.6，酸性呈黄色，碱性呈蓝色，中间经过绿色（变色点为 pH 7.1），其色泽差异显著，易于观察。

三、实验材料、仪器及试剂

1．实验材料

小麦、大麦、玉米、籼谷或粳谷等种子。

2．实验仪器及耗材

电子天平、恒温箱、烧杯、培养皿、镊子、刀片、漏斗、滤纸、胶头移液管、量筒、容量瓶、吸水纸、标签纸等。

3．实验试剂及配制方法

（1）0.5％TTC 溶液　称取 0.5g TTC 放在烧杯中，加入少许95％乙醇使其溶解，然后用去离子水稀释至 100mL。溶液避光保存，若变红色，则不能再用。

（2）0.1％BTB 溶液　称取 BTB 0.1g，溶解于 100mL 煮沸过的自来水中（配制指示剂的水应为微碱性，使溶液呈蓝色或蓝绿色，去离子水为微酸性不宜用），然后用滤纸滤去残渣。滤液若呈黄色，可加数滴稀氨水，使之变为蓝色或蓝绿色。此液储于棕色瓶中可长期保存。

（3）0.1％BTB 琼脂凝胶　取 0.1％BTB 溶液 100mL 置于烧杯中，将 1g 琼脂剪碎后加入，用小火加热并不断搅拌。待琼脂完全溶解后，趁热倒在数个干净的培养皿中，使成一均匀的薄层，冷却后使用。

四、实验步骤

1．氯化三苯四氮唑法（TTC 法）

（1）浸种　将待测种子在 30~35℃温水中浸种（大麦、小麦、籼谷 6~8h，玉米 5h，粳谷 2h），以增强种胚的呼吸强度，使显色迅速。

（2）显色　取吸胀的种子 200 粒，用刀片沿种子胚的中心线纵切为两半，将其中的一半置于 2 只培养皿中，每皿 100 个半粒，加入适量的 0.5％ TTC 溶液，以覆盖种子为度。然后置于 30℃恒温箱中 1h。观察结果，凡胚被染为红色的是活种子。将另一半在沸水中煮 5min 杀死胚，作同样染色处理，作为对照观察。

（3）计算　计算活种子的百分率。

2. 溴麝香草酚蓝法（BTB 法）

（1）浸种　同上述 TTC 法。

（2）显色　取吸胀的种子 200 粒，整齐地埋于准备好的琼脂凝胶培养皿中，种子胚朝下平放，间隔距离至少 1cm。然后将培养皿置于 30～35℃下培养 2～4h，在蓝色背景下观察，如种胚附近呈现较深的黄色晕圈是活种子，否则是死种子。用沸水杀死的种子作同样处理，进行对比观察。

（3）计算　计数种胚附近呈现较深黄色晕圈的活种子数，计算活种子的百分率。

五、注意事项

① 选取种子的时候，要尽量选取未发芽的种子，避免影响测定。

② 添加染色液时，要使染液尽量没过种胚，使种胚和染液充分接触。

③ 染色时间要尽量控制在规定时间内，染色时间过长或过短都会影响结果测定。

六、结果记录及分析讨论

① TTC 法种子生活力的测定数据记录及活种子百分率计算。

② BTB 法种子生活力的测定数据记录及活种子百分率计算。

③ 对比 TTC 法和 BTB 法测定所得的活种子的百分率，结果是否一致？与实际情况是否相符？试分析引起实验误差的原因有哪些？

七、思考题

① 查阅资料，除上述两种方法外，还有哪些快速方法可以测定种子的发芽率？

② 在实际生活中，有哪些情况可以应用到种子生活力的快速测定？

第五章　人体解剖生理学实验

　　人体解剖生理学实验是高等院校生物学专业教学中的一门非常重要的专业实验课程，它包括正常人体的大体解剖结构与微观细胞和组织形态观察、生理指标测定以及机体正常形态结构与生理功能的关系等相关内容。

　　几乎所有有关人体解剖生理的知识都是来自解剖学和生理学实验，因此做好本课程实验对学好人体解剖生理学理论知识至关重要。本实验课的主要目的是使学生掌握解剖学和生理学的基本实验方法，了解生理学实验设计的基本原理，掌握基本实验技术，并在此基础上提高学生实际分析问题和解决问题的能力，培养学生实事求是的科学态度、严谨求实的科学作风及创新务实的科研意识，为今后的科研工作奠定基础。

实验一　人体组织玻片制作及显微观察

一、实验目的

① 显微镜观察人体四大组织细胞永久切片，认识各种类型组织结构特点及分布。

② 学习人体口腔上皮细胞玻片的制作及观察。

二、实验材料、仪器及试剂

1. 实验材料

神经组织、肌肉组织、结缔组织、上皮组织永久组织玻片，人体口腔上皮细胞。

2. 实验仪器及耗材

显微镜、载玻片、盖玻片、擦镜纸、消毒牙签、消毒棉签等。

3. 实验试剂及配制方法

　　(1) 1%曙红（曙红 Y，又称四溴荧光黄）水溶液　详见附录 6 常用细胞及组织染色液的配制。

　　(2) 1%乙酸水溶液（体积分数）　由 1mL 冰醋酸和 99mL 去离子水组成，属于弱酸，是一种非常重要的辅助试剂。

　　(3) 0.9%生理盐水　详见附录 4 常用生理盐溶液的成分及配制。

　　(4) 林格溶液（Ringer's solution）　详见附录 4 常用生理盐溶液的成分及配制。

　　(5) 0.1%亚甲蓝溶液　称取烘干亚甲蓝 0.500g，倒入盛有加热至 35～40℃的蒸馏水中，用搅拌棒搅拌 40min 直至亚甲蓝完全溶解，冷却至 20℃，定容至 500mL。

三、实验步骤

1. 上皮组织的观察

（1）观察可选标本

① 被覆上皮　单层扁平上皮肠系膜装片（镀银染色）、单层立方上皮人肾切片（HE染色）、单层柱状上皮人小肠切片（纵切、HE染色）、假复层纤毛柱状上皮气管切片（横断，HE染色）、复层扁平上皮食管切片（横断，HE染色）、变移上皮膀胱切片（HE染色）。

② 腺上皮　舌下腺切片（HE染色）、回肠切片（Schff试剂、阿利新蓝、苏木精染色）。

（2）复层扁平上皮——人口腔上皮组织玻片的制作　用清水漱口（需同学们课前自己准备），去除口腔内的饭粒等残留物，将消毒牙签的钝端或棉签伸进自己的口腔，在颊部黏膜轻刮几下，把黏附着细胞的牙签薄而均匀地涂在洁净的滴有生理盐水（维持细胞的正常形态）的载玻片中央（注意不要涂得太厚。判断是否取到上皮细胞，可以通过观察生理盐水的浑浊度来判断：太浑浊则所取的细胞不纯，有杂物；太清澈则说明未取到细胞，或者所取细胞太少），滴一滴1%曙红溶液，加盖玻片，即可用于后续观察。

（3）假复层纤毛柱状上皮游离面活动纤毛观察材料制备　取一蟾蜍或蛙，用自来水将其冲洗干净，然后用毁髓针捣毁其脑和脊髓，剪取蛙舌、腭、咽部黏膜放在滴有适量生理盐水的玻片上，即可用于活动纤毛的观察。

（4）观察　每人/组分别选择上皮组织玻片3～5张，肉眼及显微镜低倍镜、高倍镜下分别观察永久玻片或自制玻片。拍照并以文字描述该类组织的基本形态和结构特点，并查阅资料标识图片中主要结构或部位名称。

2. 结缔组织的观察

（1）观察可选标本

① 疏松结缔组织　食管切片（HE染色）、皮下结缔组织铺片［活体台盼蓝注射，格莫瑞（Gomori）醛-苏木精、曙红、橘黄复染法］。

② 致密结缔组织　手指皮肤切片（HE染色）、肌腱纵切片（HE染色）。

③ 软骨与骨组织　气管软骨切片（HE染色）、椎间盘切片（HE染色）、骨横切片（硫堇-苦味酸染色）。

④ 脂肪组织　人的体皮（HE染色）。

⑤ 网状结缔组织　淋巴结切片（镀银染色）。

（2）观察　相应要求同上皮组织。

3. 肌肉组织的观察

（1）观察可选标本

① 骨骼肌　骨骼肌纵、横切片（铁苏木精染色）。

② 心肌　心肌切片（磷钨酸-苏木精染色）。

③ 平滑肌　平滑肌分离装片（卡红染色）、膀胱切片（HE染色）。

（2）骨骼肌的铺片制作　取蟾蜍后肢上的一小束肌肉，放于载玻片上，加一滴任氏溶液，用玻璃分针将肌肉分离开，加盖盖玻片，用低倍镜观察，可见粗而圆的纤维状肌细胞。

把视野调暗，可见细胞表面的横纹。然后从载物台上取下载玻片，在盖玻片的一侧加一滴1％乙酸溶液，在另一侧用吸水纸吸引，作用 2～3min，镜检可见位于肌细胞周边的椭圆形细胞核。

（3）观察　相应要求同上皮组织。

4．神经组织的观察

（1）观察可选标本

① 神经元的形态结构　脊髓神经元分离装片（亚甲基蓝染色）、脊髓横切片（HE染色）。

② 运动终板　运动终板压片（氯化金染色）。

③ 环层小体与触觉小体　手指皮肤切片（HE染色）。

（2）坐骨神经简易分离装片制作　取新鲜的蛙坐骨神经一小段，置于载玻片上，滴少许林格溶液，用玻璃分针充分分离（沿着神经纤维长轴方向）。而后加一滴 0.1％亚甲蓝溶液，并加上盖玻片，用吸水纸吸去多余的液体，以待观察。

（3）观察　相应要求同上皮组织。

四、注意事项

① 显微观察时，光源使用过程中会发热，长时间会导致光源损坏，因此使用过程中应做到使用时打开光源，用毕或者中间取样休息时应及时关闭光源，以延长使用寿命。

② 显微镜镜头要合理使用，在转动粗或微调螺旋时不要用力过猛过快，以免损坏镜头。

五、结果记录及分析讨论

1．人体四种基本组织自制或永久玻片观察

结果记录于表 5.1.1。

表 5.1.1　人体基本组织显微观察现象记录

组织	类别	观察现象记录（基本形态和结构特点）		
		肉眼	低倍镜	高倍镜
上皮组织				
结缔组织				
肌肉组织				
神经组织				

2. 人体基本组织显微观察代表图片

查阅资料，在上述实验结果代表图片中以文字标识主要的结构或部位名称。

六、思考题

① 总结上皮组织的结构特点、分布部位和功能。

② 结缔组织可分为几种？它们的结构特点、分布和功能分别是什么？

③ 结合实验中观察到的结果，试比较三种肌肉组织在结构上的不同。光镜下如何区分？

④ 画图表示神经细胞的结构并标明各部分的名称。

实验二　人体 ABO 血型、Rh 血型的鉴定

一、实验目的

① 学习以玻片法鉴定人体的血型。

② 观察红细胞凝集现象，掌握 ABO 血型及 Rh 血型的鉴定原理。

二、实验原理

血型是根据存在于红细胞膜外表面的特异抗原（镶嵌在红细胞膜上的特异性糖蛋白）的类型来确定的，这些抗原（或称凝集原）是由遗传基因决定的。在 ABO 血型系统中，根据红细胞膜上所含凝集原（A、B 凝集原）的种类和有无，将血型分为 A（含 A 凝集原）、B（含 B 凝集原）、AB（含 A、B 凝集原）、O（不含凝集原）四种类型。在人类血浆中含有与上述抗原相对应的天然抗体（或称凝集素），包括抗 A、抗 B 凝集素。

以 A 型血为例，体内 A 抗原和抗 B 抗体同时存在，不会发生凝聚现象；而 A 抗原加抗 A 抗体则产生凝集反应，即红细胞彼此凝集在一起，成为肉眼可见的细胞团，继而红细胞破裂释放出血红蛋白。因此，将受试者的红细胞分别与抗 A 抗体和抗 B 抗体混合，观察有无凝集现象，即可判定受试者红细胞膜上有无 A 或/和 B 抗原，从而鉴定受试者的血型。如图 5.2.1 左所示。

除此之外，人体最为常见的是 Rh 血型系统。在人 Rh 血型系统中，红细胞膜上有几种不同类型的 Rh 因子，其中 D 因子的抗原性最强。当红细胞膜上含有 D 抗原时称为 Rh 阳性，用 Rh（＋）表示；当缺乏 D 抗原时即为 Rh 阴性，用 Rh（－）表示，俗称"熊猫血"。Rh 阳性血型在我国汉族及大多数民族中约占 99.7%，个别少数民族约为 90%。在国外的一些民族中，Rh 阳性血型的人约为 85%，在欧美白种人中，Rh 阴性血型人约占 15%。Rh 阴性个体的血清中不存在天然的抗 Rh 因子的抗体，而是因输入人 Rh 阳性个体的血细胞导致血清中出现 Rh 抗体。Rh 血型鉴定的方法就是利用 D 抗原及其抗体的凝集反应，将受试者的血液加入标准抗 D 血清（含 Rh 因子抗体），观察有无红细胞凝集现象发生，从而判断受试者为 Rh 阳性或 Rh 阴性。如图 5.2.1 右所示。

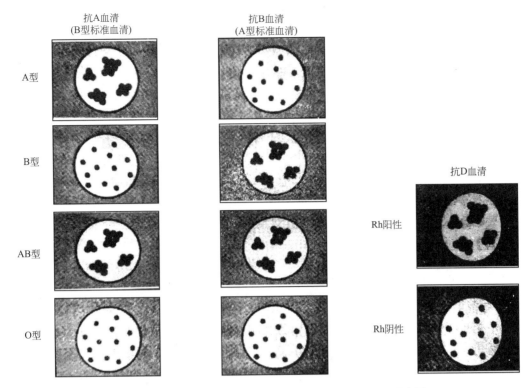

图 5.2.1　ABO 血型鉴定（左）和 Rh 血型鉴定（右）示意图

（摘自艾洪滨，人体解剖生理学实验教程，第三版，72）

三、实验材料、仪器及试剂

1．实验材料

新鲜人血。

2．实验仪器及耗材

采血针、消毒棉签、酒精棉球、载玻片、记号笔、牙签、10mL 平底试管、塑料试管架、移液器 2～20μL 和移液器 1mL 及配套枪头。

3．实验试剂

标准 A 型和 B 型血清，标准 D 型血清，75％医用酒精，生理盐水（0.9％ NaCl 溶液），去离子水。

四、实验步骤

1．人体 ABO 血型的鉴定

① 取洁净的载玻片一块，在其两端用记号笔分别标明抗 A 端与抗 B 端，并注明受试者信息。将标准 A 型、B 型血清试剂盒中的抗 A 抗体滴在抗 A 端、抗 B 抗体滴在抗 B 端，各 1 滴，保持用量均匀即可。

② 用 75％酒精棉球消毒左手中指或无名指端，待酒精挥发后，用消毒采血针刺破皮肤。用 2～20μL 微量移液器取 8～10μL 血液直接滴于载玻片两侧的血清上，迅速用两支牙签分

别混匀，注意严防两种血清接触。

③ 10～15min 后用肉眼观察有无凝集现象。如无凝集现象，再分别用牙签搅匀，半小时后观察并谨慎判定血型。如有凝集反应可见到呈红色点状或小片状集块突起。先用肉眼观察有无凝集现象，肉眼不易分辨时，则在低倍镜下观察，如有凝集反应，可见红细胞团块。

④ 拍照记录受试者血型检测结果，判定血型。

2. 人体 Rh 血型的鉴定

取洁净的载玻片一块，做好标记，将标准 D 血清试剂盒中的抗 D 滴于玻片中央，按照上述方法采血、混匀，观察实验现象，并作出结果判断。

五、注意事项

① 所有针头使用前必须酒精消毒！且为一次性用品，只能个人使用，不得交叉使用！使用需小心，不得针扎他人！使用后将针帽盖好后统一放置回收。

② 吸 A 型、B 型标准血清及红细胞悬液时，应使用不同的滴管。任何时候都不能有所混合。

③ 红细胞悬液及标准血清须新鲜，因污染后会产生假凝集。

④ 肉眼看不清凝集现象时，在低倍显微镜下观察。

⑤ 红细胞悬液不能太浓，否则易发生红细胞叠连；也不能太淡，否则不能形成肉眼可观察的血块。

⑥ 判断红细胞凝集，要有足够的时间。如室温过低，可延长观察时间，或将载玻片保持在 37℃ 培养箱中。

⑦ 请节约使用标准 A、B 型血清，不得私自带走。

六、结果记录及分析讨论

① ABO 血型检查现象及结果判断：要求贴图，注明测试人姓名、试剂名称以及实验现象描述，结论清晰。若已知自己血型者，请确认检测结果是否正确。

② Rh 血型检查现象及结果判断，要求同①。

③ 根据自己血型信息，进行遗传学和输血可能性分析。

七、思考题

① 哪些因素可影响血型鉴定实验结果的准确性？

② 查阅资料，试述实际医疗操作中输血的原则有哪些？

③ 查阅资料，试述血型测定的实际意义有哪些？

实验三　红细胞渗透脆性的测定

一、实验目的

① 学习测定正常动物红细胞渗透脆性的方法，理解细胞外液渗透压对维持细胞正常形

态与功能的重要性。

② 学会配制不同浓度的低渗盐溶液，观察在不同的盐溶液浓度时红细胞的溶血情况，并记录红细胞的最大脆性及最小脆性。

二、实验原理

正常情况下，哺乳动物红细胞内的渗透压与血浆的渗透压相等，约等于 0.9% NaCl 溶液的渗透压，将红细胞悬浮于等渗溶液中，其形态与容积保持不变。若将红细胞悬浮于高渗溶液中，红细胞形态与容积因失水变得皱缩；若将红细胞悬浮于低渗溶液中，水分进入红细胞使红细胞膨胀甚至破裂溶解。

当环境渗透压过低，红细胞会因膨胀而破裂，释放血红蛋白，称为溶血。红细胞在低渗溶液中的溶血现象称为红细胞的渗透脆性。红细胞膜对低渗溶液的抵抗力越大，红细胞在低渗溶液中越不容易发生溶血，即红细胞渗透脆性越小。将血液滴入不同的低渗溶液中，可检查红细胞膜对低渗溶液抵抗力的大小。开始出现溶血现象的低渗溶液浓度为该血液红细胞的最小抵抗力，即最大脆性；开始出现完全溶血时的低渗溶液浓度为该血液红细胞的最大抵抗力，即最小脆性。对低渗溶液的抵抗力小表示红细胞脆性高；反之则表示脆性低。正常人红细胞的最大脆性为 0.40% ~ 0.45% NaCl 溶液，最小脆性为 0.30% ~ 0.35% NaCl 溶液。

三、实验材料、仪器及试剂

1. 实验材料

新鲜人血。

2. 实验仪器及耗材

采血针、消毒棉签、酒精棉球、载玻片、记号笔、牙签、10mL 平底试管、塑料试管架、移液器 2~20μL 和移液器 1mL 及配套枪头。

3. 实验试剂

75% 医用酒精，生理盐水（0.9% NaCl 溶液）；1% NaCl 溶液（1~2L，用于配制梯度 NaCl 溶液）及不同浓度梯度（0.25%~0.70%）NaCl 溶液，去离子水。

四、实验步骤

1. 不同浓度低渗盐溶液的制备

取 10mL 小试管 10 支，编号并排列于试管架上。参照表 5.3.1 向各试管中分别加入不同量的 1% NaCl 溶液，再向各试管中加入不同量的去离子水，使其总体积为 2mL。

表 5.3.1　各种低渗盐溶液的配制

管号	1	2	3	4	5	6	7	8	9	10
1% NaCl/mL	1.40	1.30	1.20	1.10	1.00	0.90	0.80	0.70	0.60	0.50
去离子水/mL	0.60	0.70	0.80	0.90	1.00	1.10	1.20	1.30	1.40	1.50
NaCl 终浓度/%	0.70	0.65	0.60	0.55	0.50	0.45	0.40	0.35	0.30	0.25

2. 采血

用75％酒精棉球消毒左手中指或无名指端，待酒精挥发后，用消毒采血针刺破皮肤。用2～20μL微量移液器取10μL血液（加血量需保持一致，便于后续比较观察），加入准备好的不同浓度的低渗盐溶液中，滴加血液时要靠近液面，使血液轻轻滴入溶液中。

3. 红细胞脆性观察

轻轻使血液与盐溶液充分混合均匀（避免剧烈机械振动引起的人为性溶血出现），在室温下放置45min至1h，然后根据混合液的颜色进行观察。所出现的实验现象可分为下列3种。拍照记录实验结果。

① 试管内液体完全变成透明红色，说明红细胞完全破裂溶血，即全部溶血（＋）。引起红细胞最先出现完全溶血的盐溶液浓度为红细胞对低渗盐溶液的最大抵抗力即最小脆性。

② 试管下层为浑浊红色，管底有少量沉淀（红细胞），而上层出现透明红色，表示部分红细胞破裂溶血，称为不完全溶血或部分溶血（±）。开始出现部分溶血时的盐溶液浓度为红细胞对低渗盐溶液的最小抵抗力即最大脆性。

③ 试管下层为浑浊红色，管底有多量红细胞成点，上层无色或为极淡的红色，这表示红细胞没有溶解，即未发生溶血（－）。

五、注意事项

① 试管应编号并顺序加入不同量的1％ NaCl 溶液，如果浓度梯度顺序被打乱，则无法解释结果。

② 微量移液器及枪头应保持干燥，避免其他因素引起的溶血。

③ 采血时要注意速度，滴加血液时要靠近液面，使血液轻轻滴入溶液中。

六、实验结果记录及分析

1. 实验结果记录

将实验结果记录于表5.3.2中。

表 5.3.2　实验结果记录

管号	1	2	3	4	5	6	7	8	9	10
NaCl 浓度/％	0.70	0.65	0.60	0.55	0.50	0.45	0.40	0.35	0.30	0.25
实验现象										
最大/小脆性										

备注：实验现象类别为全部溶血（＋），不完全溶血或部分溶血（±），未发生溶血（－）。
　　　实验结果最好附图以支撑上述实验结果，要求图片有标题，试管要编号。

2. 红细胞渗透脆性范围结果确定

红细胞渗透脆性范围：

3. 分析与讨论

测定结果是否符合正常范围？导致该结果的原因有哪些？

七、思考题

① 红细胞的形态特点与其生理特征有何关系？

② 根据所得实验结果，分析血浆晶体渗透压保持相对稳定的生理意义。

实验四　眼球的形态结构观察

一、实验目的

通过观摩人眼球及眼眶模型以及显微观察眼球切片标本，掌握眼球的解剖结构和视网膜的显微结构。

二、实验原理

眼，又称为视器，是引起视觉的外周感觉器官，帮助人类认识外界世界。认识眼的结构对我们日常保护眼睛具有非常重要的意义。

三、实验器材

1．实验材料

眼球与眼眶模型，人体六倍眼球放大解剖模型；眼球的水平切片（HE 染色）。

2．实验仪器及耗材

显微镜、载玻片及盖玻片、擦镜纸、镊子、解剖刀柄及刀片或工具刀等。

四、实验步骤

以下介绍眼球显微结构的观察和认识。

1．观察材料

眼球的水平切片（HE 染色），结合眼球与眼眶模型和人体六倍眼球放大解剖模型进行观察。

2．肉眼观察眼球模型

根据理论课所学知识并结合其他辅助手段认识眼球各部位，查阅相关资料分辨眼球各部的结构及特点。拍照实验观察到的眼球结构。

3．低倍镜与高倍镜转换观察

首先分辨眼球壁的外膜（角膜、巩膜）、中膜（虹膜、睫状体、脉络膜）、内膜；分辨眼球内容物（晶状体、玻璃体）。

4．高倍镜观察视网膜微观结构

视网膜由外向内分 10 层：色素上皮层、视细胞层（杆体、椎体细胞层）、外界膜、外核层（外颗粒层）、外网层（外丛状层）、内核层（内颗粒层）、内网层（内丛状层）、神经节细胞层、神经纤维层、内界膜（如图 5.4.1 所示）。上述 10 层结构主要由 4 层细胞组成，从外到内依次为色素上皮细胞、视锥和视杆细胞、双极细胞和神经节细胞。在图 5.4.1 右图中，水平细胞（horizontal cell，H）和无长突细胞（amacrine cell，A）分别是视锥细胞（cone cell，C）、视杆细胞（rod cell，R）与双极细胞（bipolar cell，B）之间和双极细胞与神经节细胞（ganglion cell，G）之间横向联系的细胞。放射状胶质细胞是起营养、支持、绝缘和保护作用的细胞。

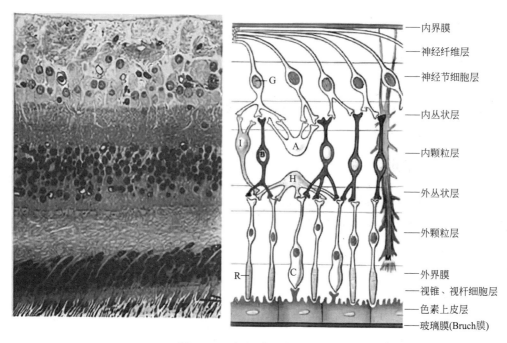

图 5.4.1　视网膜显微结构图

显微观察中需拍照记录实验结果，并标注各部位名称。

五、结果记录及分析讨论

1. 结果记录

将眼球、眼眶模型观察及结构部位认识的结果进行记录。

2. 眼球切片显微观察结果

要求：附图，结构部位标识清楚，以文字简要描述其结构特点。图片应编号并有图题。

六、思考题

根据实验观察，思考光线到达视网膜要通过哪些结构。

实验五　人眼功能（视敏度、视野、盲点）测定

一、实验目的

① 学习使用视力表测定视力的原理和方法。

② 学习视野计的使用，了解正常人的无色视野与有色视野的测定方法，比较各种颜色视野的大小。

③ 学习测定盲点位置和范围的方法。

二、实验原理

1. 视敏度测定原理

视敏度（视力）是指眼分辨物体细微结构的能力。物体上两点发出或反射的光线射入眼时，在节点处交叉形成的夹角称为视角。视力的测定就是检测受试者能分辨两点所需的最小视角。临床上规定，当视角为 1' 角时能辨清两点或能看清字及图形的视力为正常视力。距离眼球 5m 远的物体上两点的距离约为 1.5mm 时（相当于视力表第 11 行字母的每一笔画所间隔的距离）所形成的视角为 1' 角。因此，在距视力表 5m 处能分辨第 11 行字母为正常视力。

国际标准视力表是以前国内外常用的视力表。国际标准视力表规定，视力＝1/视角。即视角为 1' 角时，视力为 1.0，视力为 2' 角时，视力为 1/2＝0.5，……。检查视力时，通常是令受试者辨认视力表上"E"字的开口，并按下式计算：

$$国际视力表视力＝\frac{受试者与视力表的距离}{正常视力辨清该行字母的设计距离} \tag{5.5.1}$$

在国际标准视力表中，视力表首行 0.1 的字母比次行 0.2 的字母大 1 倍；而 0.9 行的字母比 1.0 行的字母仅大 1/9。因此，视力由 0.1 提高到 0.2 时视角减小的程度比视力由 0.9 提高到 1.0 时视角减小的程度更为明显，即视角的改变与视力的变化程度不成比例，不利于临床上表示视力的改善程度。例如，由 0.9 提高到 1.0 时较容易，但由 0.1 提高到 0.2 时却较难；虽然视力都增加了 0.1，但其真正改善的程度并不一样。因此，国际标准视力表不能正确地比较或统计视力的增减程度。

我国学者缪天荣于 1966 年发明了对数视力表（如图 5.5.1 所示）。其由大小、方向不同的 14 排"E"字排列而成，从上到下逐渐缩小各排字母的大小；在规定的距离上，对眼都形成 5' 视角。每个字母的每一笔画的宽度及每画间的距离都是整个字母的 1/5，都对眼形成 1' 视角。

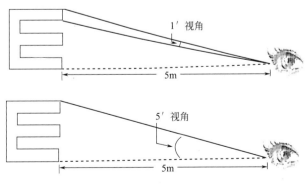

图 5.5.1　视力表原理图

用此对数视力表检查视力是按 5 分记录。对数视力表视力 $= 5 - \lg\alpha = 5 - \lg(D/d)$。式中，$\alpha$ 为视角，分（'）；D 为正常视力辨清该行字母的设计距离，m；d 为受试者与视力表的距离，m。

受试者在 5m 处第 11 行字母与眼形成 1' 视角，其视力为 5.0；第 1 行字母与眼形成 10' 视角，其视力为 4.0；期间相当于 4.1、4.2、……、4.9 等各行字母均比上一行形成的视角小 1.259 倍，而 lg1.259＝0.1。因此，视力每减小 1.259 倍，视力增加 0.1；视角减小 1.259^2 倍，视力增加 0.2。这样，不论原视力为何值，视力改变情况均可较科学地反映出来。

2. 视野测定原理

视野是单眼固定注视正前方一点时所能看到的空间范围。视野主要取决于感光细胞在视网膜上的分布情况，还与面部结构有关。正常人的视野范围鼻侧和上部较窄，颞侧和下部较宽。在相同亮度下，白色视野最大，蓝色次之，再次为红色，绿色视野最小。

视野计就是眼球向前水平注视时，眼球不动所能见到的空间范围。视野测定是眼科及神经科测定客观内容的反映，为日常临床工作中的一种常用检查，这种检查不但可以测知周围视野的缺损和缩小，而且也能够用作测定斜视度数。

3. 盲点测定原理

视神经乳头没有感光细胞，不能引起视觉，称生理盲点。视野中必然存在盲点投射区。根据物体成像及相似三角形对应边成比例的关系，通过测定盲点投射区，可计算出盲点所在的位置和范围。

三、实验材料、仪器及试剂

视力表，遮眼板，米尺，指示棍，视野计及五色色标（小），左、右眼视野图纸，白、红、黄、绿四色色标（大），HB 铅笔，白纸等。

四、实验步骤

1. 视力的测定

① 将视力表挂在光线充足而均匀的地方，视力表上第 11 行字母与受试者的眼同高，受试者站立或坐在距离视力表 5m 远处测试。

② 检查时两眼分别进行。受试者用遮眼板遮住一眼，另一眼看视力表，按主试者的指点自上而下进行识别，直到能辨认清楚最小字母行为止，再依照表旁所注的数字来确定该眼的视力。同法查另一眼的视力。

③ 若受试者对第一行的字母也不能辨认清楚时，则令其向前移动，直至能辨清最上一行字为止，测量受试者与视力表之间的距离，再按下列公式计算受试者的视力。

$$\text{国际视力表视力} = \frac{\text{受试者与视力表的距离}}{\text{正常视力辨清该行字母的设计距离}} = \frac{d}{D} \tag{5.5.2}$$

$$\text{对数视力表视力} = 5 - \lg\alpha = 5 - \lg(D/d) \tag{5.5.3}$$

式中，D 为正常视力辨清该行字母的设计距离，m；d 为受试者与视力表的距离，m。如 4m 处能辨别第一行字母，其视力为 $5 - \lg(5/4) = 3.9$。

对数视力表 3.0～3.9 的测定见表 5.5.1。

表 5.5.1　对数视力表 3.0～3.9 的测定

走近距离/m	4	3	2.5	2	1.5	1.2	1.0	0.8	0.6	0.5
视力	3.9	3.8	3.7	3.6	3.5	3.4	3.3	3.2	3.1	3.0

2. 视野的测定

（1）熟悉视野计的结构并熟悉其使用方法　最常用的视野计为弧形视野计（如图 5.5.2 所示）。本实验采用 XM-SYJ 型手台二用视野计（配 5 个视标），它主要由支架和带有刻度且可绕水平轴旋转的半圆弧形金属板组成，具体包括弧架、手柄、底座及各色视标等，是一种简易手、台二用视野计。圆弧上的度表示由该点射向视网膜周边的光线与视轴之间的夹角，视野界限即以此角度表示。圆弧内面中央有一小圆镜或白色圆标，其对面的支架上有可上下移动的托颌架，托颌架上方有眼眶托。测定时，

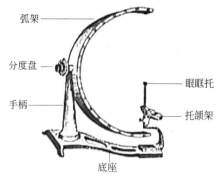

图 5.5.2　视野计

受试者的下颌置于托颌架上，眼眶下缘靠在眼眶托上。此外，视野计附有各色视标，在测定各种颜色视野时使用。

（2）视野的测定

① 将视野计对着充足的光线放好，令受试者把下颌放在托颌架上，调整托颌架的高度，使受试者眼眶下缘靠在眼眶托上。再将弧架摆在水平位置，调整托颌架的高度，使眼恰与弧架的中心点位于同一水平线上。遮住另一眼，令受试眼睛凝视弧架中心点位置（小圆镜或白色圆标），接受测试。

② 主试者将白色视标紧贴弧架内面并从周边向中央缓慢移动，随时询问受试者是否能看到视标。当受试者回答能看到时，就将视标稍微回移一些，再次询问受试者是否能看到视标；若看不到则再向前移，看到视标则继续回移，直至可判断此处为受试者刚刚能看到视标的位置，并记下弧架该处的经纬度。同一方位同一颜色复试一次。待得出一致结果后，就将受试者刚能看得到视标时，视标所在的点对应弧架上的经纬度标记在相应眼睛的视野图纸（如图 5.5.3 所示）的相应经纬度上。

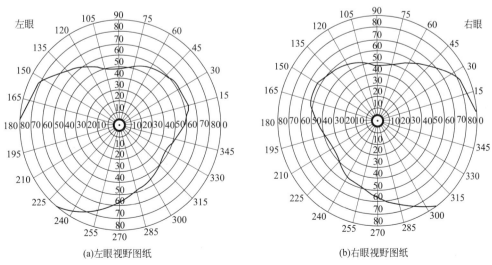

图 5.5.3　左、右眼视野图纸

③ 视野计后方的分度盘上附有随着视标移动的针尖，此针尖能准确地控制旋转度数，将弧架转动 45°，重复上述操作步骤。如此继续 8 个方向，在视野图纸上得出 8 个点。将视野图上的这 8 个点用曲线依次连接起来，就得到该眼白色视野的范围。

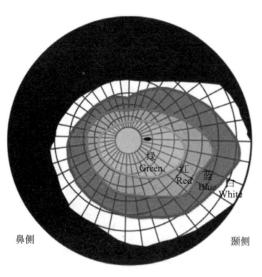

图 5.5.4　人右眼视野图

④ 按照相同的操作方法，分别测定该眼的红、黄或蓝、绿色视野。

⑤ 依同样的方法，测定另一眼的不同色标的视野，结果可参考图 5.5.4。

（3）视野测定注意事项

① 受试者被测眼应凝视弧架中心点位置，不得随意转动眼球；切不可眼球随着视标移动，否则测定结果偏大。

② 测定颜色视野时，直到受试者看清视标的颜色时为准，受试者不得事先知道视标的颜色。若是先知道视标颜色，测定过程中询问时应注意合理避免受试者对所测视野颜色先入为主的情况。

③ 测定一种颜色后，应先休息 5min 左右，再行测定另一种颜色。

3. 盲点的测定

（1）测定盲点投射区域

① 取一张用黑色水笔标有"＋"号的白纸贴于墙上，使"＋"号与受试者的眼睛同高。令受试者立于纸前 30cm 处（注意：在实验过程中，要保持距离不变！距离变动，结果不准确）。请受试者用遮眼板遮住一眼，另一眼注视"＋"号。测定示意如图 5.5.5 所示。

图 5.5.5　盲点测定示意图

② 主试者取某一颜色的视标，将视标由"＋"字中心向被测者眼颞侧沿水平方向缓缓移动。此时受试者被测眼必须始终注视"＋"号，不能随视标移动。当受试者刚好看不见视标时，主试者在纸上该处做一记号。然后将视标继续向颞侧移动，当受试者又突然看见视标时，再做一记号。上述这两记号就是投射到盲点的光线在这一直线上的起点和终点，这两点间的距离就是水平方向的该眼盲点的投射直径。由所记两点连线的中心起，沿各个方向向外缓慢移动视标，找出并记下各方向刚能看见视标的各点（一般取 8 个点，越多结果越准确），用曲线将其依次连接，得出一个不规则的圆圈，即为受试者该眼盲点的投射区。

③ 同法测出另一只眼的盲点投射区。

（2）计算盲点与中央凹的距离和盲点的直径　根据物体成像规律及相似三角形对应边

成比例的关系，如图 5.5.6 所示，盲点与中央凹的距离和盲点的直径可分别按下列公式计算。

$$盲点与中央凹的距离(mm)＝盲点投射区至"＋"号的距离×(15/300) \quad (5.5.4)$$

$$\frac{盲点的直径(未知)}{盲点投射区域的直径(已知)}＝\frac{节点与视网膜的距离(15mm)}{节点到白纸的距离(300mm)}$$

$$盲点的直径＝盲点投射区域的直径×(15/300) \quad (5.5.5)$$

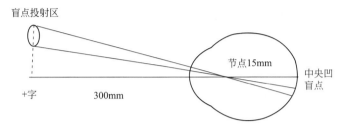

图 5.5.6　计算盲点与中央凹的距离和盲点直径示意图

（3）盲点测定注意事项

① 测定眼盲点大小时，该被测眼应正视白纸上的"＋"号，眼球不得随意转动；切不可眼球随着视标移动，否则测定结果偏大。

② 测定眼盲点大小时，该被测眼与白纸需保持一定的距离（300mm），不能随意变动位置。

五、结果记录及分析讨论

1. 视力测定结果及计算 （见表 5.5.2）

表 5.5.2　视力测定结果及计算

序号	人员代码	裸眼/矫正	左眼	右眼	视角 α
1					
2					
3					
4					

2. 视野测定结果及分析 （见表 5.5.3）

表 5.5.3　视野测定结果及分析

受试者：　　　　　　　主试者：　　　　　　　记录员：

实验对象	被测眼：　　色标：		被测眼：　　色标：	
经度/度	纬度/度		纬度/度	
0				
45				
90				
135				
180				
225				
270				
315				

视野图纸贴图：

结果分析：与视野理论值比较测定结果，分析原因，并比较人眼对不同颜色的视野大小。

3.盲点测定结果及分析

受试者：　　　　　　主试者：　　　　　　被测眼：

测定结果贴图：

要求用曲线将测定点连接，得出受试者该眼盲点的投射区，直尺标明图上各处数据，并根据公式计算盲点与中央凹的距离和盲点的直径。

结果及原因分析：查阅资料对照理论值进行分析。

六、思考题

① 目前，国际标准视力表和对数视力表哪种应用范围较广？为什么？

② 为什么白色视野最大？夜盲症患者的视野会发生什么变化？为什么？

③ 实验证明两眼都存在盲点，为什么人们在日常注视物体时没有感觉到生理性盲点的存在？

实验六　心脏的形态结构观察

一、实验目的

① 熟悉心脏的位置、外形及大体解剖结构。

② 掌握心房、心室与出入心的大血管之间的联系。

③ 掌握心瓣膜的结构，理解其生理意义。

④ 学习猪心的解剖方法，并认识心脏关键部位。

二、实验材料、仪器及试剂

人类心脏模型、新鲜猪心（最好是心肺一体的猪心，实验室自行分离心肺）、解剖器具（解剖盘、解剖刀、解剖剪、解剖镊子等）、医用橡胶手套、口罩等。

三、实验前理论知识准备

循环系统的结构与功能——心，请同学们务必认真阅读识记。

四、实验步骤

1.心脏的位置、形态和大小

（1）心脏的位置　根据生活经验和人体解剖与生理学理论知识，在个人身上熟悉心脏的大体位置。

（2）心脏的形态和大小　取新鲜猪心置于解剖盘内，用镊子清理一下心脏表面的脂肪，然后用人类心脏模型对照观察。结合人类心脏模型，观察猪心外形及辨识相关外部可见心血管（左右冠状动脉及分支、心静脉及冠状窦等），拍照并标记其部位名称，描述主要结构特点。

2．心脏的内部结构

实验课前请同学们提前搜索、学习心脏形态结构观察及猪心解剖视频进行课前预习。

① 先在人心脏模型上熟悉心脏内部结构，然后按以下②～⑥步骤解剖新鲜猪心进行观察。

② 认真观察猪心外形，据理论知识及手捏感觉区分心脏左右两侧。查阅相关资料，在猪心的外部表面合理辨识并结合挂图来了解心传导系3个组成部分（窦房结、房室结、房室束及左右束支）的大致位置。

③ 用解剖刀沿前室间沟部位纵切左心室，用镊子取出其中留存的血块，用镊子找到并观察房室瓣（二尖瓣）结构，用手指示意，说出心瓣膜存在的生理意义；并用镊子找到与之相通的主动脉。

④ 纵切右心室，观察比较左右心室壁的厚度；观察房室瓣（三尖瓣）结构，用手指示意，说出心瓣膜存在的生理意义；并用镊子找到与之相通的肺动脉。

⑤ 纵切左心房，明确左心房与左心室结构，再次认识此处房室瓣（二尖瓣）结构及所在位置，并用镊子找到与之相通的肺静脉。

⑥ 纵切右心房，注意清理房室交界处留存的血块，明确右心房与右心室结构，再次认识此处房室瓣（三尖瓣）结构及所在位置，并用镊子找到与之相通的上、下腔静脉。

⑦ 比较左、右心室以及左、右心房的心肌的厚度。在此基础上认真观察心肌壁的三层结构，同时显微镜观察心肌永久玻片的微观结构。拍照并标记心壁3层结构部位名称，描述主要结构特点。

⑧ 认真观察解剖完毕的猪心各部分结构，联系心脏传导系统图，认真观察、辨认心传导系各部位在猪心内部解剖结构中的大致对应位置，此部分可结合步骤②所得图片或结果共同进行。

⑨ 实验结束后，合理处置解剖后的猪心，并清洗、消毒解剖器具。

五、注意事项

本实验为器脏结构观察实验，因此在实验过程中，特别是在猪心解剖阶段要认真观察，仔细辨别各部位结构形态，并做好拍照保留，用作实验结果及分析用。

六、结果记录及分析讨论

1．心脏的位置、外形和大小

① 心脏的位置：

② 心脏的形态和大小：拍照并标记相应部位名称及血管连通情况，并附文字描述。

2．心脏的腔室及其主要解剖结构实验结果及现象描述、分析

① 心腔：从右心房、右心室、左心房、左心室分别记录。

② 心壁：

③ 心脏的传导系统：绘图并文字说明各部位的特征及功能。

④ 心脏的血管：从分类、功能和走向等方面说明。

⑤ 心包：

3. 心脏的主要进出血管分布，心房、心室与出入心的大血管间的联系

心脏各腔入口、出口及瓣膜记录于表5.6.1。

表 5.6.1　心脏各腔入口、出口及瓣膜

心脏各室	流入口	瓣膜	流出口	瓣膜
右心房				
右心室				
左心房				
左心室				

4. 心瓣膜种类、结构以及存在的生理意义

① 种类及结构特点：三尖瓣、二尖瓣、肺动脉瓣、主动脉瓣等。

② 存在的生理意义：保证血液的单向流动。

七、思考题

① 心瓣膜是如何形成的？它有几种？有何生理意义？

② 血液经过心腔是如何流动的？为什么只沿着一个方向流动而不反流？

③ 左右心室壁的厚度有无差别？为什么会出现这一现象？

④ 心传导系统属于哪种组织？它包括哪几部分？有何作用？

第六章　遗传学实验

遗传学是生物学中的一门综合性学科，也是生命科学中发展最为迅速的前沿学科之一。它是一门实验性很强的学科，它的发展离不开大量且设计周密的实验研究，因此遗传学实验课程是开展遗传学研究的重要基础。通过实验教学，拟达到以下两个目的：一是验证遗传学的基本规律，帮助理解和记忆遗传学的基本理论；二是学习和掌握遗传学研究的基本操作技能，熟悉遗传学分析方法及有关计算程序，为将来从事遗传研究或继续深造打好基础。

实验一　植物花粉母细胞减数分裂制片及染色体观察

一、实验目的

① 了解高等植物性细胞形成过程中染色体的动态变化。
② 掌握制备植物花粉母细胞减数分裂玻片标本的方法和技术。

二、实验原理

减数分裂是生物在性母细胞成熟形成配子过程中发生的一种特殊细胞分裂方式。先由花药或胚珠中的某些细胞分化成小孢子母细胞或大孢子母细胞，然后这些细胞连续进行两次细胞分裂（减数分裂），最终一个小孢子母细胞形成 4 个小孢子，一个大孢子母细胞形成一个大孢子。通过减数分裂最终产生的子细胞内染色体数目只有母细胞的一半，以后每一个子细胞进一步发育为雌配子或雄配子，雌雄配子通过受精作用结合成合子，发育成为新的个体，染色体数目恢复为全数（2n）。

染色体是遗传物质的载体，它在减数分裂过程中发生的联会、交换、分离和自由组合对遗传物质的分配和重组产生了重大影响，形成不同染色体组合的雌雄配子。经受精后，产生大量的遗传变异个体，有利于生物的适应和进化，为人工选择提供了丰富的材料。

三、实验材料、仪器及试剂

1. 实验材料

百合花药（雄蕊）2n＝24。

2. 实验仪器及耗材

电子天平、显微镜、载玻片及盖玻片、擦镜纸、镊子、解剖刀柄及刀片或工具刀、解剖针、烧杯、量筒、滴管、培养皿、吸水纸、标签纸等。

3. 实验试剂及配制方法

① 70％乙醇：取 95％的乙醇 736.8mL，加水搅拌定容到 1000mL。

② 卡诺固定液，醋酸洋红染色液。

四、实验步骤

1. 取材

取不同长度的百合花蕾 2.5～4.5cm，剖开花蕾，观察花药和花粉颜色。

2. 固定

剥出花药用卡诺液处理 2～4h，固定细胞形态。浸泡在体积分数为 70％的乙醇中，并放在 0～4℃冰箱里储存备用。新鲜材料可不经固定直接染色观察。

3. 漂洗

固定后的花药，用蒸馏水漂洗数遍后，剪成花药切段。

4. 染色和压片

用镊子将花药段放在载玻片上反复挤压，使内含物完全溢出来，再用解剖针移去残渣。滴 1～2 滴醋酸洋红染色液，染色 1min，盖上盖玻片，用吸水纸吸取多余的染色液，在盖玻片上再加一片载玻片。然后用拇指或铅笔轻轻敲打载玻片（注意：切勿挪动盖玻片），直到在显微镜下观察到染色体分散好为止。

5. 镜检

每个花药有四个花粉囊，每个花粉囊里都有一些花粉母细胞，每个花粉母细胞外有胼胝质包裹，为花粉母细胞的发育营造相对独立的环境。胼胝质内如果只有一个细胞，就标志着目前处于减数第一次分裂，如果有两个细胞则处于减数第二次分裂，如果有四个细胞那减数分裂已经完成。百合减数分裂的同步性不高，一个花粉囊中可能会看到 2～3 个分裂相。用 40 倍物镜观察典型的减数分裂相。

五、结果记录及分析讨论

1. 实验结果记录

减数分裂图像的细胞学片子 1～2 张，绘制细胞学片子的分裂相，并作染色体行为特征的描述。

2. 结果分析讨论

查阅文献或资料，分析镜检结果是否与其他文献一致。如不一致，请分析产生这种结果的原因，并提出实验改进措施。

六、思考题

① 固定液有哪几种？分别用于什么情况？

② 百合花蕾长度、花药颜色、花粉颜色与花粉母细胞发育程度有什么关系？

实验二　去壁低渗法制备植物染色体玻片标本

一、实验目的

① 了解中期染色体的形态结构。

② 掌握制作植物染色体玻片标本的去壁低渗方法。

二、实验原理

植物染色体制备技术主要有压片法和去壁低渗火焰干燥法，前者在植物细胞遗传学研究中发挥了重要作用，特别是在植物的染色体技术和核型分析中。但是这种方法容易使染色体产生重叠、变形、断裂，进而影响显带结果，给核型分析增加困难。在植物染色体吉姆萨（Giemsa）分带研究中，由于压片法很难完全除掉细胞质及细胞壁对染色体的覆盖，常常造成 Giemsa 带可重复性较低。此外，植物染色体处理方法不理想会影响亚显微结构的研究。

去壁低渗方法能解决压片法中出现的问题，目前广泛应用于染色体计数、核型分析、显带、显微操作、原位杂交等细胞遗传学研究领域。通过对植物根尖分生组织细胞进行果胶酶和纤维素酶处理去除细胞壁后，用低渗溶液处理使细胞核中的染色体向细胞质中自然扩散，然后经固定、火焰干燥、染色制备出优良的染色体玻片标本。

三、实验材料、仪器及试剂

1. 实验材料

蚕豆、玉米、小麦、洋葱、大蒜等。

2. 实验仪器及耗材

电子天平、显微镜、恒温箱、载玻片及盖玻片、擦镜纸、镊子、解剖刀柄及刀片或工具刀、冰箱、酒精灯、纱布、移液管、烧杯、量筒、容量瓶、培养皿、吸水纸、标签纸等。

3. 实验试剂及配制方法

（1）0.075mol/L 的 KCl 溶液　称取 5.592gKCl 用蒸馏水定容至 1000mL。

（2）2.5％混合酶液　称取纤维素酶和果胶酶各 0.5g，加入蒸馏水 20mL，冰箱内冰冻保存。

（3）甲醇：冰醋酸（3∶1）固定液（现用现配），70％乙醇，吉姆萨（Giemsa）染色液。

四、实验步骤

1. 材料培养

将玉米或蚕豆或小麦的种子充分浸种后（1～2 天），摆在铺有滤纸的培养皿内，上面盖双层湿纱布并加入少许水，置于 25℃ 温箱培养。洋葱或大蒜除去表皮，清洗干净后置于盛清水的小烧杯口上，使根部与水接触，25～28℃ 下培养。注意及时换水。

2. 预处理

待根长至 1 cm 左右时，在上午 9：00～10：00 或下午 3：00～5：00 切取根尖浸入盛有蒸馏水的烧杯内，置于 1～4℃ 的冰箱中进行低温处理 24 h，抑制或破坏纺锤丝的形成，促使染色体缩短和分散。

3. 前低渗

吸去预处理液，放入 0.075mol/L 的氯化钾溶液中，在 25℃ 下处理 30min，促进质壁分离。

4. 固定（用于较长时间保存材料）

吸去前低渗液，加入甲醇：冰醋酸（3：1）固定液中固定 4h，然后用 70％ 乙醇冲洗两次转入 70％ 乙醇中，放在 4℃ 冰箱中保存，一般不超过 2 个月。

5. 酶解去壁

吸去氯化钾溶液或将固定的材料用蒸馏水洗三次，切取分裂旺盛的部分根尖（1mm），放入 2.5％ 的混合酶液中（以浸过材料为合适），在 25℃ 下酶解 60～120min（具体时间根据软化程度而定）。

6. 后低渗

将酶解的根尖冲洗 2～3 次后，放入蒸馏水中浸泡 10～30min，经固定的根尖可延长至 1～1.5h，低渗后的根尖放入 70％ 乙醇中备用。

7. 固定

将后低渗好的材料，直接用甲醇-冰醋酸固定液固定 30min。

8. 制片

将材料放在预先用蒸馏水浸泡并冷冻的清洁载玻片上，加 1 滴固定液，然后用镊子迅速将材料夹碎涂布，并去掉大块组织残渣，立即将载玻片在酒精灯火焰上过火 1～2 次后，将载玻片在空气中干燥。

9. 染色

经干燥的玻片标本，用 Giemsa 染色液染色 30min，然后用自来水细流冲洗，甩干水珠空气干燥后镜检。

五、结果记录及分析讨论

1. 实验结果记录

先在低倍物镜下进行观察，找到较好的中期分裂相后，用 40 倍物镜和油镜观察，统计染色体数目，将较好的分裂相拍摄下来，打印照片附于实验报告中。

2. 结果分析讨论

① 比较分析去壁低渗法制成的玻片标本与压片法制成的标本不同之处。

② 参看相关文献，观察镜检结果是否与前人一致？分析结果产生的原因及实验过程中需注意的地方。

六、思考题

① 染色体玻片制作的方法有哪些？
② 中期染色体具有哪些形态特征？

实验三　染色体的核型分析

一、实验目的

① 了解染色体的形态、特征、数目、结构等。
② 掌握染色体核型分析的方法。

二、实验原理

染色体组在有丝分裂中期的表型称为核型，包括染色体数目、大小、形态等特征，如染色体长度、着丝粒位置、副缢痕的有无和位置以及随体的有无、形状和大小等。染色体核型分析是通过对染色体测量计算，进行分组配对，并定量和定性的描述。核型分析是确定和发现染色体变异的基本手段和诊断基础，能为物种的起源和进化研究提供客观根据，为研究染色体变异、基因定位等提供参考。

三、实验材料、仪器及试剂

1. 实验材料

有丝分裂中期染色体放大照片。

2. 实验仪器及耗材

剪刀、胶水、镊子、量尺等。

四、实验步骤

1. 剪贴

用剪刀将每一条染色体剪下来，存放在小培养皿内。

2. 测量

测量每条染色体的总长度和两臂长度，并记录于表 6.3.1。

表 6.3.1　染色体测量数据

序号	绝对长度			相对长度			臂比	染色体类型	备注
	长臂	短臂	全长	长臂	短臂	全长			

绝对长度＝照片长度/放大倍数

$$染色体相对长度 = 每对同源染色体绝对长度/染色体总长度$$
$$臂比 = 染色体长臂/染色体短臂$$

3. 配对

根据所测定染色体的形态、长度等进行配对。

4. 排列

按一定顺序将染色体进行排队、编号，排列一般按同源染色体从长到短和中部着丝粒染色体优先原则进行。具有随体的染色体和性染色体放在最后，若有两对以上具有随体染色体，则大随体染色体排在前面。B染色体一般排在最后，异源多倍体则按不同染色体组分别排列。

5. 分类及分析

依据臂比，将染色体进行分类（见表6.3.2），然后根据染色体类型将染色体核型书写成一定的公式，书写规则为：n、2n表示配子体、体细胞中的染色体数，x表示一个染色体组中染色体数目。染色体数目用阿拉伯数字表示，染色体类型用m、sm等表示，SAT表示随体，并用括号括起来，括号内数字表示随体数目。如芍药核型为：$2n = 2x = 10 = 6m + 2sm + 2st(SAT)$。

表 6.3.2　染色体分类标准

臂比	染色体类型	符号
1.0	正中着丝粒染色体	M
1.0~1.7	中着丝粒染色体	m
1.7~3.0	近中着丝粒染色体	sm
3.0~7.0	近端着丝粒染色体	st
7.0以上	端着丝粒染色体	t

五、结果记录及分析讨论

1. 实验结果记录

根据染色体形态测量数据，写出其核型公式。

2. 结果分析讨论

分析不同样本染色体形态、长度、类型等。

六、思考题

人类染色体有些什么特征？

实验四　蚕豆根尖微核实验

一、实验目的

① 了解微核测试的原理和毒理遗传学在实际生活与工作中的应用范围及意义。

② 学习蚕豆根尖的微核测试技术。

二、实验原理

微核（micronucleus，MCN），是真核生物细胞中的一种异常结构，往往是细胞经辐射或化学药物的作用而产生。微核在细胞间期呈圆形或椭圆形，游离于主核之外，大小应在主核 1/3 以下，染色与主核一样或稍浅，一般认为微核是由无着丝粒的染色体断片或落后染色体在分裂末期不能进入主核，形成的主核之外的板块，当子细胞进入下一次分裂间期时，它们便浓缩成主核之外的小核，即微核。微核是常用的遗传毒理指标之一，微核率同作用因子的剂量呈正相关，可用微核计数来代替中期畸变染色体计数，微核测试技术广泛用于化合物致突变性检测及环境污染监测等。

蚕豆是经典的遗传学研究材料，根尖细胞 DNA 含量多，染色体数目少且大，本底微核率不高。细胞周期中大部分时间处于诱变剂敏感的间期，对诱变物反应敏感，微核效应易于观察。

三、实验材料、仪器及试剂

1. 实验材料

蚕豆、各种牌子的洗衣粉、各种牌子的洗发水。

2. 实验仪器及耗材

电子天平、试管、纱布、锥形瓶、恒温水浴锅、显微镜、载玻片及盖玻片、擦镜纸、镊子、解剖刀柄及刀片或工具刀、烧杯、量筒、培养皿、吸水纸、标签纸等。

3. 实验试剂

盐酸、无水乙醇、冰醋酸、甲醇、醋酸洋红染色液等。

四、实验步骤

1. 催芽

将蚕豆种子充分浸种后（1～2 天），摆在铺有滤纸的培养皿内，上面盖双层湿纱布并加入少许水，置于 25℃恒温箱培养至大部分初生根长 1～2cm，根毛发育良好。

2. 被检测液处理根尖

每一个处理选 4～6 粒初生根生长良好、根长一致的种子，放入盛有被测液（稀释的洗衣粉或洗发水）的培养皿中，被测液浸没根尖即可，用蒸馏水处理作对照。

3. 根尖细胞恢复培养

处理后的种子用蒸馏水浸洗三次，每次 2～3min，洗净后再置于铺有湿润滤纸的培养皿中，25℃下再恢复培养 22～24 h。

4. 固定

将恢复后的种子，从根尖顶端切下 1cm 长的幼根，用甲醇：冰醋酸（3：1）固定液处理 24 h，固定后的根如不及时制片，浸泡在体积分数为 70%的乙醇中，并放在 0～4℃冰箱储存备用。

5. 解离

用蒸馏水浸洗固定好的幼根两次，每次 5min，吸净蒸馏水，加入 1mol/L 盐酸浸没幼根，60℃水浴酸解 15min，至幼根软化即可。

6. 染色和压片

吸去盐酸，用蒸馏水浸洗幼根三次，每次 1～2min。截下 1～2 mm 左右长的根尖，滴加染液，染色 10～15min，再用蒸馏水冲洗材料。将其放在载玻片上轻轻挤压，使根尖压扁利于观察。

7. 镜检

细胞核呈紫红色，背景基本为无色，每个根尖观察 1000 个细胞，统计微核的细胞数目，计算微核千分率。

五、结果记录及分析讨论

1. 实验结果记录（见表 6.4.1）

表 6.4.1　蚕豆根尖微核率和污染指数的统计

被检测液	检测细胞数	微核细胞数	微核率/‰	污染指数

2. 结果分析讨论

比较不同被测液处理后蚕豆根尖微核数，如未观察到微核，分析其原因，并思考研究实验可改进的措施及需注意的地方。

六、思考题

① 染色体畸变有哪些类型？
② 微核测试的原理是什么？

实验五　果蝇的饲养与形态观察

一、实验目的

① 了解果蝇生活史中各个阶段的形态特征及饲养方法。
② 掌握鉴别雌雄果蝇的方法。

二、实验原理

黑腹果蝇属双翅目昆虫，具有完全变态。作为实验材料具有如下优点：生长迅速，在 25℃ 条件下，10～12 天可完成一个世代；繁殖能力较强，1 只雌果蝇可产卵 400～500 枚，因而可以在短时间内获得大量子代，有利于作遗传学分析；容易饲养，饲料易得，实验需用空间较小；突变性状达 400 以上，并且多是形态变异，便于观察；染色体数目少（2n=8），突变基因容易在染色体上定位。正是由于果蝇在实验上具有以上优点，所以 T. H. Morgen 能够以果蝇为实验材料验证了孟德尔的分离定律和自由组合定律，并且发现了连锁遗传定律。

三、实验材料、仪器及试剂

1. 实验材料

果蝇。

2. 实验仪器及耗材

恒温培养箱、显微镜、双筒解剖镜、电炉、烧杯、镊子、麻醉瓶、放大镜、培养皿、培养瓶、白瓷砖（15cm×15cm）、毛笔等。

3. 实验试剂

乙醇、乙醚、琼脂条、玉米粉、白糖、酵母、丙酸等。

四、实验步骤

1. 果蝇诱捕

将一些成熟或者腐烂的水果切成小块放入一个高高的瓶里，然后将一张纸卷成漏斗状放在瓶口处，漏斗留有一个小洞确保果蝇飞进并用胶带粘牢，把瓶子置于厨房水槽、垃圾桶等附近。

2. 果蝇的培养

（1）培养基的配制　果蝇在水果摊或果园常可见到，但它并不是以水果为生，而是食生长在水果上的酵母菌，因此实验室内凡能发酵的基质，均可作为果蝇的饲养物质。常用的是玉米粉饲养法。

以配制 1000mL 培养基为例，需要糖 62g、琼脂 6.2g、玉米粉 82.5g、丙酸 5mL、水 800mL、酵母 10g。配制时水分成两份，一份溶解琼脂和糖，一份煮玉米粉，分别溶解煮好后加在一起煮沸，然后加入丙酸搅拌均匀，即可分装到培养瓶中。培养基冷却后，在其表面撒上一层酵母粉，插上一块灭菌的滤纸。

（2）接种蝇培养　待培养基冷却，水蒸气挥发后，将果蝇转移到新配制的培养基中，放入 25℃恒温培养箱中培养。

3. 果蝇生活史观察

果蝇属于昆虫纲、双翅目，与家蝇是不同的种。果蝇具有繁殖率高、饲养简单、生活史短的特点，它的生活史包括卵、幼虫、蛹、成虫。

果蝇的生活周期长短与温度关系密切，30℃以上的温度能使果蝇不育和死亡，低温则使它的生活周期延长，但同时生活力也降低，果蝇培养的最适温度为 20～25℃。果蝇生活史见表 6.5.1。

表 6.5.1　果蝇生活史

培养温度	10℃	15℃	20℃	25℃
卵→幼虫			8d	5d
幼虫→成虫	57d	18d	6.3d	4.2d

4．果蝇性状观察

（1）果蝇的麻醉　把果蝇转入麻醉瓶中，转入时培养瓶在上，一手稳住两个瓶子，一手轻拍培养瓶，迅速塞上滴有乙醚的棉塞，待果蝇全部昏迷后，倒在白瓷板或白纸板上，用毛笔刷移动观察。

（2）果蝇性别鉴定　果蝇有雌雄之分，幼虫期区别较难，成虫区别容易。雄性的腹部环纹 5 节，末端钝而圆，颜色深，第一对脚的跗节前端表面有黑色鬃毛流苏，称性梳。雌性腹部环纹 7 节，末端尖，颜色浅，跗节前端无黑色鬃毛流苏。具体区别参见表 6.5.2。

表 6.5.2　雌蝇与雄蝇的区别

鉴别雌雄方法	观察项目	雌蝇	雄蝇
肉眼鉴别	腹部	较大	较小
	腹	膨大呈椭圆形,尾端较尖	圆筒形,尾端较钝
	背侧	有黑色横纹5～7条,粗细均匀	有黑色横纹3～5条,末端一条特别粗,尾端呈黑色
解剖镜观察	腹部	6 个腹片	4 个腹片
	性梳	无	第一对跗节有性梳

（3）果蝇性状鉴定　观察果蝇的性状特点，如身体颜色、翅的大小、眼睛的颜色、刚毛形态等特征。

五、注意事项

①　培养基分装前应对饲养瓶、棉塞、滤纸等其他用具进行灭菌。

②　分装培养基时注意不要沾到试管或培养瓶口，如果沾到，则待培养基凝固后，用拧干的酒精棉球把培养基下推，以免棉塞蘸到培养基，造成污染。

③　配好的培养基应放在干净的地方保存。

④　在接放果蝇时，要注意正确使用乙醚麻醉剂，用完后应立即盖好，同时实验室保持通风。

⑤　不能麻醉过度，若果蝇翅膀外展 45°，说明果蝇已死亡。

六、结果记录及分析讨论

1．实验结果记录

①　观察记录果蝇从卵到幼虫再到成虫所需的时间。

②　果蝇性状的鉴定（见表 6.5.3）。

表 6.5.3　果蝇性状

果蝇	性别	身体颜色	翅大小	眼睛颜色	刚毛

2. 结果分析讨论

分析实验中出现的问题及产生的原因。

七、思考题

① 如何区分果蝇的性别?

② 简述果蝇被麻醉死亡后的状态。

③ 麻醉果蝇时应该注意哪些事项?

实验六　果蝇唾腺染色体的制片观察

一、实验目的

① 练习取出果蝇三龄幼虫唾腺组织。

② 掌握制作果蝇唾腺染色体标本的技术。

二、实验原理

双翅类昆虫(摇蚊、果蝇等)幼虫期的唾腺细胞很大,其中的染色体称为唾腺染色体(salivary chromosome)。这种染色体比普通染色体大得多,宽约 $5\mu m$,长约 $400\mu m$,相当于普通染色体的 $100\sim200$ 倍,因而又称为巨大染色体。唾腺染色体经过多次复制而并不分开,大约有 $1000\sim4000$ 根染色体丝的拷贝,所以又称多线染色体(polytene chromosome)。多线染色体经染色后,出现深浅不同、密疏各别的横纹,这些横纹的数目和位置往往是恒定的,代表着果蝇等昆虫的种的特性。如染色体有缺失、重复、倒位、易位等,很容易在唾腺染色体上识别出来。

三、实验材料、仪器及试剂

1. 实验材料

果蝇的三龄幼虫。

2. 实验仪器及耗材

解剖镜、显微镜、镊子、解剖针、载玻片、盖玻片、吸水纸等。

3. 实验试剂

改良苯酚品红染色液。

四、实验步骤

1. 取样

把载玻片置于解剖镜下。载玻片上滴水一滴，取三龄幼虫放在其中，操作者两手各握一枚解剖针，左手的解剖针压住幼虫后端 1/3 处，固定幼虫。右手解剖针按住幼虫头部，用力向右拉，把头部从身体拉开，唾腺随之而出，唾腺是一对透明的棒状腺体。

2. 染色

在载玻片上除去幼虫其他组织部分，还要把唾腺周围的白色脂肪剥离干净，再滴上改良苯酚品红染色。

3. 观察

固定染色 5～10min 后，盖上干净的盖玻片，用吸水纸覆盖，然后放在平的桌子上，大拇指用力往下压。制成标本进行观察。

五、结果记录及分析讨论

1. 实验结果记录

将观察到的玻片图像打印出来，标出唾腺染色体。

2. 结果分析讨论

分析实验过程中出现的问题及原因，比较观察到的唾腺染色体是否与文献中一致，分析不一致的原因。

六、思考题

① 如何获得发育良好、符合实验要求的果蝇三龄幼虫？
② 果蝇唾腺染色体在遗传学上有哪些应用？

实验七　人类性状的调查与遗传分析

一、实验目的

① 了解人类常见性状的调查方法和遗传分析方法。
② 掌握人类群体中基因频率、基因型频率的估算方法。

二、实验原理

人类性状的遗传可以区分为两大类：
（1）单对基因遗传　单对基因遗传是指某一性状的表型由一对基因所决定。
（2）多对基因遗传　多对基因遗传是指某一性状的表型由两对或两对以上的基因所

决定。

人类的 ABO 血型是单对基因遗传，不过控制血型的基因有三种：I^A、I^B 及 i，其中 I^A 和 I^B 分别对 i 为显性。例如基因型为 I^AI^A 或 I^Ai 者，血型为 A 型；I^BI^B 或 I^Bi 者为 B 型；而 ii 者为 O 型。特别值得一提的是，I^A 和 I^B 都为显性，所以基因型为 I^AI^B 者，血型为 AB 型。人类单对基因遗传的实例见表 6.7.1。

表 6.7.1　人类单对基因遗传的实例

性状	显性	隐性
耳垂	与脸颊分离	紧贴脸颊
卷舌状	能	不能
美人尖	有	无
拇指竖起时弯曲情形	挺直	拇指第一节向指背弯曲
食指长短	较无名指长	较无名指短
双手手指嵌合	左手拇指在上	右手拇指在上
上眼睑有无皱褶	有（双眼皮）	无（单眼皮）
酒窝	有	无
多指（或趾）症	六指（或趾）	五指（或趾）
白化症：皮肤缺黑色素，眼睛畏强光	正常肤色	皮肤白化
红绿色盲	正常	无法区别红绿两色
血友病：缺少凝血因子，出血不易止住	正常	容易出血而不止
蚕豆贫血症：食用蚕豆后引起溶血	正常	食用蚕豆后会发病

人类的身高、体重或皮肤色泽的深浅，则是多对基因遗传。例如皮肤的色泽是由两对基因（A，a 和 B，b）所控制，显性基因 A 和 B 会使皮肤内黑色素的量增加，二者的影响相同且可以累加，因此其显性基因越多的人，肤色越深。

在自然界，动植物中一种性别的任何一个个体都有同样的机会与其相反性别的任何一个个体交配。假设某一位点有一对等位基因 A 和 a，A 基因在群体出现的频率为 p，a 基因在群体出现的频率为 q；基因型 AA 在群体出现的频率为 D，基因型 Aa 在群体出现的频率为 H，基因型 aa 在群体出现的频率为 R。群体（D，H，R）交配是完全随机的，那么这一群体基因频率和基因型频率的关系是：

$$D = p^2 \qquad\qquad H = 2pq \qquad\qquad R = q^2$$

这说明任何一物种的所有个体，只要能随机交配，基因频率很难发生变化，物种能保持相对稳定性。根据遗传平衡定律，可对人类群体进行基因频率的分析。

三、实验材料、仪器及试剂

1. 实验材料

以专业年级的每一位同学的 8 种性状作为研究小群体。

2. 实验仪器及耗材

笔和纸等。

四、实验步骤

① 以 10 个人为一组，由小组长观察上述的前 8 个单对基因控制性状（见表 6.7.1）的表现，并作记录。

② 统计全班（年级）的资料，进行基因频率和基因型频率的计算。

五、结果记录及分析讨论

1. 实验结果记录（见表 6.7.2 和表 6.7.3）

表 6.7.2　人类单对基因遗传调查（一）

性状	性别	年龄	民族	表型
耳垂				
卷舌状				
美人尖				
拇指竖起时弯曲情形				
食指长短				
双手手指嵌合				
上眼睑有无皱褶				
酒窝				

表 6.7.3　人类单对基因遗传调查（二）

性状	个体总数	隐性个体数	基因频率	基因型频率
耳垂				
卷舌状				
美人尖				
拇指竖起时弯曲情形				
食指长短				
双手手指嵌合				
上眼睑有无皱褶				
酒窝				

2. 结果分析讨论

在观察过程中有时会发现有些同学一只眼睛是双眼皮，而另一只眼睛是单眼皮，分析这种现象产生的原因。

六、思考题

人是最重要的遗传学研究对象之一，如何开展人类的一些性状或疾病的基因传递规律研究？

实验八　大肠杆菌紫外诱变及突变株筛选

一、实验目的

① 了解物理因素对遗传物质的影响。
② 熟悉紫外线诱变的原理和方法，掌握物理诱变的基本操作技术。
③ 初步掌握诱变产生营养缺陷型菌株的筛选与鉴定技术。

二、实验原理

物理诱变一般采用紫外光、X射线、α射线等，其中紫外光诱变因其效果好、实验设备简单等优点而成为应用最广泛的物理诱变剂之一。用紫外线处理微生物，可使其基因发生突变，丧失合成氨基酸、维生素、核苷酸等物质的能力，不能在基本培养基上生长。用紫外灯诱变处理后的大肠杆菌，必须先对野生型细胞进行淘汰才能获得稳定的突变型。青霉素能杀死生长的细胞，对不生长的细胞无致死效应，因而基本培养基上野生型因生长而被杀死，缺陷型不生长而得以保存。

三、实验材料、仪器及试剂

1. 实验材料

大肠杆菌。

2. 实验仪器及耗材

离心机、高压灭菌锅、锥形瓶（150mL）、试管、离心管、培养皿（9cm）、恒温箱、移液管、接种环等。

3. 实验试剂及配制方法

（1）肉汤（BP）培养基　牛肉膏 5g，蛋白胨 10g，NaCl 5g，葡萄糖 5g，蒸馏水 1000mL，调 pH 值至 7.2。

（2）青霉素 BP 培养基　牛肉膏 5g，蛋白胨 10g，NaCl 5g，葡萄糖 5g，蒸馏水 1000mL，调 pH 值至 7.2，100mg/mL 青霉素母液，用针式滤器过滤。

（3）生理盐水　8.5g NaCl 溶于 1000mL 蒸馏水中。

（4）无氮（N）基本培养液　K_2HPO_4 0.7g，KH_2PO_4 0.3g，$Na_3C_6H_5O_7 \cdot 3H_2O$ 0.5g，$MgSO_4 \cdot 7H_2O$ 0.01g，葡萄糖 2g，蒸馏水 100mL，pH 7.0。

（5）2N 基本培养液　K_2HPO_4 0.7g，KH_2PO_4 0.3g，$Na_3C_6H_5O_7 \cdot 3H_2O$ 0.5g，$MgSO_4 \cdot 7H_2O$ 0.01g，$(NH_4)_2SO_4$ 0.2g，葡萄糖 2g，蒸馏水 100mL，pH 7.0。

（6）基本培养基　Na_2HPO_4 1.5g，KH_2PO_4 0.5g，NaCl 1g，葡萄糖 0.5g，NH_4NO_3 1g，$MgSO_4 \cdot 7H_2O$ 0.2g，蒸馏水 1000mL，pH 7.2。

四、实验步骤

1. 菌液制备

（1）菌体培养　接种大肠杆菌到盛有 5mL 肉汤培养液的锥形瓶中，37℃培养过夜，次日添加 5mL 新鲜的肉汤培养液，重复混匀后，分装在两个锥形瓶中继续培养 5h。

（2）收集菌体　将两份菌液分别倒入离心管中，于 3500r/min 离心 10min，弃去上清液，收集沉淀。打匀沉淀，其中一管加入 5mL 生理盐水后与另一离心管并成一管。

2. 紫外灯诱变处理

① 打开 15W 紫外灯，稳定 30min。

② 吸取 3mL 菌液于培养皿中，加盖放置距紫外灯管 30cm 处照射 1min，然后移开盖子照射 1~3min，盖上皿盖，关紫外灯。

③ 将 3mL 肉汤培养液加入照射后的培养皿中，37℃避光培养 12h 以上。

3. 突变株的筛选与检出

（1）青霉素法淘汰野生型细菌　取 5mL 诱变处理的菌液于灭菌离心管中，于 3500r/min 离心 10min，弃去上清液，加入生理盐水，打匀沉淀，离心洗涤三次，并补加生理盐水至原体积。然后将菌液 0.1mL 加入无氮基本培养液中，37℃培养 12h。培养完成后加入等体积（5mL）2N 基本培养液，同时加入青霉素钠盐使最终浓度约为 1.000U/mL，继续培养。培养 12h、16h、24h、40h 时分别取菌液 0.1mL，倒入两个灭菌培养皿中，再分别倒入融化冷却至 40~50℃的基本培养基和完全培养基中，摇匀放平，凝固后培养。

（2）检测　平板培养 36~48h 后，进行菌落计数。选用完全培养基上长出的菌落数大大超过基本培养基的那一组，用接种针挑取菌落 100 个，分别点种到基本培养基平板和完全培养基平板上，37℃恒温培养 12h。然后选在基本培养基上不生长、在完全培养基上生长的菌落，在基本培养基的平板上划线，37℃恒温培养 24h，不生长的细菌就是营养缺陷型。

五、结果记录及分析讨论

1. 实验结果记录

记录各平板菌落数，见表 6.8.1。

表 6.8.1　诱变处理菌落计数

菌落类型	菌落数			
	12h	16h	24h	40h
［+］				
［-］				

注：［+］表示野生型；［-］表示营养缺陷型。

2.结果分析讨论

思考实验过程中存在哪些可以改进的步骤或方法。

六、思考题

① 紫外线对大肠杆菌诱变的原理和机制是什么？

② 简述突变株筛选的原理。

实验九　粗糙链孢霉有性杂交的四分子遗传分析

一、实验目的

① 了解粗糙链孢霉的生活周期及特性。

② 通过杂交掌握顺序四分子的遗传分析方法。

二、实验原理

粗糙链孢霉属于真菌中的子囊菌纲，是进行顺序四分子分析的好材料。通过有性繁殖形成的合子可以经减数分裂形成 4 个子细胞，每个子细胞由有丝分裂一次形成 8 个子细胞，进一步发育形成 8 个子囊孢子。本实验用赖氨酸缺陷型粗糙链孢霉与野生型杂交，得到的子囊孢子分离为 4 黑（＋）4 灰（－），黑色的为野生型，灰色的为赖氨酸缺陷型。根据分离定律和连锁互换定律，可有 6 种子囊类型，即 2 种非交换型子囊和 4 种交换型子囊，可以通过计算交换型子囊所占的百分数算出赖氨酸基因与着丝粒间的相对距离。

三、实验材料、仪器及试剂

1.实验材料

野生型粗糙链孢霉（lys^+）、赖氨酸缺陷型粗糙链孢霉（lys^-）。

2.实验仪器及耗材

显微镜、载玻片及盖玻片、擦镜纸、镊子、解剖刀柄及刀片或工具刀、培养皿、试管、吸水纸、标签纸等。

3.实验试剂及配制方法

（1）微量元素溶液　$C_6H_8O_7 \cdot 2H_2O$ 500 mg，$(NH_4)_2Fe(SO_4)_2 \cdot 6H_2O$ 100mg，$CuSO_4$ 25mg，$MnSO_4 \cdot 4H_2O$ 5g，H_3BO_3 5g，$Na_2MoO_4 \cdot 2H_2O$ 5g，$ZnSO_4 \cdot 7H_2O$ 500mg，蒸馏水 100mL。

（2）基本培养基　$C_6H_5O_7Na_3 \cdot 2H_2O$ 3g，KH_2PO_4 5g，NH_4NO_3 2g，$MgSO_4 \cdot 7H_2O$ 0.2g，$CaCl_2 \cdot 2H_2O$ 0.1g，微量元素溶液 1mL，生物素溶液（10μg/mL）1mL，蔗糖 20g，琼脂 15g，蒸馏水 1000mL。

（3）补充培养基　在基本培养基上补充赖氨酸，一般 100mL 培养基中加 5～10mg。

（4）杂交培养基　KNO_3 1g，KH_2PO_4 1g，$MgSO_4 \cdot 7H_2O$ 0.5g，NaCl 0.1g，$CaCl_2 \cdot$

$2H_2O$ 0.1g，微量元素溶液 1mL，生物素溶液 1mL，蔗糖 20g，琼脂 15g，蒸馏水 1000mL。

四、实验步骤

1．菌种活化

取出冷冻保存的野生型和缺陷型菌种分别接种在基本培养基和含赖氨酸的补充培养基上，置于 28℃恒温培养箱培养 5～7 天，直至试管中长出许多菌丝，菌丝上部有分生孢子。

2．杂交接种

在杂交培养基上先接种缺陷型、再接野生型两亲本菌株的分生孢子或菌丝，然后在培养基上放入一灭菌的折叠滤纸，贴上标签，在 25℃下恒温培养 5～7 天，可看到许多棕色的原子囊果出现，随后发育成熟变大变黑，约 7～14 天即可在显微镜下观察。

3．挑取子囊果

在最佳观察时期，用解剖针把子囊果挑出放在白绦纶布上，来回拨动，去掉子囊果上的菌丝或培养基。

4．压片

把子囊果放在载玻片上，用另一载玻片盖上，手指压片，将子囊果压破，挤出小米粒大小的灰色斑点，即子囊。取下玻片，将子囊果壳去掉，在灰色斑点处加少量生理盐水，轻轻盖上盖玻片。

5．观察

将制好的玻片标本放在显微镜下观察。

五、结果记录及分析讨论

1．实验结果记录

观察一定数目的子囊果，记录每个完整子囊的类型，计算赖氨酸基因与着丝粒的距离。

2．结果分析讨论

用遗传学分析实验中出现子囊类型的原因。

六、思考题

① 粗糙链孢霉中基因分离现象与高等动物、高等植物中的基因分离有何区别？
② 试述六种子囊类型出现的原因。

第七章　细胞生物学实验

细胞生物学是以细胞为研究对象，从细胞的整体水平、亚显微水平、分子水平三个层次，以动态的观点，研究细胞和细胞器的结构和功能、细胞的生活史和各种生命活动规律的学科。细胞生物学是现代生命科学的前沿分支学科之一。从生命结构层次看，细胞生物学位于分子生物学与发育生物学之间，同它们相互衔接、互相渗透。

实验一　真核细胞形态结构与细胞器的观察

一、实验目的

① 观察并测量不同种类生物的细胞形态大小，了解光学显微镜下可见的细胞器的结构。
② 理解细胞结构特点及其生物学功能。

二、实验原理

细胞是生物有机体最基本的结构和功能单位，不同物种的细胞大小及结构存在一定的差异。由于细胞大小主要分布在 $0.1\mu m$ 和 $10\mu m$ 之间，肉眼无法直接观察，借助于普通光学显微镜（其理论最高分辨率为 $0.2\mu m$），人们才可以观测出细胞形态大小的差异。生物中不同的细胞器在生命活动中发挥着不同的生物学功能，每种细胞器在结构、大小、数目及空间分布上都有差别，部分细胞器可以直接通过光学显微镜观察（如细胞核、核仁及液泡），更多地是利用细胞器特异性染料进行染色的方法进行区分，这也是人们常用来区分不同细胞器的方法。细胞器的形态大小等特征具有可塑性，会随着不同的细胞生理及发育时期的变化而出现差异，因此，对细胞器的检测及观察在一定程度上可以反映细胞的生理状态，在进行细胞器观察的时候也要注意不同时期细胞类型对细胞器观察结果的影响。

细胞的形态大小可以通过自动或手动的方法进行测量，前者依赖于计算机系统及专用软件，具有快速、准确的特点，后者借助于目镜测微尺和物镜测微尺进行测量，具有简单、方便的特点。在特定的放大倍数下，通过调整和比较目镜测微尺和对应物镜测微尺，获得目镜测微尺单格所代表的长度（操作方法详见第一章有关显微测微尺的使用），从而用于计算对应视野下细胞及细胞器的实际大小。

三、实验材料、仪器及试剂

1. 实验材料
洋葱、口腔上皮细胞、发酵酵母、丝状藻等。

2. 实验仪器及耗材

光学显微镜、载玻片及盖玻片、目镜测微尺、物镜测微尺、擦镜纸、镊子、解剖刀、移液管、烧杯、培养皿、吸水纸、牙签、标签纸等。

3. 实验试剂及配制方法

（1）0.9%生理盐水　称取 0.9g NaCl 溶解于约 70mL 蒸馏水中，容量瓶定容到 100mL。

（2）0.1%亚甲基蓝　称取 0.1g 亚甲基蓝溶解于约 70mL 蒸馏水中，容量瓶定容到 100mL。

（3）0.1%碘液、蒸馏水、无水乙醇、香柏油等。

四、实验步骤

1. 细胞形态结构的观察

（1）涂片法　观察人口腔上皮细胞。

① 在新的载玻片中央，滴一滴生理盐水。

② 用牙签的一端，在口腔侧壁上轻轻地刮几下，丢弃第一次刮取物。

③ 再用一根新的牙签在口腔侧壁同一位置轻轻刮取几下，将刮取物在载玻片上的生理盐水滴中涂匀。

④ 用镊子小心夹起盖玻片，将它的另一边先接触载玻片上的生理盐水滴，随后轻轻放下，避免产生气泡。在盖玻片的一侧加一滴 0.1%亚甲基蓝染液，在盖玻片的另一侧用吸水纸吸取，使染液能够进入盖玻片下染色口腔上皮细胞。经过染色后的口腔上皮细胞的细胞核被染成深蓝色，而细胞质呈浅蓝色。

⑤ 用显微镜观察口腔上皮细胞的形状，细胞呈扁平鳞状。

⑥ 拍照观察到的口腔上皮细胞，并统计分析细胞及细胞核大小。

（2）撕片法　观察植物表皮细胞。

① 剥取洋葱鳞片，用解剖刀的刀尖划取一小片洋葱内表皮（约 1.0cm×1.0cm），并用尖头镊子小心撕下内表皮，放在滴有一小滴蒸馏水的载玻片上，用镊子展平。

② 盖上盖玻片，轻轻按压盖玻片排出样品上的气泡，在盖玻片一侧滴加一滴碘液，用吸水纸在另一侧吸取使染液能够进入盖玻片下染色样品，在显微镜下观察。

③ 观察洋葱内表皮细胞大小和形状，观察细胞核（及核仁）的分布，并拍照。

④ 统计分析细胞的长和宽以及细胞核的直径。

（3）直接压片法　观察丝状藻的结构。

① 在载玻片中央滴一滴蒸馏水，挑取一根水塘中生长的丝状藻并放到载玻片的水滴上。

② 小心盖上盖玻片，并在显微镜下观察丝状藻的结构。

③ 统计分析丝状藻细胞的长和宽，描述丝状藻叶绿体的结构。

2. 细胞大小的测定

① 使用物镜测微尺校正目镜测微尺，并参照第一章关于显微测微尺使用的相关操作方法和计算公式，计算目镜测微尺在该放大倍数下每一小格所代表的实际长度。

② 测定植物表皮细胞或丝状藻细胞的大小（包括长径和短径，并统计≥10 个细胞），测量细胞核的直径（统计≥10 个细胞核）。

五、注意事项

① 滴加染液时不要将染液滴到盖玻片上，同时要避免过多吸取液体导致盖玻片下形成大气泡或者导致染液被吸取而染色不足。

② 剥取洋葱鳞片时避免剥取外层干燥的鳞片，也不取靠近内层的洋葱鳞片。

六、结果记录及分析讨论

1. 实验结果记录

例：如图 7.1.1 所示。

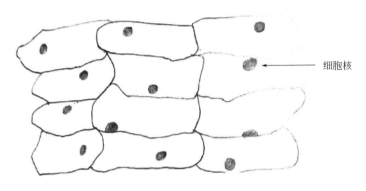

图 7.1.1　洋葱内表皮观察（10×10）

2. 不同细胞的大小及细胞核的统计（见表 7.1.1）

表 7.1.1　洋葱内表皮细胞大小统计表

编号	1	2	3	4	5	6	7	8	9	10	平均值	标准差
细胞长径/μm												
细胞短径/μm												
细胞核直径/μm												

3. 结果分析讨论

例：显微镜（10×10）下可以观察洋葱内表皮主要为_____形状（如图 7.1.1 所示），……经统计细胞尺寸大小平均为____ μm×____ μm，平均细胞核直径为____ μm（如表 7.1.1所示）等。

七、思考题

① 为什么不同种类生物个体差异很大，但细胞大小差异较小？

② 碘液染色洋葱内表皮细胞后只有细胞核的颜色较深，呈棕黄色，试解释其原因。

实验二 线粒体和液泡活体染色

一、实验目的

① 观察动物活细胞线粒体和植物液泡系的形态、数量与分布。
② 学习线粒体和液泡的超活染色技术。

二、实验原理

活体染色是能使有机体的细胞、组织或细胞器特异性着色，但对活样品无毒害或者毒害很小的一种活体染色方法。活体染色目的是在显示细胞的某些特定结构的同时，不影响细胞的正常生命活动，不对细胞产生物理、化学变化以致引起细胞的死亡。活体染色技术可用来研究正常生活状态下的细胞形态结构和生理、病理状态。活体染色主要是依靠染料被选择性地固定在活细胞的某种特定结构上而显色。染料的选择性固定主要是靠染料的"电化学"特性，碱性染料和酸性染料的胶粒表面分别带有阳离子和阴离子，而被染的细胞本身也具有阴离子或阳离子，它们彼此之间发生吸引，染料会聚集到特定位置而着色。一般来说，活体染料多为碱性染料，这可能是因为它具有溶解在类脂质（如卵磷脂、胆固醇等）中的特性，易于被细胞吸收。理论上用于活体染色的染料应选择那些对细胞无毒性或毒性极小的染料，且应稀释后使用以避免高浓度染料对细胞的影响。通常把活体染色分为体内活体染色与体外活体染色两类。体外活体染色是指活的动、植物分离出部分细胞或组织小块直接进行染色的方法。

詹纳斯绿 B(Janus green B) 和中性红（neutral red）是两种常用的活体染色剂，分别用于线粒体和液泡系的专一性染色。线粒体是细胞进行呼吸作用的场所，富含细胞色素氧化酶系，能使詹纳斯绿 B 染料保持氧化状态呈蓝绿色，而在细胞质中染料为无色的还原状态。中性红为弱碱性染料，也是常用的酸碱指示剂，在 pH6.8～8.0 之间颜色由红色至橙黄色，对液泡系的染色有专一性。由于液泡膜上分布的 V 型质子泵持续地将质子泵入液泡中维持液泡的酸性环境。当中性红被活细胞大量吸收并进入液泡后，中性红便解离出大量阳离子而呈现樱桃红色，而细胞质和细胞壁一般不着色。

三、实验材料、仪器及试剂

1. 实验材料

洋葱或豆芽根尖、口腔上皮细胞。

2. 实验仪器及耗材

显微镜、恒温水浴锅、解剖盘、剪刀、镊子、双面刀片、解剖刀、载玻片、凹面载玻片、盖玻片、表面皿、吸管、牙签、吸水纸、一次性杯子等。

3. 实验试剂及配制方法

（1）林格溶液 称取 NaCl 8.5g、KCl 2.5g、CaCl$_2$ 0.3g，溶解于约 700mL 蒸馏水中，容量瓶定容至 1000mL，高温灭菌备用。

（2）1/100（1g/100mL）中性红母液、1/3000 中性红工作液，1/100（1g/100mL）詹纳斯绿 B 母液和 1/5000 詹纳斯绿 B 工作液，蒸馏水，无水乙醇，香柏油等。

四、实验步骤

1. 人口腔黏膜上皮细胞线粒体的活体染色与观察

① 取载玻片放在 37℃恒温水浴锅的金属板上预热。

② 在载玻片上滴 2 滴 1/5000 詹纳斯绿 B 染液。

③ 用牙签在口腔颊黏膜处稍用力刮取上皮细胞，丢弃第一次刮取物，再取一根牙签在口腔相同位置刮取口腔上皮细胞。

④ 第二次刮下的黏液状物涂抹到载玻片的染液滴中。

⑤ 染色 10～15min（避免染液干燥，必要时可再加滴染液）。

⑥ 盖上盖玻片，显微镜下观察，可见细胞中呈蓝色小粒状分布的线粒体。

2. 植物细胞液泡系的活体染色与观察

① 取洋葱或豆芽的根尖，用解剖刀的刀尖纵切根尖。

② 放入 1/3000 中性红染液滴中，常温染色 5～10min。

③ 吸弃染液，滴 1 滴林格溶液。

④ 盖上盖玻片进行镜检（可用镊子轻压盖玻片，使根尖压扁，利于观察）。

结果观察：先在低倍镜下将视野调到根尖生长点部分，再在高倍镜下寻找初生小液泡，即位于生长点区域细胞的细胞质中分散着大小不等的染成玫瑰红色的圆形小泡。在伸长区的细胞中，由于并非单层细胞，不容易观察到单个巨大液泡。

五、注意事项

① 詹纳斯绿 B 和中性红的工作液应该现用现配，以保证染色效果。

② 詹纳斯绿 B 染色时间过长会对细胞产生毒性，应避免处理时间太久后观察。

③ 取根尖材料时避免截取过多伸长区部分，以有利于后续的染色及制片操作。

六、结果记录及分析讨论

1. 实验结果记录

例：如图 7.2.1 所示。

2. 结果分析讨论

例：利用詹纳斯绿 B 染色口腔上皮细胞，可见口腔上皮细胞内线粒体呈棒状或粒状分布在细胞质中（如图 7.2.1 所示）……。

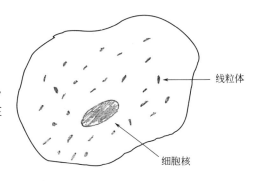

图 7.2.1　詹纳斯绿 B 染色口腔
上皮细胞（10×40）

七、思考题

据你了解还有什么方法可以进行细胞器的特异性显示？

实验三　细胞质膜的渗透性

一、实验目的

① 了解细胞质膜组成及其对不同物质通透性的规律。

② 了解溶血现象及其原理。

③ 掌握普通光学显微镜下细胞及细胞碎片的形态。

二、实验原理

细胞质膜也称为细胞膜，是由脂质、蛋白质和糖类组成的生物膜，是细胞与周围环境进行物质交换的选择通透性屏障。它是一种半透膜，对于进出细胞的物质起到选择性调控的作用。红细胞中有大量的溶质而表现出渗透压。将红细胞放在低渗盐溶液中，细胞外的水分子就会通过细胞质膜上的水通道蛋白（aquaporin，也称为水孔蛋白）以协助扩散的方式快速跨膜转运到细胞内，最终使细胞体积增大而胀破，红细胞内的血红蛋白释放到介质中，具有浑浊度的红细胞悬液也会变成透明的血红蛋白溶液，这种现象称为溶血。在某些等渗盐溶液中，例如弱电解质的铵盐中，红细胞也会发生溶血现象，这是由于弱电解质的电离平衡导致其在细胞膜内外的主要存在形式不同，而红细胞质膜对各种溶质的通透性不同而导致渗透压改变。红细胞发生溶血释放内容物后，在细胞膜骨架的作用下细胞质膜会重新闭合形成血影。因此，发生溶血现象所需时间长短可作为测量物质进入红细胞速度的一种指标。而部分有机溶剂可自由进入细胞膜，从而导致细胞膜的溶解。本实验选用红细胞作为细胞膜透性的实验材料，将其放入不同的介质溶液中，观察红细胞的变化。

三、实验材料、仪器及试剂

1. 实验材料

鸭或鸡血细胞。

2. 实验仪器及耗材

普通光学显微镜、试管、试管架、滴管、载玻片、盖玻片、擦镜纸、记号笔、容量瓶等。

3. 实验试剂及配制方法

（1）0.128mol/L NaCl 溶液　称 0.7488g NaCl 固体溶解于约 70mL 蒸馏水中，容量瓶定容至 100mL，装于 125mL 试剂瓶。

（2）0.128mol/L NH_4Cl 溶液　称 0.6846g NH_4Cl 固体溶解于约 70mL 蒸馏水中，容量瓶定容至 100mL，装于 125mL 试剂瓶。

（3）0.128mol/L 乙酸铵溶液　称 0.9866g 乙酸铵固体溶解于约 70mL 蒸馏水中，容量瓶定容至 100mL，装于 125mL 试剂瓶。

（4）0.128mol/L 草酸铵溶液　称 1.819g 一水合草酸铵固体溶解于约 70mL 蒸馏水中，容量瓶定容至 100mL，装于 125mL 试剂瓶。

（5）0.128mol/L NaNO₃ 溶液　称 1.0878g NaNO₃ 固体溶解于约 70mL 蒸馏水中，容量瓶定容至 100mL，装于 125mL 试剂瓶。

（6）0.24mol/L 葡萄糖　称 4.756g 葡萄糖固体溶解于约 70mL 蒸馏水中，容量瓶定容至 100mL，装于 125mL 试剂瓶。

（7）0.24mol/L 甘油　量取 2.21g 20℃的丙三醇（分析纯），容量瓶中加蒸馏水定容至 100mL，装于 125mL 试剂瓶。

（8）0.24mol/L 乙醇　取 1.105g 无水乙醇，容量瓶中加蒸馏水定容至 100mL，装于 125mL 试剂瓶。

（9）0.24mol/L 丙酮　称取 1.394g 丙酮，容量瓶中加蒸馏水定容至 100mL，装于 125mL 试剂瓶。

（10）Alsever 溶液　称取 2.05g 葡萄糖、0.89g 柠檬酸钠（$Na_9C_6H_5O_7 \cdot 2H_2O$）、0.05g 柠檬酸（$C_6H_6O_7 \cdot H_2O$）、0.42g NaCl，溶解于约 70mL 蒸馏水中，调 pH 至 7.2，容量瓶定容至 100mL。过滤灭菌或高压灭菌 10min，置 4℃冰箱保存。

四、实验步骤

① 从集市处接新鲜鸭血（或鸡血）5mL（防止污染），放入盛有 20mL Alsever 溶液的灭菌离心管中，颠倒混匀后置于放有冰袋的泡沫盒中低温运输，再放置于 4℃冰箱保存备用（1 周内使用）。

② 使用前，吸取 5mL Alsever 液保存的新鲜鸭血（需要将细胞溶液悬浮后再吸取），加入 8mL 0.128mol/L 的 NaCl 溶液，小心混匀，以 1000r/min 于 4℃离心 5min，吸弃上层溶液，保留下层积压血细胞，再加入 8mL 0.128mol/L 的 NaCl 溶液洗涤和离心，重复 3 次。最后制成 30％的鸭红细胞悬液（3mL 积压血细胞加入 7mL 0.128mol/L 的 NaCl 溶液）。

③ 取 10 支试管，按表 7.3.1 中所示测试溶液，分别取样各 3mL，作出标记后，各管均加入红细胞悬液 2 滴，混匀后静置于温室中，观察各支试管中发生溶血的时间及其变化。

④ 显微镜下检查细胞的完整性。

⑤ 结果

a. 试管内液体分两层：上层浅黄色透明，下层红色不透明为不溶血（标记"—"），镜检红细胞完好为不溶血。

b. 如果试管内液体浑浊，上层带红色者，称不完全溶血（标记"＋"或"＋＋"），镜检有部分红细胞皱缩，大部分细胞结构完整。

c. 如果试管内液体变红而透明者，称完全溶血（"＋＋＋"），镜检发现细胞全部破裂，没有典型的透镜形状，只有血影存在。

五、注意事项

① 洗涤血细胞时要温缓，避免暴力操作造成血细胞质膜损伤。

② 血影由于缺少细胞内容物，对光的透过性增强，需要弱光照和孔径光阑配合调整，以实现血影的观测。

六、结果记录及分析讨论

1. 实验结果记录（见表 7.3.1）

表 7.3.1　各种溶液的溶血现象观察结果

编号	测试溶液	是否溶血
1	0.128mol/L NaCl	
2	0.128mol/L NH_4Cl	
3	0.128mol/L 乙酸铵	
4	0.128mol/L $NaNO_3$	
5	0.128mol/L 草酸铵	
6	0.24mol/L 葡萄糖	
7	0.24mol/L 甘油	
8	0.24mol/L 乙醇	
9	0.24mol/L 丙酮	
10	H_2O	

图 7.3.1　0.128mol/L NaCl 溶液中鸭血细胞形态（10×40）

目测法判断标准为快速溶血：＋＋＋；慢速溶血：＋＋或＋；不溶血：－。

2. 结果分析讨论

例：在 0.128mol/L NaCl 溶液中，鸭血细胞形态完整，为椭圆形/柿饼状（如图 7.3.1 所示），这是由于该溶液为等渗溶液，细胞膜内外渗透压一致，细胞保持完整。

七、思考题

细胞质膜如何调控物质的跨膜运输？

实验四　人类巴氏小体的观察

一、实验目的

① 掌握人类巴氏小体玻片标本制作方法。
② 识别巴氏小体形态特征及所在部位。

二、实验原理

X 小体（又称巴氏小体）是雌性哺乳类动物体细胞的细胞核内，两条 X 染色体之一在发育早期随机发生异染色质化而失活。异固缩的巴氏小体紧贴核膜内缘，染色深而致密，大小约 $1.0 \sim 1.5 \mu m$，其数量为体细胞 X 染色体数减一。莱昂的剂量补偿学说认为：雌性哺乳动物体细胞中的 X 染色体只有一个保持活性，而另一个是晚复制的，没有活性，但由于 X 连锁基因得到剂量补偿，因此雌性的 XX 和雄性的 XY 具有相同的有效基因产物。体育运动会上也采用巴氏小体来进行运动员的性别检测。

三、实验材料、仪器及试剂

1. 实验材料

女性及男性口腔黏膜细胞、毛根鞘细胞。

2. 实验仪器及耗材

显微镜、载玻片、盖玻片、牙签、吸管、水浴锅等。

3. 实验试剂及配制方法

改良苯酚品红染色液、1mol/L 盐酸（4.2mL 浓盐酸稀释至 50mL）、无水乙醇等。

四、实验步骤

1. 口腔黏膜细胞中巴氏小体的显示

（1）取材与固定　受检者（男性和女性）用清水漱口数次，用洁净牙签从口腔两侧刮取黏膜，第一次舍去，再原位刮 2～3 次，第 2、3 次均匀涂抹于载玻片上，空气中干燥 5～10min，使细胞贴附在载玻片上。在涂抹细胞的位置滴加 1mol/L 盐酸水解 3～5min，用水流缓慢洗涤 3 次。

（2）染色与观察　滴加 1～2 滴改良苯酚品红染液染色 2～3min，盖上盖玻片，镜检。高倍镜下找到巴氏小体，油镜下对观察到的巴氏小体进行观察和拍照。

2. 发根毛囊细胞中巴氏小体的显示

（1）取材　拔取女性和男性带有白色毛囊的头发（约 2cm），置于载玻片上。直接滴加一滴酸解液（浓盐酸∶95％乙醇＝1∶1）于毛囊细胞处，软化毛囊细胞 10min。以清水缓慢洗涤 3 次。用尖头镊子夹起发根梢部，将软化的毛囊细胞蹭在另一个载玻片上。

（2）染色及观察　滴加一滴改良苯酚品红染液，染色 2～3min，加盖盖玻片并在高倍镜及油镜下进行观察。

五、注意事项

① 酸处理细胞后，要将盐酸清洗干净。

② 利用改良苯酚品红进行染色时要控制染色时间，染色时间过长可能导致细胞核染色深，不易分辨出巴氏小体。

③ 使用油镜后需要擦拭干净，以保护镜头。

六、结果记录及分析讨论

1. 实验结果记录

例：如图 7.4.1 所示。

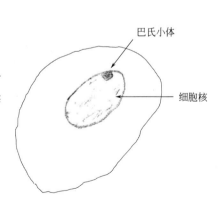

图 7.4.1　女性口腔上皮细胞巴氏小体示意图（10×100）

2. 结果分析讨论

例：巴氏小体是……，经过改良苯酚品红染色后，可见……（如图 7.4.1 所示）。

七、思考题

是否会出现女性无巴氏小体或男性有巴氏小体的情况？

实验五　叶绿体的分离及荧光观察

一、实验目的

① 了解叶绿体分离的原理和方法。
② 熟悉荧光显微镜的工作原理。

二、实验原理

叶绿体是植物进行光合作用的细胞器。典型的植物叶绿体呈凸透镜或铁饼状，由于叶绿体含有叶绿素，且体积较大，直径为 $5\sim10\mu m$，厚 $2\sim4\mu m$，因此借助光学显微镜就能够清晰分辨。

利用超离心技术能够将不同的细胞组分分离开来，由于叶绿体质量大，故使用高速离心机就能沉淀。差速离心是利用不同离心速度所产生的不同离心力，将各种质量和密度不同的亚细胞组分和颗粒分开，即随着离心速度由低到高离心力也增加，亚细胞组分及颗粒按照质量及密度从高到低沉淀下来，进而分批收集各种亚细胞组分。叶绿体具有一定的渗透压，因此提取液应保持等渗条件，以维持叶绿体的结构完整性。

叶绿素能够吸收光子处于激发态，当激发态的叶绿素分子返回基态时，能够释放光子，从而产生自发荧光。利用荧光显微镜能够检测到叶绿体自发的红色荧光信号。作为半自主性细胞器之一，叶绿体具有自己的遗传物质及转录、翻译系统，因此利用核酸染料对遗传物质进行染色，并借助于荧光显微镜能够观察到相应的荧光信号。吖啶橙（acridine orange）是一种常用荧光染料，能够与 DNA 或 RNA 结合，叶绿体经过吖啶橙染色后可在荧光显微镜下观察到橘红色的荧光。

三、实验材料、仪器及试剂

1. 实验材料

新鲜菠菜。

2. 实验仪器及耗材

倒置荧光显微镜、离心机、组织捣碎机、分析天平、刻度离心管、纱布、载玻片、盖玻片等。

3. 实验试剂

0.35mol/L NaCl 溶液、0.01％吖啶橙。

四、实验步骤

① 购买新鲜的菠菜，取嫩绿的叶组织，称取 20g 放于 100mL 预冷的 0.35mol/L 的 NaCl 等渗溶液中。

② 利用组织捣碎机（家用豆浆机）将菠菜及等渗液进行匀浆捣碎 3～5min，转速为 5000r/min。也可以使用研钵及石英砂进行研磨捣碎。

③ 取一个 250mL 烧杯和漏斗，用 6 层纱布将匀浆过滤。

④ 吸取 5mL 滤液于 10mL 离心管中，在 1000r/min 下离心 2min。

⑤ 小心转移上清液到新的 10mL 离心管中，在 3000r/min 下离心 5min。

⑥ 小心吸弃上清液，留沉淀，将沉淀用 3mL 0.35mol/L 的 NaCl 溶液悬浮。

⑦ 取一滴悬液于载玻片上，加盖玻片后于荧光显微镜下观察。

⑧ 另外取一滴悬液于载玻片上，再加一滴 0.01% 的吖啶橙染料混匀，加盖玻片后于荧光显微镜下观察。

⑨ 利用解剖刀在菠菜叶子的下表皮小心倾斜划开，并用尖头镊子撕出薄薄的一层下表皮制片观察，在荧光显微镜下分别观察气孔、保卫细胞及细胞内部的叶绿体等。

五、注意事项

① 菠菜材料需要新鲜，同时要去掉叶脉、叶梗等坚硬部分。

② 差速离心法得到的叶绿体沉淀同时也有细胞核，因此进行吖啶橙染色后以荧光观察可以看到绿色的细胞核显色。

③ 低温条件、快速提取叶绿体有利于保证叶绿体的完整性，同时染色后荧光观察及拍照速度要快。

④ 荧光显微镜的使用必须在老师指导下进行，不可擅自操作，避免不恰当的操作对设备造成不可逆损害。

六、结果记录及分析讨论

1. 实验结果记录

例：叶绿体，如图 7.5.1 所示。

2. 结果分析讨论

例：经过分离出来的叶绿体完整性……，完整叶绿体的结构为……，在白光下为绿色（如图 7.5.1 所示），这是由于……；在……荧光的激发下，叶绿体发出红色的荧光……。

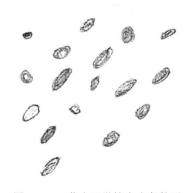

图 7.5.1 荧光显微镜白光条件下观察到的叶绿体（10×40）

七、思考题

① 为了获得更完整的叶绿体，可以采用什么方法？

② 试述染料或蛋白质产生不同荧光的原理。

实验六 细胞骨架的显示与观察

一、实验目的

① 了解细胞骨架的主要成分。
② 掌握细胞骨架染色的原理与方法。

二、实验原理

细胞骨架主要包括微丝、微管和中间纤维,它们在细胞内交织形成复杂的立体网络结构。细胞骨架参与细胞中很多的生理功能,包括细胞形状的维持、细胞内物质运输、细胞运动、细胞分裂等。细胞骨架具有动态不稳定的特点,在一定的条件下会去组装或者重新组装。一些实验条件(如低温、高压和酸处理)会引起细胞骨架的解聚,这不利于细胞骨架的研究。采用 M-缓冲液对细胞进行洗涤,可以提高细胞骨架的稳定性,再利用戊二醛对细胞骨架成分进行固定,另外,非离子型去垢剂 Triton X-100 处理能抽取掉一部分杂蛋白,显著提升细胞骨架的显示清晰度。微丝、微管、中间纤维等都是直径很小的结构。最小的微丝直径只有 7 nm,最大的单根微管直径才 25 nm 左右,远低于普通光学显微镜最低分辨率,因此科研上研究细胞骨架的主要方法是应用高压电镜或免疫荧光显微技术。在本实验中,成束分布的细胞骨架纤维经考马斯亮蓝染色后有聚集夸大的效果,因此可以利用普通光学显微镜进行细胞骨架结构的观察。

三、实验材料、仪器及试剂

1. 实验材料

洋葱鳞茎。

2. 实验仪器及耗材

显微镜、载玻片、具塞玻璃管、盖玻片、牙签、吸管、镊子等。

3. 实验试剂及配制方法

(1) M-缓冲液　依次称取 2.90g 咪唑、3.70g KCl、0.012g $MgCl_2$、0.38g EGTA、0.042g EDTA、0.086mL 巯基乙醇,溶解于约 700mL 蒸馏水中,容量瓶定容至 1000mL。

(2) 6mmol/L 磷酸缓冲液　依次称取 0.74g KH_2PO_4、2.4g $Na_2HPO_4 \cdot 12H_2O$,溶解于约 70mL 蒸馏水中,容量瓶定容至 1000mL。

(3) 1% Triton X-100　以 M-缓冲液配制。

(4) 3% 戊二醛　25% 戊二醛 12mL,6mmol/L 磷酸缓冲液 88mL。

(5) 染料　在容量瓶中分别加入 0.2g 考马斯亮蓝 R-250、7mL 冰醋酸、46.5mL 甲醇、46.5mL 蒸馏水,以蒸馏水定容至 100mL。

四、实验步骤

① 撕取洋葱鳞茎内表皮细胞(约 1cm²)3~5 片置于盛有 6mmol/L pH6.8 磷酸缓冲液

的具塞玻璃管中，用镊子小心按压使其下沉，并保持 10min。

②吸弃磷酸缓冲液，加入 1‰ Triton X-100 处理 20～30min（环境温度较低时放置于 25℃ 恒温箱中）。

③吸弃 Triton X-100，用 M-缓冲液洗涤 3 次，每次 3min。

④用 3‰戊二醛固定 30～60min（环境温度较低时放置于 25℃ 恒温箱中）。

⑤用磷酸缓冲液洗 3 次，每次 10min。

⑥用 0.2‰考马斯亮蓝 R-250 染色 20～30min（环境温度较低时放置于 25℃ 恒温箱中）。

⑦用蒸馏水洗 1～2 次，细胞置于载玻片上，加盖玻片，于普通光学显微镜下观察，就可以看到由细胞骨架组成的网络。

⑧拍照记录观察到的细胞骨架结构。

五、注意事项

①尽量撕取洋葱鳞片单层内表皮细胞，以避免多层细胞影响染色及细胞骨架的观察。

②多个内表皮在整个处理及染色过程中要尽量分散，避免相互重叠。

六、结果记录及分析讨论

1. 实验结果记录

例：如图 7.6.1 所示。

2. 结果分析讨论

例：经过染色的洋葱内表皮细胞骨架呈现……。

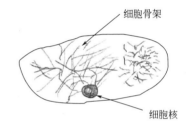

图 7.6.1 洋葱内表皮细胞
骨架显示（10×10）

七、思考题

三种不同的细胞骨架的主要成分及其功能是什么？

实验七 植物染色体标本的制备与观察

一、实验目的

①掌握常规压片法制备植物染色体标本的基本原理和方法。

②了解植物细胞周期的特点及染色体核型分析的方法。

二、实验原理

染色体和染色质是细胞遗传物质在不同的细胞周期中的存在形式。染色质主要是间期时细胞核中遗传物质的存在形式，而染色体是细胞在有丝分裂或减数分裂时期染色质经过高度折叠压缩后的形态，从而染色后在光学显微镜下可分辨。不同物种的染色体数量存在差异，如人类的染色体数为 $32×2=64$ 条、洋葱的染色体数为 $8×2=16$ 条。通过对植物染色体标本的制备及观察，能够对相应植物的染色体数目及核型进行分析。在进行植物染色体标本制作时，常使用有丝分裂旺盛的分生组织材料，如根尖、茎尖或嫩叶。压片法制作标本的程序包括取材、预处理、固定、解离、染色和压片等步骤。

三、实验材料、仪器及试剂

1. 实验材料

蚕豆种子、洋葱鳞茎。

2. 实验仪器及耗材

光学显微镜、培养箱、载玻片及盖玻片、擦镜纸、镊子、解剖刀、移液管、烧杯、育苗盒、吸水纸、牙签、标签纸等。

3. 实验试剂

0.02%秋水仙素、改良苯酚品红染色液、甲醇、冰醋酸、乙醇、盐酸等。

四、实验步骤

1. 取材

将购买的洋葱置于烧杯上，加水至没过基部；将蚕豆种子用水没过浸泡4h，放在育苗盒上，底部放水，蚕豆种子放在架子上，再盖两层湿润的纱布，放在25℃温箱中发根。每天换水，直至根生长到2cm左右，于上午有丝分裂旺盛时期取根尖。

2. 预处理

将剪下的根尖置于0.02%的秋水仙素溶液中，浸泡处理4h，以抑制纺锤体的形成，将细胞停滞在分裂期。

3. 固定

用蒸馏水清洗根尖3次，转移到甲醇和冰醋酸以3∶1现配的固定液中固定6～12h，再经95%乙醇、85%乙醇各浸泡30min，最后转入70%乙醇中，4℃保存备用。

4. 解离

小心取出4℃保存的根尖，用蒸馏水清洗干净，放入1mol/L HCl溶液中，于60℃水浴锅中解离8～10min，以使细胞疏散，便于染色及压片。再用蒸馏水清洗干净。

5. 染色

将根尖放入改良苯酚品红染色液中染色5～10min。

6. 压片及镜检

小心夹取根尖于载玻片上，用解剖刀切取分生区加一滴染液，用镊子捣碎，盖上盖玻片，再小心敲打盖玻片，使细胞分散，显微镜下观察。

五、注意事项

秋水仙素的浓度和处理时间对于染色体的形态有影响，浓度过高或处理时间过长，可能会引起染色体过度凝缩，不利于核型分析。

六、结果记录及分析讨论

1．实验结果记录

例：如图 7.7.1 所示。

2．结果分析讨论

例：洋葱根尖分生区细胞形状为⋯⋯，其中有部分的细胞处于有丝分裂期（如图 7.7.1 所示）⋯⋯。

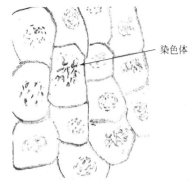

图 7.7.1 洋葱根尖染色体
观察（10×40）

七、思考题

根据已学的知识，如何从分子层面解释有丝分裂过程中不同时期（前期、前中期、中期、后期和末期）染色体的行为？

实验八　动物细胞融合

一、实验目的

① 了解聚乙二醇（PEG）诱导细胞融合的基本原理。
② 掌握动物细胞融合的操作步骤及关键影响因素。

二、实验原理

细胞融合是指两个或者多个细胞在人工诱导下或者自然发生合并成一个细胞的过程。人工诱导细胞之间发生融合有一定的流程，主要是经过"亲本选择→细胞接触、黏附→质膜融合形成细胞桥→胞质渗透→细胞核融合→融合细胞的筛选"，细胞融合成功的标志是两个细胞核能够同步发生有丝分裂，形成的融合细胞含有双亲细胞的染色体。因此细胞融合技术在克服物种间远缘杂交、创造新细胞、培育新品种中具有重要意义。人工诱导细胞融合的方法主要有生物法、化学法和物理法。

聚乙二醇（polyethylene glycol，PEG）是目前常用的化学促融剂，具有简易、成本低、融合细胞不受物种限制等优点。PEG 最开始于 1974 年用于多种植物原生质体的融合，取得很好的效果，随后也证实 PEG 也能够很好地诱导动物细胞融合。PEG 分子能够诱导细胞融合，可能是由于其具有轻微的负极性，能够与水分子、蛋白质、碳水化合物等形成氢键，从而介导相邻细胞间形成分子桥而相互接触。当将 PEG 分子洗脱时，膜电荷发生紊乱，导致细胞膜之间分子发生疏散和重排，引起细胞融合。

PEG 对细胞具有一定的毒性，分子量越大，使用浓度越高，处理时间越长，对细胞的毒害作用就越大。因此，选择合适分子量的 PEG、适当的浓度和处理时间，在有利于保障细胞高存活的前提下，可更好地提高细胞融合的效率。

三、实验材料、仪器及试剂

1．实验材料

成年家鸡。

2．实验仪器及耗材

光学显微镜、注射器、低速离心机、水浴锅、凹面载玻片及盖玻片、血细胞计数板、擦镜纸、镊子、解剖刀、移液管、烧杯、培养皿、吸水纸、牙签、标签纸等。

3．实验试剂及配制方法

（1）0.85％生理盐水。

（2）GKN 溶液　先称取 800mL 双蒸水，再逐一加入和溶解 8g NaCl、0.4g KCl、1.77g $Na_2HPO_4 \cdot 2H_2O$、0.69g $NaH_2PO_4 \cdot H_2O$、2g 葡萄糖、0.01g 酚红，注意每次完成溶解后再加下一个药品，最后用容量瓶定容到 1000mL。

（3）50％（m/V）PEG 溶液　称取分子量为 4000 的 PEG 50g，放入 100mL 烧杯中，高压灭菌 20min；灭菌完成后取出在 60℃烘箱上保温避免 PEG 凝固，与 50mLgKN 溶液（50℃水浴锅中提前预热）混匀，置于 37℃烘箱或水浴锅中保温备用。

（4）Hank 原液（10×）　先称取 800mL 双蒸水，按下列配方逐一加入和溶解：80g NaCl、1.2g $Na_2HPO_4 \cdot 12H_2O$、4g KCl、0.6g KH_2PO_4、2.0g $MgSO_4 \cdot 7H_2O$、10.0g 葡萄糖、1.4g $CaCl_2$，每次完成溶解后再加下一个药品。1.4g $CaCl_2$ 用 50mL 双蒸水单独溶解，再混合到其他溶液中。最后用容量瓶定容到 1000mL。

（5）Hank 液（1×）　取 100mL Hank 原液、896mL 双蒸水、4mL 0.5％酚红配好后分装灭菌，冷却或 4℃低温保存。

（6）詹纳斯绿 B 染色液、肝素等。

四、实验步骤

① 从市场采购活鸡，利用注射器从鸡翅下静脉进行采血，注入 50mL 离心管后，每 5mL 鸡血加入 100 U 肝素并混匀，制成抗凝全血。

② 加入 4 倍体积的 0.85％生理盐水，混匀后放置于 4℃冰箱内，1 周内使用。

③ 取一 10mL 离心管，吸取 1mL 细胞悬液，加入 4 倍体积 0.85％生理盐水并混匀，以 1000r/min 离心 5min，小心吸弃上清液，避免摇晃离心管和吸到下层血细胞。重复清洗一次。最后的下层堆积细胞加入 9 倍体积的 GKN 液，制成 10％的细胞悬液。

④ 用血细胞计数板对 10％细胞悬液进行细胞计数，调整血细胞浓度约为 1×10^7 个/mL。

⑤ 在一干净的 10mL 离心管中，取 1mL 调整好浓度的细胞悬液，加入 4 倍体积 Hank 液温和吹打混匀，于 1000r/min 离心 5min。吸弃上清液，轻弹离心管底部避免血细胞成团。

⑥ 吸取 0.5mL 37℃保温的 50％ PEG 溶液，缓慢逐滴沿管壁加入积压血细胞中，边加边摇晃混匀，再在 37℃水浴锅中静置 2min。

⑦ 缓慢加入 5mL Hank 液，轻轻吹打混匀，放置 37℃ 水浴锅中 5min。

⑧ 温和吹打悬浮细胞团，以 1000r/min 离心 5min，吸弃上清液。

⑨ 加入 5mL Hank 液，小心混匀后于 1000r/min 离心 5min，吸弃上清液，下层细胞加入少许 Hank 液，轻轻吹打混匀。

⑩ 吸取一滴细胞悬液滴在凹面载玻片上，加入一滴詹纳斯绿 B 染液并搅匀，3min 后盖上盖玻片，显微镜下观察。可以观察到不同的细胞融合效果，包括未融合细胞、两个细胞融合和多个细胞融合。

⑪ 计算细胞融合率。细胞融合率＝视野内发生融合的细胞核总数/所有细胞核总数×100％。为了提高准确性，需对多个视野进行测定和计算，再统计分析。

五、注意事项

① 血细胞混匀等操作过程中应温和，避免物理剪切力对细胞的影响。

② 细胞融合率与所用 PEG 的分子量、浓度以及融合时间和细胞自身等因素有关。

六、结果记录及分析讨论

1. 实验结果记录

例：如图 7.8.1 所示。

2. 结果分析讨论

例：……经过 PEG 诱导，可以观察到……。

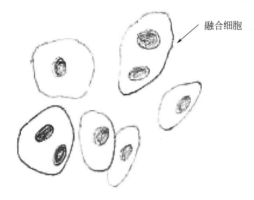

图 7.8.1　融合的鸡血细胞（10×40）

七、思考题

试说明影响细胞融合的关键因素。

实验九　植物原生质体的分离和提纯

一、实验目的

① 掌握植物原生质体的分离和提纯技术。
② 了解植物原生质体在育种研究中的应用。

二、实验原理

原生质体是去除细胞壁后裸露的细胞。原生质体能够在体外进行基本的生命活动，在适宜的培养条件下能够再生细胞壁，并通过愈伤组织途径形成新的植株。植物细胞壁的主要成分包括纤维素、半纤维素、果胶质和少量蛋白质，因此进行细胞壁的去除时常采用酶解的方法。在进行酶解制备原生质体的过程中，常用的酶有纤维素酶、果胶酶等，同时也会根据不同的植物材料调整酶的组合、酶解时间、温度、酸碱度等。原生质体失去了细胞壁的支持和保护，其细胞形态会变成球形，因此培养基中也需要具备一定的渗透压以保持原生质体的稳定性。分离得到的原生质体可以用于基础的分子和细胞遗传学分析，也可以用于体细胞杂交育种等细胞工程研究。

三、实验材料、 仪器及试剂

1．实验材料

烟草叶片。

2．实验仪器及耗材

倒置显微镜、载玻片及盖玻片、低速离心机、300 目镍丝网、血细胞计数板、解剖刀、移液管、烧杯、吸水纸等。

3．实验试剂及配制方法

（1）洗涤液　0.6mol/L 甘露醇，3.5mol/L $CaCl_2 \cdot 2H_2O$，0.7mol/L KH_2PO_4，调 pH 至 5.6，高压灭菌备用。

（2）混合酶液　2％纤维素酶、1％果胶酶溶解于洗涤液中，过滤灭菌。

（3）乙醇、次氯酸钠等。

四、实验步骤

① 取温室中生长 2～3 月龄的烟草叶片，用蒸馏水冲洗干净。

② 超净工作台无菌条件下，在盛有 70％乙醇的烧杯中浸泡 30s 进行表面消毒，再转移到 0.3％次氯酸钠溶液中灭菌 15min，于无菌水中清洗 5 次。

③ 小心撕去叶片下表皮，并剪成 1cm² 的小块。

④ 叶片小块放入混合酶液中（每克叶片材料加 10mL 酶液），25℃下酶解 3～4h。吸取一滴酶液于载玻片上，倒置显微镜下检查原生质体。

⑤ 利用镍丝网将酶解后的原生质体过滤到小烧杯中，以除去未解离的叶片。

⑥ 将滤液装到无菌 10mL 带盖离心管（每管 5mL）中，以 600r/min 低转速离心 5min，沉淀原生质体。

⑦ 小心吸弃上清液，沉淀中加入 5mL 洗涤液，温和地吹打混匀制成原生质体悬液。重复洗涤步骤 2～3 次，以洗净酶液和残余细胞碎片。

⑧ 最后将沉淀加入 4mL 洗涤液，小心悬浮原生质体，滴一滴在载玻片上，盖上盖玻片，显微镜观察提纯后的原生质体状态，并在血细胞计数板上进行计数。

五、注意事项

原生质体的分离操作需要在无菌的超净工作台上进行，尽量避免污染，特别是在后续还需要进行培养的情况下。

六、结果记录及分析讨论

1. 实验结果记录

例：如图 7.9.1 所示。

2. 结果分析讨论

例：经过……，获得的原生质体的形状是圆形的，……。

七、思考题

影响原生质体分离的因素有哪些？

图 7.9.1 原生质体示意图

第八章 环境生物技术实验

人类社会的飞速发展创造了前所未有的文明，同时也使人类面临着环境污染、生态失衡等严重危机。在人类的"自救"过程中，环境生物技术作为安全有效的核心手段，起着极其重要的作用。环境生物技术是将现代生物技术与环境科学、生态学等紧密结合而形成的一门新兴交叉学科，主要涉及环境污染的治理、预防、监测、评价及废物资源化利用过程中的生物学方法与技术的发展和应用，具有综合度高、实践性强、应用面广等特点。环境生物技术实验是与环境生物技术理论课平行开设的实践教学环节，其以生物化学、微生物学、分子生物学、生态学等课程为基础，根据学生已具有的知识储备和已掌握的实验技能，设计出将基础理论知识与实际应用相结合的实验课程内容，不仅有助于提升学生的实验操作水平，还能培养学生独立分析和解决问题的能力，以及良好的科学素养和创新思维。

实验一 种子发芽毒性试验

一、实验目的

① 理解重金属污染物对种子发芽产生毒性的基本原理。
② 通过种子发芽毒性实验，了解重金属污染物对生物的不良影响及其评价标准。

二、实验原理

植物种子在适宜的条件（水分、温度和氧气等）下吸水膨胀萌发，在各种酶的催化作用下发生一系列的生理、生化反应。但是，当环境中有重金属离子等污染物存在时，重金属离子会抑制一些酶的活性，从而使种子萌发受到影响，破坏发芽过程。因此，通过测定种子发芽情况，如黄豆、小麦、豌豆等种子的发芽势和发芽率，就可以预测和评价环境污染物对植物的潜在毒性和生物有效性。

发芽势是指发芽初期在规定的日期内正常发芽的籽粒数占试样籽粒数的百分率。发芽率是指发芽终期在规定的日期内全部正常发芽的籽粒数占试样籽粒数的百分率。种子发芽率越高，说明种子饱满、整齐度高、种胚发育良好，种子生命力旺盛。测定结果以每100粒种子可发芽的粒数表示。不同植物种子的发芽势和发芽率有所不同，通常分两个时期进行测定统计。第一期内发芽种子数量为种子的发芽势，第二期内发芽种子数量为发芽率（参考自GB/T 5520—2011《粮油检验 发芽试验》）。

三、实验材料、仪器及试剂

1. 实验材料

选取发育正常、无霉无蛀、完整健康的黑豆、黄豆、麻豌豆、小麦等高出芽率种子（如

图 8.1.1 所示），每皿各 100 颗。

图 8.1.1　种子发芽示意

2. 实验仪器及耗材

恒温培养箱、培养皿、移液管、滤纸、纱布、镊子、洗耳球、直尺、喷壶等。

3. 主要试剂

0.25g/L $K_2Cr_2O_7$ 溶液，0.5g/L $CuSO_4$ 溶液，1g/L $ZnSO_4$ 溶液，去离子水。

四、实验步骤

1. 发芽种子的预处理

将种子用清水洗涤一遍，再挑出虫蛀、破皮和发霉的坏种子，倒入适量清水浸泡种子（水位需没过种子），在泡种期间需换水一次。泡种时间不可过长，否则将导致种子营养外渗和种子活力衰退。泡种结束后需再次去除坏种。本实验用的种子泡种时间如下所述。

（1）黑豆　冬季泡种 12～16h，夏季泡种 12～14h（三天后的发芽势约为 94%）。

（2）黄豆　冬季泡种 12～16h，夏季泡种 10～14h（三天后的发芽势约为 96%）。

（3）麻豌豆　冬季泡种 18～20h，夏季泡种 12～14h（三天后的发芽势约为 98%）。

（4）小麦（不喜水）　冬季泡种 10～14h，夏季泡种 10～12h（三天后的发芽势约为 86%）。

2. 发芽床的制作

① 在直径 9 cm 的玻璃培养皿内放入两张等径滤纸作发芽床。发芽床的湿润程度对发芽有很大影响，水分过多妨碍空气进入种子，水分不足会使发芽床变干，这两种情况都会影响

发芽过程，使实验结果不准确。

② 在每个处理组的发芽床上均匀加入 10mL 左右重金属溶液，同时以去离子水作为空白对照组，溶液加入后用镊子将滤纸轻轻压平，以避免滤纸之间及滤纸与皿底之间产生气泡。

3. 摆种及培养

① 每个实验小组选用一种种子，分别设置一个空白对照组和三个不同重金属离子的处理组，每个处理做三个平行。每个发芽床上摆放 100 颗浸泡好的种子（小麦种子需将腹沟朝下），整齐地排列在发芽床上，种子间的间距按粒长的 1～2 倍摆放，避免相互接触，以防发霉种子感染健康种子。

② 盖上皿盖（否则种子易失水），并在皿盖上贴好标签，注明实验人姓名、种子名称、污染物名称、实验开始日期，将培养皿置于 25～30℃ 温箱中培养既定的天数（注：黑豆、黄豆需要黑暗避光培养，发芽床上方需倒扣一纸箱以遮光，或直接放在超净工作室中培养；麻豌豆和小麦可放在避免阳光直射的散光、通风处培养）。

③ 在发芽期间，需每天观察发芽情况及发芽床湿润情况，水分不够需要及时补充（注：小麦不喜水，需在种子上方覆盖两层纱布，将纱布喷湿即可，同时减少喷水次数）。此时，重金属处理组喷洒重金属溶液，空白对照组喷洒去离子水。

④ 按照发芽势和发芽率计算的截止日期，及时检查正常与不正常的发芽种子，并做好记录。

4. 种子发芽后应具备的特征

种子发芽后，绝大多数幼苗应出现以下特征：子叶从种皮中伸出（如莴苣属）、初生叶展开（如菜豆属）、叶片从胚芽鞘中伸出（如小麦属）。针对每组符合上述标准的发芽种子进行观察、计数。

5. 发芽势与发芽率的计算

① 以小麦种子为参考依据，本实验待测种子的发芽势测定在第 3 天、发芽率测定在第 7 天。分别于第 3 天和第 7 天记录不同种子发芽的情况，将不正常的和感染霉菌的种子及时除去。

② 按照下列公式分别计算在不同重金属污染物影响下的种子发芽势及发芽率，每个处理组的发芽率和发芽势以两皿平行实验的平均值进行记录。

$$发芽势(\%) = \frac{第 3 天发芽的种子数}{待测的所有种子数} \times 100 \qquad (8.1.1)$$

$$发芽率(\%) = \frac{第 7 天发芽的种子数}{待测的所有种子数} \times 100 \qquad (8.1.2)$$

五、注意事项

① 实验过程中要做好个人防护，戴好手套，严格防止重金属溶液接触皮肤。

② 含重金属离子的废液应统一倾倒入实验室中的相应废液桶中，不得随意倒入下水道；含重金属离子的废弃物应统一丢弃于废物箱中集中处置。

③ 给种子补充水分时要防止污染，禁止挪动培养皿的位置。

④ 正式实验开始前，需经过预实验提前测定每种种子的发芽势。

六、实验记录及分析讨论

1. 实验结果记录

① 本组实验用的种子为_____，实验开始时间为_____。

② 分别于摆种后的第 3 天和第 7 天，将空白对照组和重金属污染物处理组的发芽种子数、发芽势及发芽率的平均值等数据计算并记录在表 8.1.1 中。

表 8.1.1　种子发芽情况记录表

项目 ＼ 处理组	空白对照组		重金属_____ 处理组 1			重金属_____ 处理组 2			重金属_____ 处理组 3		
实验种子的总数											
第 3 天种子发芽数/个											
种子发芽势/％											
发芽势平均值/％											
芽生长状态描述（长度、长势等）											
根生长状态描述（长度、长势等）											
第 7 天种子发芽数/个											
种子发芽率/％											
发芽率平均值/％											
芽生长状态描述（长度、长势等）											
根生长状态描述（长度、长势等）											

2. 结果分析讨论

① 针对上述实验结果，分析三种重金属对本组实验用种子的发芽过程是否存在毒性？如有毒性，则毒性效应主要体现在何处？

② 影响本次实验结果的因素有哪些？今后应如何改进？

七、思考题

① 影响种子发芽的主要因素有哪些？

② 重金属影响植物种子发芽的主要原理是什么？试从植物种子发芽的生理角度作分析。

③ 除重金属之外，对植物种子发芽产生毒性的其他污染物还有哪些？请列举三种以上，

并说明其产生毒性的原理。

实验二　水体沉积物中 H_2S 产生菌的测定

一、实验目的

① 掌握水体沉积物中 H_2S 产生菌的测定方法。

② 了解 H_2S 产生菌的种群组成。

二、实验原理

在自然环境中，某些微生物可利用注入水体中的硫酸盐及其他含硫化合物进行生长和代谢，产生 H_2S。H_2S 是一种可溶性的有毒有害气体，带有臭鸡蛋气味。水体中存在的 H_2S 不仅影响水质，对人体健康和生命安全具有潜在威胁，还将严重危害水产养殖业，造成水生动物大量死亡。此外，在原油开采过程中，这些微生物利用随水注入的硫酸盐及其他含硫化合物生长代谢产生的 H_2S 将引发油藏酸败、引发或促进金属管线等设施腐蚀。通过新陈代谢作用能够产生 H_2S 的微生物菌群主要是化能异养菌，例如沙门菌属、爱德华菌属、亚利桑那菌属、枸橼酸杆菌属、变形杆菌属细菌等。微生物产 H_2S 的过程主要包括两种类型：第一类能分解残饵或粪便中的含硫有机物（如含硫氨基酸）产生 H_2S，所有能够分解利用有机物的细菌、放线菌及真菌都具有此作用，它们可以是好氧菌或厌氧菌；第二类能还原 SO_4^{2-}、SO_3^{2-}、$S_2O_3^{2-}$ 产生 H_2S，具有此作用的微生物能够进行无氧呼吸，由厌氧菌或兼性厌氧菌组成，但都能利用 SO_4^{2-} 中的氧作为氢受体和电子受体。H_2S 与水体淤泥中的金属盐结合后形成金属硫化物，导致水体底部变黑，这是 H_2S 存在的重要标志。本实验在固体或半固体培养基中加入乙酸铅，再接种来自不同水体淤泥的沉积物后，异养微生物生长繁殖过程中产生的 H_2S 就会与其周围的铅离子发生反应，生成黑色的硫酸铅。待菌体繁殖形成菌落后，在菌落周围就会产生黑色斑块。

三、实验材料、仪器及试剂

1. 实验材料

取自景观湖、池塘、水库等水体中的沉积物样品，也可直接从水体底部裸露的滩涂中采取底泥。

2. 实验仪器及耗材

高压蒸汽灭菌锅、烘箱、恒温摇床、恒温培养箱、超净工作台、电子天平、蚌式采泥器（或长柄不锈钢勺）、塑料广口试剂瓶、试管架、量筒、烧杯、移液管、玻璃试管、锥形瓶、乳胶手套、一次性 PE 手套等。

3. 主要试剂及培养基

（1）50g/L 乙酸铅溶液　经 $0.22\mu m$ 滤膜过滤除菌后备用。

（2）培养基　分别称取 20g 蛋白胨、0.5g Na_2SO_3、5g NaCl、10g 琼脂粉溶于 990mL 水中，并调 pH 至 7.2。将上述组分分装至 10 个 250mL 锥形瓶中，于 115℃灭菌 15～

20min；待培养基冷却至 60℃ 时，每瓶加入 1mL 50g/L 乙酸铅溶液（使其终浓度为 0.5g/L），充分混匀备用。

（3）无菌去离子水。

四、实验步骤

1. 采样

用蚌式采泥器（或长柄不锈钢勺）自校园或小区内的景观湖底、池塘底或水库等水体中小心采集沉积物样品，迅速转移至已灭菌的塑料加盖广口试剂瓶中，立即带回实验室，置于 4℃ 保存备用。

2. 样品稀释

① 称取湿泥（沉积物）1g，加入盛有 99mL 无菌水的锥形瓶中，置于摇床中于室温下以 160r/min 均匀振荡 10min，使沉积物样品与水充分混合。

② 待混合液形成均匀的悬浊液后，静置 5min 使得固液清晰分层。

③ 在超净工作台上，用无菌移液管吸取 1mL 上清液，加入盛有 9mL 无菌去离子水的大试管中充分混合均匀，再采用十倍稀释法将上清液分别配制成 $10^{-5} \sim 10^{-1}$ 五个不同稀释度的样品溶液。

④ 另外称取 10g 沉积物于 110℃ 下烘干至恒重，并再次称重，以烘干前后沉积物的质量比值作为湿泥的含水率（%）。

3. 接种

① 取出 10^{-3}、10^{-4}、10^{-5} 三个稀释度的样品溶液，将每个稀释度吸取 3mL 至 3 个无菌大试管中（每管各 1mL），每个处理做三个平行管。

② 吸取 10mL 冷却至 60℃、含有 0.5g/L 乙酸铅的培养基至上述每支试管中，与样品溶液充分混匀。

4. 结果观察

① 待培养基充分凝固，将其置于 37℃ 下培养 24h 后，将试管取出观察。

② 培养基中有黑色团块者即记为阳性管，记录各稀释度下阳性管的数量。根据每个稀释度的阳性管数，查表 8.2.1 可知水体沉积物样品中 H_2S 产生菌的最可能数（most probable number，MPN）。

表 8.2.1　MPN 法统计表（三次重复用）

阳性指标	细菌最可能数（MPN）	阳性指标	细菌最可能数（MPN）	阳性指标	细菌最可能数（MPN）
000	0.0	102	1.1	201	1.4
001	0.3	110	0.7	202	2.0
010	0.3	111	1.1	210	1.5
011	0.6	120	1.1	211	2.0
020	0.6	121	1.5	212	3.0
100	0.4	130	1.6	220	2.0
101	0.7	200	0.9	221	3.0

阳性指标	细菌最可能数（MPN）	阳性指标	细菌最可能数（MPN）	阳性指标	细菌最可能数（MPN）
222	3.5	302	6.5	322	20.0
223	4.0	310	4.5	323	30.0
230	3.0	311	7.5	330	25.0
231	3.5	312	11.5	331	45.0
232	4.0	313	16.5	332	110.0
300	2.5	320	9.5	333	140.0
301	4.0	321	15.5		

5. 计算

查上表所得的数值为取 10^{-2} 稀释液 3 管 $\times 10mL$、10^{-3} 稀释液 3 管 $\times 1mL$、10^{-4} 稀释液 3 管 $\times 0.1mL$ 时，$100mL$ 样品溶液中细菌的最可能数，即 $1g$ 湿泥中细菌的最可能数。本实验进行样品稀释时所取的最低稀释倍数为 10^{-3}，因此 $1g$ 湿泥中所含的硫化氢产生菌数应为：

$$菌数（个/g 湿泥）=MPN\times\frac{10}{0.1} \tag{8.2.1}$$

$1g$ 干泥中的硫化氢产生菌数 N 应为：

$$N=MPN\times\frac{10}{0.1\times[1-湿泥含水率（\%）]} \tag{8.2.2}$$

五、注意事项

① 从水体中采集样品时要特别注意人身安全。
② 盛放和处理水体沉积物的器皿要保持无菌，稀释土样上清液时注意无菌操作。
③ 含重金属离子的废弃物应统一丢弃于废物箱中集中处置。

六、实验记录及分析讨论

1. 实验结果记录

① 本次实验的样品采集地为_____。
② 根据观察结果填写表 8.2.2。

表 8.2.2　不同稀释度下阳性管数量记录表

稀释度	10^{-3}	10^{-4}	10^{-5}
阳性管个数（重复 1）			
阳性管个数（重复 2）			
阳性管个数（重复 3）			

2. 计算

根据查表得到的 MPN，分别计算 $1g$ 湿泥和 $1g$ 干泥中的 H_2S 产生菌数。

3. 结果分析讨论

① 针对上述实验结果，讨论该水体沉积物样品中的 H_2S 产生菌的数量如何？是何原因

导致的？

② 影响本次实验结果的因素有哪些？今后应如何改进？

七、思考题

① 水体中的 H_2S 主要由哪些微生物产生？

② 利用含有乙酸铅的培养基检测环境中 H_2S 产生菌的原理是什么？

③ 应如何治理因 H_2S 产生菌导致的水体污染？

实验三　油烟污染物降解菌的分离

一、实验目的

① 掌握稀释平板法和划线法分离微生物的操作技能。

② 掌握油烟污染物降解菌的培养及分离方法。

二、实验原理

烹饪所带来的油烟污染已成为对人体健康可造成危害的潜在风险因素。油烟污染物由多种有害物质组成，在环境中不易降解。在长期受油烟污染的土壤中，常常存在着不同类型的油烟降解菌。因此，从油烟污染的土壤样品中分离出具有油脂降解能力的微生物，再将其用于油烟污染环境的治理是一种切实可行、节能环保的方法。从环境样品中分离纯化微生物菌种的有效方法包括稀释混合倒平板法、稀释涂布平板法、平板划线分离法、稀释摇管法、液体培养基分离法、单细胞分离法和选择培养分离法等。本实验通过划线分离法，利用以液体食用油为唯一碳源的选择培养基，从不同油烟污染土壤中分离获得油烟污染物降解菌。

三、实验材料、仪器及试剂

1. 实验材料

位于小区内油烟排污口附近、校内食堂及饭店排油烟口附近，长期受油烟污染的土壤样品；液体食用油。

2. 实验仪器及耗材

磁力搅拌器、超净工作台、恒温培养箱、光学显微镜、微量移液器、小型园艺铲、塑料自封袋、不锈钢土壤筛、标签纸、培养皿、锥形瓶、烧杯、玻璃试管、无菌吸管、无菌吸头、接种环、酒精灯、涂布棒、擦镜纸等。

3. 主要试剂及培养基

（1）富集培养基　分别称取 10g 蛋白胨、4g 牛肉膏、3g KH_2PO_4、0.2g $MgSO_4 \cdot 7H_2O$、15g 琼脂粉溶于 1L 水中，并调 pH 至 7.0，于 121℃灭菌 20min。

（2）选择培养基 A　分别称取 4g 液体食用油、3g KH_2PO_4、2g NH_4Cl、0.2g $MgSO_4$ · $7H_2O$、15g 琼脂粉溶于 1L 水中，并调 pH 至 7.0，于 121℃ 灭菌 20min。

（3）选择培养基 B　分别称取 10g 液体食用油、3g KH_2PO_4、2g NH_4Cl、0.2g $MgSO_4$ · $7H_2O$、15g 琼脂粉溶于 1L 水中，并调 pH 至 7.0，于 121℃ 灭菌 20min。

（4）无菌去离子水。

四、实验步骤

1. 土样采集

① 选择校园附近小区内油烟排污口附近、校内食堂及附近饭店排油烟口附近，长期受到油烟污染的区域，用小型园艺铲刮去表层土壤，采取离地表以下 7～8cm 深的土壤，采用梅花形五点采样法（图 8.3.1）分别采集约 500g 土壤样品，分装入塑料自封袋中，用标签纸记录好采集地点、采集日期、采集人等信息后带回实验室。

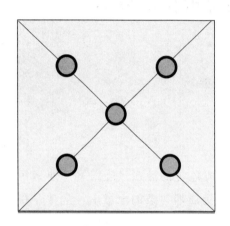

② 将土样平铺于室温下风干，再用土壤筛筛去其中颗粒较大的石砾和动植物残体，收集土样，于 4℃ 保存备用。

图 8.3.1　梅花形五点采样法示意图

2. 菌种筛选

① 取 10g 土样置于盛有 90mL 无菌去离子水的锥形瓶中，置于磁力搅拌器上于 25℃ 下搅拌约 20min(或于恒温摇床振荡约 20min)，使土样与水充分混合，形成均匀的悬浊液。

② 将悬浊液静置 5min，待土样清晰分层。

③ 在无菌操作台上，吸取 1mL 土样上清液加入至盛有 9mL 无菌去离子水的玻璃试管中充分混合、振荡均匀，再采用十倍稀释法将土样上清液分别配制成 10^{-3}～10^{-1} 三个不同稀释度的样品溶液。

④ 分别吸取 0.1mL 样品溶液均匀涂布于富集培养基上，每个处理做三个平行，于 30℃ 下倒置培养 48h，至平板上长出数量较多且清晰无重叠的单菌落。

⑤ 培养结束后，进行菌落计数，并仔细观察平板内的菌落形态，挑选生长状态良好并具有不同形态特征的单菌落，在培养皿底部画圈标好序号。

⑥ 挑取上述单菌落，用接种环划线至选择培养基 A 平板上，于 30℃ 下倒置培养 48h。

3. 纯种分离

① 挑选选择培养基 A 平板上长势最好的菌株，继续在选择培养基 B 平板上划线，于 30℃ 下倒置培养 48h，至平板上长出清晰无重叠的单菌落。

② 经过数次由点到线的稀释，分离获得具有潜在油烟污染物降解能力的优势菌株。

③ 观察上述菌株的菌落形态，并于 40× 和 100× 物镜下观察微生物细胞的形态特征。

五、注意事项

① 盛放和处理土样的器皿要保持无菌，稀释土样上清液时应保持无菌操作，以防其他杂菌污染。

② 采集土样时，要尽量选择温度适中、雨量不多的秋初为好。

③ 为了使土样中微生物的数量和类型变化尽量少，采集土样后应尽快将其带回实验室进行菌种分离。

六、实验记录及分析讨论

1. 实验结果记录

① 本次实验的土样采集地点为：_____。

② 根据观察结果填写表8.3.1。

表8.3.1 不同稀释度下的菌落数量记录表

土样稀释倍数	10^{-1}			10^{-2}			10^{-3}		
菌落数量/个									
	平均值：			平均值：			平均值：		

③ 选择具有潜在油烟污染物降解能力的优势菌株，粘贴其菌落形态照片（平板）和细胞形态照片（镜检），并对其菌落和细胞的形态特征进行详细描述。

菌株1：_____

_____

_____

（菌落形态照片）　　　　　　　　　　　　（细胞形态照片）

菌株2：_____

_____

_____

（菌落形态照片）　　　　　　　　　　　　（细胞形态照片）

菌株3：_____

_____

_____

（菌落形态照片）　　　　　　　　　　　　（细胞形态照片）

2. 结果分析讨论

若本实验未分离到具有油烟污染物降解能力的微生物，你认为与哪些因素有关？应如何改进？

七、思考题

① 目前，我国常规的油烟污染物治理技术有哪些？存在何种缺陷？

② 利用微生物进行油烟污染物的治理有何优势？

③ 本实验分离获得的菌种应如何应用到油烟污染土壤的治理中去？

实验四　空气中微生物数量的监测

一、实验目的

① 掌握用沉降法检测空气中微生物数量的原理。
② 了解不同来源空气中微生物的分布状况。

二、实验原理

空气是人类赖以生存的必要条件，同时空气中也存在着种类繁多、数量庞大的微生物。由于空气中缺乏微生物生长所需要的营养物质和足够的水分，因此不像水体、土壤那样有固定存在的微生物种类。然而，由于受到气流、灰尘和水沫的流动以及人类和动物活动的影响，微生物可以通过土壤尘埃、水滴、人及动物体表的脱落物、呼吸道排泄物等方式进入空气中。空气中的微生物主要包括细菌、真菌、放线菌及病毒，其数量及组成主要取决于所处的外界环境的状况。因此，空气微生物的数量也是空气质量的重要标准之一。当空气中个体微小的微生物落到适合其生长繁殖的固体培养基表面，经适宜的条件培养一段时间后，每一个分散的菌体或孢子就会形成一个个肉眼可见的菌落。通过观察菌落的大小、形态，并对其计数，即可大致判断处于不同环境下空气中微生物的种类及数量，这对于空气污染的监测具有重要的意义。

三、实验材料、仪器及试剂

1. 实验材料

校园内不同功能区的空气，包括食堂餐饮区、宿舍生活区、教室内、校医院内、实验室内以及露天操场等。

2. 实验仪器及耗材

高压蒸汽灭菌锅、超净工作台、恒温培养箱、光学显微镜、烧杯、锥形瓶、pH 试纸、酒精灯、棉塞、棉线绳、培养皿、一次性 PE 手套等。

3. 培养基

牛肉膏蛋白胨琼脂培养基（细菌）、查氏琼脂培养基（霉菌）、高氏 1 号合成培养基（放线菌）。

四、实验步骤

1. 制备平板

待培养基灭菌并冷却至 50℃ 左右，分别制备三种平板，用于细菌、霉菌及放线菌的培养。

2. 暴露取样

① 选取校园内的食堂餐饮区、宿舍生活区、教室内、校医院内、实验室内以及露天操场等不同功能区，在每个区域内选择一块平地，同时放置三种不同的平板，每个处理做三个平行，用于空气的收集。

② 将每种平板的皿盖打开，分别暴露于空气中 5min、10min 和 20min。

③ 取样结束后，在皿盖上记录好收集地点、收集时间、收集人等信息，将平板带回实验室。

3. 培养观察

① 将三种平板置于恒温培养箱中，于 37℃（细菌）、28℃（霉菌）和 30℃（放线菌）下分别培养 48h（细菌）、72h（霉菌）和 7d（放线菌）。

② 培养结束后，分别观察不同平板上菌落的形态、大小、颜色等特征，并对各种菌落进行计数。

③ 从每种平板上挑选代表性的菌落，于 40× 和 100× 物镜下观察微生物细胞的形态特征。

4. 计算 1m³ 空气中微生物的数量

奥梅梁斯基（Омелянский）曾建议，面积为 100cm²（培养皿直径约为 11.2～11.4cm）的营养琼脂培养基，暴露在空气中 5min，置于 37℃ 培养 24h 后所长出的菌落数量，相当于 10L 空气中的细菌数量（1000L 空气＝1m³ 空气）。1m³ 空气中微生物的数量可通过下列公式计算：

$$X = \frac{N \times 100 \times 100}{\pi r^2} \tag{8.4.1}$$

式中，X 表示 1m³ 空气中的细菌数量；N 表示平板暴露 5min 时，置于 37℃ 下培养 24h 后生长的细菌菌落数量；r 表示培养皿底半径，cm。

五、注意事项

① 根据空气污染程度确定暴露时间，如果空气污浊，暴露时间宜适当缩短。

② 在野外暴露取样时，应选择背风的地方，否则影响取样效果。

③ 放置培养皿时，注意选取干燥洁净的地方，取样结束后要立即盖上皿盖，以免环境中其他杂菌的带入而干扰检测结果。

六、实验记录及分析讨论

1. 实验结果记录

① 本次实验的空气采集地点为：＿＿＿＿＿＿＿＿＿＿＿＿＿＿＿。

② 根据观察结果填写表 8.4.1。

表 8.4.1　不同暴露时间下的菌落数量记录表

菌落数量/个 暴露时间	细菌			霉菌			放线菌		
5min									
	平均值：			平均值：			平均值：		
10min									
	平均值：			平均值：			平均值：		
20min									
	平均值：			平均值：			平均值：		

③ 粘贴细菌、霉菌和放线菌中代表性菌落的形态照片（平板）和细胞形态照片（镜检），并对其菌落和细胞的形态特征进行详细描述。

细菌：＿＿＿＿＿＿＿＿＿＿＿＿＿＿＿＿＿＿＿＿＿＿＿＿＿＿＿＿＿＿

＿＿＿＿＿＿＿＿＿＿＿＿＿＿＿＿＿＿＿＿＿＿＿＿＿＿＿＿＿＿＿＿＿

＿＿＿＿＿＿＿＿＿＿＿＿＿＿＿＿＿＿＿＿＿＿＿＿＿＿＿＿＿＿＿＿＿

（菌落形态照片）　　　　　　　　　　　　　　　（细胞形态照片）

霉菌：＿＿＿＿＿＿＿＿＿＿＿＿＿＿＿＿＿＿＿＿＿＿＿＿＿＿＿＿＿＿

＿＿＿＿＿＿＿＿＿＿＿＿＿＿＿＿＿＿＿＿＿＿＿＿＿＿＿＿＿＿＿＿＿

＿＿＿＿＿＿＿＿＿＿＿＿＿＿＿＿＿＿＿＿＿＿＿＿＿＿＿＿＿＿＿＿＿

（菌落形态照片）　　　　　　　　　　　　　　　（细胞形态照片）

放线菌：＿＿＿＿＿＿＿＿＿＿＿＿＿＿＿＿＿＿＿＿＿＿＿＿＿＿＿＿＿

＿＿＿＿＿＿＿＿＿＿＿＿＿＿＿＿＿＿＿＿＿＿＿＿＿＿＿＿＿＿＿＿＿

（菌落形态照片）　　　　　　　　　　　　　　　（细胞形态照片）

2．计算

计算 $1m^3$ 待测空气中所含的细菌数量。

3．结果分析讨论

（1）本次实验中同一空气采集地点内微生物群落的组成如何？

（2）不同采集地点空气中微生物群落的组成及数量有何差异？为什么？

（3）影响本次实验结果的因素有哪些？今后应如何改进？

七、思考题

（1）空气中的微生物主要来源于何处？

（2）空气中微生物群落的组成和数量与什么因素有关？

（3）空气微生物的采集方法主要有哪些？各有何优缺点？

实验五　化学药物对微生物生长的影响

一、实验目的

① 了解化学药剂用于消毒和杀菌的作用机制。

② 掌握纸片扩散法（Kirby-Bauer 法）检测微生物对化学药物敏感性的实验原理及操作步骤。

二、实验原理

抑制或杀灭微生物的化学物质种类极多，根据它们抑菌或杀菌机制的差异，可粗略分为消毒剂、防腐剂和化学治疗剂。消毒剂和防腐剂主要包括醇类、醛类、酚类、表面活性剂、染料、氧化剂类、重金属、酸碱类等。此类物质没有选择毒性，在极低浓度时，常常表现为对微生物细胞生长的刺激作用；随着浓度逐渐增加，就相继出现抑菌和杀菌作用，主要用于抑制或杀灭物体表面、器械、排泄物和环境中的微生物。化学治疗剂是指能够特异性地干扰病原微生物的生长、繁殖并可用于治疗感染性疾病的化学药物，在较低浓度下就能抑制或杀死微生物。它们对微生物具有良好的选择毒性，而对人体无毒或低毒。根据来源不同，化学治疗剂可分为人工合成的抗代谢药物和抗生素，如磺胺、青霉素、利福平等。此外，化学药物抑制或杀灭微生物效应的强弱与试剂类型、浓度、作用时间及作用对象有关。

本实验选用纸片扩散法（Kirby-Bauer法）来检测不同化学药物对微生物生长状况的影响。将含有一定浓度化学药物的药敏纸片贴在含有受试菌的平板上，纸片中的药物因吸收培养基中的水分而溶解，同时不断向纸片周围区域扩散，形成递减的梯度浓度。在纸片周围的抑菌浓度范围内，受试菌的生长受到抑制，因此形成透明的抑菌圈。抑菌圈直径的大小反映受试菌对待测化学药物的敏感程度。

三、实验材料、仪器及试剂

1. 实验材料

大肠杆菌（*Escherichia coli*，ATCC 8739）、金黄色葡萄球菌（*Staphylococcus aureus*，ATCC 6538）等菌种斜面，保存于4℃。

2. 实验仪器及耗材

高压蒸汽灭菌锅、恒温摇床、超净工作台、烘箱、恒温培养箱、微量移液器、锥形瓶、培养皿、打孔器、滤纸片、血细胞计数板、无菌棉拭子、不锈钢镊子、无菌吸头、游标卡尺等。

3. 主要试剂及培养基

（1）培养基　牛肉膏蛋白胨琼脂培养基、MHA培养基。

（2）受试药物　分别配制下述试剂，并于4℃避光保存。

① 0.425g/L、0.85g/L、1.7g/L $AgNO_3$ 溶液；

② 25g/L、50g/L、100g/L 苯酚溶液；

③ 500U、1000U、2000U 青霉素溶液。

（3）0.5号麦氏比浊管　取一支无菌玻璃试管，分别加入9.8mL 1% H_2SO_4 溶液和0.2mL 0.25% $BaCl_2$ 溶液，充分混匀后密封并置于室温避光保存（最好现用现配）。每次使用前，应将比浊管置于涡旋振荡器上剧烈振动，使其外观浊度均匀一致；若有大颗粒出现，则应重新配制比浊管。

（4）无菌生理盐水　称取0.9g NaCl溶于100mL去离子水中，于121℃灭菌20min。

四、实验步骤

1. 受试菌株的活化及菌悬液的制备

① 将保存于4℃的微生物菌种划线接种于牛肉膏蛋白胨琼脂平板上，于37℃倒置培养18～20h。

② 培养结束后，吸取4～5mL无菌生理盐水滴入至平板表面，用涂布器将菌苔轻轻刮下制备成菌悬液，再用血细胞计数板将菌悬液稀释至0.5麦氏比浊度〔细菌：(1～2)×

$10^8\,CFU/mL$；酵母菌：$(1\sim5)\times10^6\,CFU/mL$；霉菌：$(0.4\sim5.5)\times10^6\,CFU/mL$]。

2.平板的制备

① 待灭菌后的 MHA 培养基冷却至 50℃，按无菌操作步骤将培养基倒入培养皿中，冷凝后即可制备成平板。

② 用无菌吸头吸取 100μL 稀释菌悬液置于平板表面，再用无菌棉拭子涂布均匀，重复三次。

③ 将平板正置于室温下干燥 3～5min 后，待用。

3.药敏纸片的制备

① 用打孔器将滤纸片制成直径为 6mm 的圆形纸片，经灭菌烘干后，将纸片分别浸入含有不同浓度待测化学药物的溶液中，同时设置无菌生理盐水作为空白对照，每张纸片做三个平行。

② 用无菌镊子小心夹取浸药纸片（注意需沥干药液），与对照纸片一起小心平铺于同一含菌平板上，要求各纸片中心距离需＞2.4cm，纸片距平板边内缘需＞1.5cm。如图 8.5.1 所示。

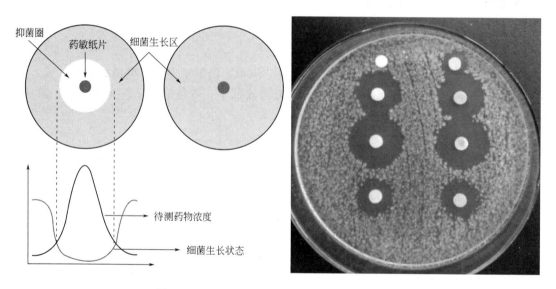

图 8.5.1　纸片扩散法测定化学药物的抑菌作用

4.菌种培养及结果观察

① 将平板置于 4℃下正置 1h 后，再倒置于 37℃下培养 16～24h。

② 培养结束后，观察药敏纸片周围是否有抑菌圈产生，并用游标卡尺测量并记录每个抑菌圈的直径（mm），同时通过抑菌圈直径的大小推断待测化学药物抑菌作用的强弱。如图 8.5.1 所示。

五、注意事项

① 实验过程中应注意严格无菌操作。

② 0.5 号麦氏标准管在 625 nm 处的吸光值应为 0.08～0.10。

③ 药敏纸片应待药液沥干后再平铺至平板表面，以免因溶液流动而导致抑菌圈变形。

④ 在含有不同受试菌的平板上铺含有不同待测药物的药敏纸片时，应注意及时更换镊子，以避免不同菌种及不同药物之间的交叉污染。

六、实验记录及分析讨论

1. 实验结果记录

测量三组平行实验中每种药敏纸片周围产生的抑菌圈直径（mm），计算其平均值，并将数据填入表 8.5.1 中（以 $AgNO_3$ 溶液为例）。

表 8.5.1　不同待测药物产生的抑菌圈直径记录表

待测药物及浓度	受试菌种	大肠杆菌			金黄色葡萄球菌			……		
$AgNO_3$	0.425g/L									
		平均值：			平均值：			平均值：		
	0.85g/L									
		平均值：			平均值：			平均值：		
	1.7g/L									
		平均值：			平均值：			平均值：		
苯酚	25g/L									
		平均值：			平均值：			平均值：		
	50g/L									
		平均值：			平均值：			平均值：		
	100g/L									
		平均值：			平均值：			平均值：		
青霉素	500U									
		平均值：			平均值：			平均值：		
	1000U									
		平均值：			平均值：			平均值：		
	2000U									
		平均值：			平均值：			平均值：		

注：抑菌圈直径需包含药敏纸片本身的直径 6 mm；若无抑菌圈产生，则填"无"。

2. 结果分析讨论

① 根据本次实验数据，讨论不同浓度下的待测药物对受试菌的抑菌效果如何。

② 分别讨论每种待测药物在本实验设定的浓度范围内，对受试菌的抑菌效果呈何种关系。

③ 影响本次实验结果的因素有哪些？今后应如何改进？

七、思考题

① 消毒剂、防腐剂和化学治疗剂这三者有何区别？

② 化学药物对微生物产生抑制或杀灭效应的强弱受到哪些因素的影响？

③ 本次实验所选的三种药物对微生物生长产生抑制作用的机制分别是什么？

④ 抑菌圈形成的原理是什么？抑菌圈中未长菌的部分是否说明微生物细胞已被杀死？

⑤ 除了纸片扩散法之外，还可以采用哪些方法测试化学药物对受试菌的抑菌效果？

实验六　水体中大肠菌群的检测

一、实验目的

① 了解大肠菌群检测的实验原理及意义。

② 掌握水体中大肠菌群的检测方法及操作步骤。

二、实验原理

水体中的微生物数量众多，主要包括水中的土著微生物（如光合藻类）、由土壤径流及降雨带来的外来菌群以及由下水道排放的污染物和人畜排泄物中携带的微生物等。其中的病原菌主要来源于人畜的传染性排泄物。水体中大肠菌群的检测，对于保障饮水安全和控制传染病方面具有重要的意义，同时也是直接反映水体被人畜排泄物污染的重要指标。我国生活饮用水卫生标准（GB 5749—2022）规定，100mL 饮用水中不应检出总大肠菌群，饮用水中细菌菌落总数不得超过 100CFU/mL。

大肠菌群是指在 37℃下生长，且在 24h 内能发酵乳糖产酸、产气的好氧和兼性厌氧革兰阴性无芽孢杆菌的总称，主要由埃希杆菌属、柠檬酸杆菌属、克雷伯菌属和肠杆菌属的细菌组成。水中的大肠菌群数是指 100mL 水样中含有的大肠菌群实际数值，用大肠菌群最可能数（MPN）表示。水体中大肠菌群的检验方法包括多管发酵法和滤膜法。多管发酵法可用于各种水样的检验，但操作烦琐、耗时较长。滤膜法仅适用于自来水和深井水的检测，其操作过程简便、快捷，但不适合检测杂质较多、易阻塞滤孔的水样。

三、实验材料、仪器及试剂

1. 实验材料

从自来水、直饮水或饮水机中采取的水样。

2. 实验仪器及耗材

高压蒸汽灭菌锅、恒温水浴锅、恒温培养箱、超净工作台、光学显微镜、移液管、洗耳球、玻璃试管、锥形瓶、杜氏小管、培养皿、接种环等。

3. 主要试剂及培养基

（1）乳糖蛋白胨培养基　分别称取 10g 蛋白胨、3g 牛肉膏、5g 乳糖、5g NaCl 溶于 1L 水中，调 pH 至 7.2～7.4，再加入 1mL 1.6% 溴甲酚紫乙醇溶液充分混匀。

（2）三倍浓缩乳糖蛋白胨培养基　将上述乳糖蛋白胨培养基按浓缩三倍的方法配制，于 115℃灭菌 20min。

（3）伊红美蓝琼脂培养基（EMB 培养基）　分别称取 10g 蛋白胨、2g K_2HPO_4、10g 乳糖、15g 琼脂粉溶于 1L 水中，调 pH 至 7.2～7.4，再加入 0.4g 伊红 Y 和 0.065g 亚甲基蓝，于115℃灭菌20min。

（4）无菌生理盐水　配制方法同第八章实验五。

（5）草酸铵结晶紫染液、卢戈碘液、0.5％沙黄染液、香柏油、二甲苯等。

四、实验步骤

1．水样的采取

以自来水、直饮水或饮水机中的水作为本次实验的待测水样，先将水龙头或接水口用火焰灼烧3min灭菌，接着放水5～10min，待灭菌的锥形瓶盛满水样后，迅速将瓶塞盖好，尽快开始检测。

2．初发酵试验

① 在2个各装有50mL三倍浓缩乳糖蛋白胨培养基的锥形瓶中（内有倒置的杜氏小管）分别加入100mL水样，并充分混匀。

② 在10支装有5mL三倍浓缩乳糖蛋白胨培养基的玻璃试管中（内有倒置的杜氏小管）分别加入10mL水样，并充分混匀。

③ 将上述发酵管（瓶）置于37℃培养24h；培养结束后，培养液的颜色变黄者即为产酸，而倒置的杜氏小管内产生气泡者即为产气。

3．平板分离

① 将未产气的发酵管（瓶）继续培养至48h。

② 用接种环分别蘸取产酸产气及只产酸发酵管（瓶）中的菌液，划线接种于EMB培养基平板上，于37℃倒置培养18～24h。

③ 培养结束后，挑选符合以下三种颜色特征的单菌落进行涂片、革兰染色和镜检。

a. 呈深紫黑色，具有金属光泽；

b. 呈紫黑色，不带或略带金属光泽；

c. 呈淡紫红色，仅中心颜色较深。

4．复发酵试验

① 选取具有上述特征的菌落，经涂片镜检后确定为革兰阴性无芽孢杆菌后，将其剩余部分接种于含有乳糖蛋白胨培养基的玻璃试管（内有倒置的杜氏小管）中，每管可接种1～3个来自同一发酵管（瓶）的典型菌落。

② 将上述发酵管置于37℃培养24h，若既产酸又产气，即可证实确有大肠菌群存在。

③ 记录确有大肠杆菌存在的阳性管（瓶）的数量，查表8.6.1，可计算得出1L待测水样中的大肠菌群数量。

表8.6.1　待测水样中大肠菌群MPN检数表

（接种水样量为300mL；其中100mL 2份，10mL 1份）

阳性管数量 （10mL 水量）　阳性管数量（100mL 水量）	0	1	2
	1L水样中的大肠菌群数量	1L水样中的大肠菌群数量	1L水样中的大肠菌群数量
0	<3	4	11
1	3	8	18

阳性管数量 （10mL 水量）	阳性管数量 （100mL 水量） 0	1	2
	1L 水样中的大 肠菌群数量	1L 水样中的大 肠菌群数量	1L 水样中的大 肠菌群数量
2	7	13	27
3	11	18	38
4	14	24	52
5	18	30	70
6	22	36	92
7	27	43	120
8	31	51	161
9	36	60	230
10	40	69	>230

水体中大肠菌群的检测流程如图 8.6.1 所示。

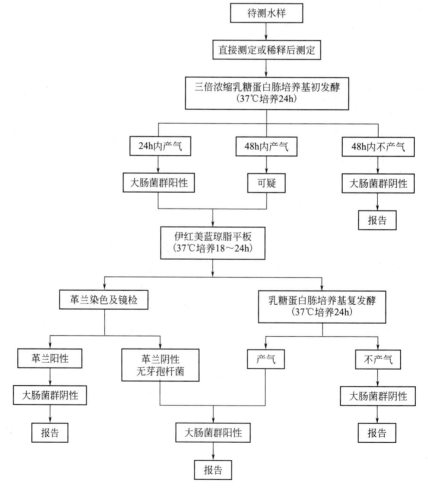

图 8.6.1　水体中大肠菌群的检测流程图

五、注意事项

① 转移水样时应避免锥形瓶身剧烈晃动，以免水样溢出后回流入瓶，导致杂菌污染。

② 实验过程应注意严格无菌操作，所用玻璃器皿均要求灭菌后再使用。

③ 水样在检测前应充分混匀，使得细菌在水样中分布均匀，以确保实验结果的准确性。

④ 检测前应确保杜氏小管中无空气存在，以免影响实验结果的判读。

⑤ 若待测水样为水源水（如池水、河水或湖水等），由于水样中大肠菌群数量较多，需根据实际情况将水样稀释为三个连续的梯度再进行检测，才能取得较理想的结果。

六、实验记录及分析讨论

1. 实验结果记录

① 本次实验采集的水样为：_____。

② 10mL 待测水样中的阳性管数为：_____；100mL 待测水样中的阳性管数为：_____。

2. 查表

查表 8.6.1，可得每升待测水样中存在的大肠菌群数量为_____。

3. 结果分析讨论

① 根据我国饮用水水质标准，本实验选取的待测水样是否符合标准？为什么？

② 影响本次实验结果的因素有哪些？今后应如何改进？

七、思考题

① 什么是大肠菌群？水体中的大肠菌群有何危害？

② 检测水体中大肠菌群的数量有何实际意义？

③ EMB 培养基含有哪几种主要成分？在检查大肠菌群时，各起什么作用？

④ 多管发酵法和滤膜法检测水体中大肠菌群各有何优缺点？

实验七　微生物对表面活性剂的降解

一、实验目的

① 学习微生物对表面活性剂降解的基本原理。

② 掌握微生物对表面活性剂降解效率的测定方法。

二、实验原理

阴离子表面活性剂是合成洗涤剂的主要有效成分，其中以直链烷基苯磺酸盐（LAS）在工业生产和人们生活中应用较为广泛。然而，LAS 本身具有一定毒性，且不易被微生物降解，因此由 LAS 造成的水体污染现象也日益严重。针对废水中 LAS 的处理，传统的物理、化学法因效果欠佳或造成二次污染，其应用价值大大受限。利用环境中的微生物来高效降解 LAS 已受到越来越多环保工作者们的重视。

已有的研究表明，环境中 LAS 的降解主要由微生物完成。目前关于微生物降解 LAS 的研究主要集中在好氧生物降解方面，主要包含三种作用机理：①通过 ω-氧化作用使烷基链末端的甲基被氧化，以及通过 β- 或 α-氧化作用使得长链分子断开形成短链的磺基苯羧酸；②通过氧化开环作用使苯环打开；③利用脱磺酸过程去除取代的磺酸盐。值得注意的是，不同类型的微生物对 LAS 的降解能力相差较大，其中大部分菌株都无法实现对 LAS 的完全降解。此外，微生物对 LAS 的降解能力还受到表面活性剂的浓度及其他多种理化因素的影响。

三、实验材料、仪器及试剂

1. 实验材料

从菌种保藏中心购买的或从环境中分离、筛选的表面活性剂降解菌，如胶状棒状杆菌（*Corynebacterium jeikeium*）、气单胞菌属（*Aeromonas* sp.）、假单胞菌属（*Pseudomonas* sp.）、黄单胞菌属（*Xanthomonas* sp.）等。

2. 实验仪器及耗材

高压蒸汽灭菌锅、恒温培养箱、恒温摇床、分光光度计、高速离心机、接种环、培养皿、分液漏斗、容量瓶、量筒、锥形瓶、吸管、玻璃比色皿、脱脂棉等。

3. 主要试剂及培养基

① 含 LAS 的市售合成洗涤剂。

② 培养基　分别称取 0.5g 蛋白胨、0.5g NH_4NO_3、0.1g KH_2PO_4、0.1g $K_2HPO_4 \cdot 3H_2O$、0.5g NaCl 以及适量合成洗涤剂溶于 100mL 水中，使其中 LAS 的终浓度分别为 50mg/L、100mg/L、150mg/L、200mg/L、250mg/L，调 pH 至 6.7～7.2；将培养基分装于锥形瓶中，每瓶 100mL，于 121℃灭菌 20min。

③ 亚甲基蓝溶液　称取 0.1g 亚甲基蓝溶于 100mL 去离子水中，从中移取 30mL 于 1L 容量瓶中，再加入 6.8mL 浓 H_2SO_4 和 50g $NaH_2PO_4 \cdot 2H_2O$，用去离子水定容至 1L。

④ LAS 标准溶液　称取 0.5g 纯度为 99.5% 的 LAS 标准品溶于 500mL 去离子水中，此时 LAS 浓度为 1mg/mL；再移取 10mL 此液稀释至 1L，则 LAS 浓度为 0.01mg/mL。

⑤ 洗涤液　量取 6.8mL 浓 H_2SO_4 及 50g $NaH_2PO_4 \cdot 2H_2O$ 溶于去离子水中，再定容至 1L。

⑥ 氯仿。

⑦ 无菌去离子水。

四、实验步骤

1. 接种

① 取出 1 支 4℃保存的表面活性剂降解菌斜面菌种，加入 10mL 无菌去离子水洗下菌苔并充分摇匀打散，制成菌悬液。

② 在每瓶培养基中接入 1mL 菌液，每个 LAS 浓度接 3 瓶，另设置 1 瓶不接种作为空

白对照。

2. 培养

① 将接种的培养基和未接种的空白对照同时置于（32±1）℃、170～200r/min 振荡培养 48h。

② 培养结束后，将培养液置于 8000r/min 离心 10min 以去除菌体，保留上清液用于后续 LAS 的测定。

3. LAS 的测定

LAS 可与亚甲基蓝生成蓝色化合物，并溶于氯仿等有机溶剂。可用如下方法进行 LAS 的测定：

（1）绘制标准曲线　量取 0.01mg/mL LAS 标准液 0mL、2mL、5mL、10mL、15mL、20mL，用去离子水分别稀释至 100mL 后制成不同浓度 LAS 标准液。将 100mL 标准液加入至 250mL 分液漏斗中，用浓 H_2SO_4 调 pH 至微酸性，再加入 25mL 亚甲基蓝溶液。

① 提取　向上述分液漏斗中加入 10mL 氯仿，剧烈振荡 30s 后待其静置分层，再将氯仿层转移至另一分液漏斗中，重复此提取步骤三次，以彻底萃取剩余 LAS。

② 洗涤　在上述三次氯仿提取液中加入 50mL 洗涤液，剧烈振荡 30s 后待其静置分层，再将氯仿层缓慢转移至 50mL 容量瓶中。

③ 再次提取　将 6mL 氯仿加入至步骤②中分液漏斗的水相中，经剧烈振荡分层后，将氯仿层并入至步骤②的容量瓶中，重复此提取步骤三次，再用氯仿将提取液定容至 50mL。

④ 测定 LAS　用氯仿作为空白对照，设定检测波长为 652nm，用分光光度计测定不同浓度 LAS 标准液的吸光值（A_{652}）。

⑤ 以 A_{652} 作为纵坐标、LAS 的含量（LAS 原标准溶液浓度 0.01mg/mL×所量取该标准液的体积，以 mg 计）作为横坐标，绘制标准曲线，并通过图解法求出该标准曲线的斜率 K。

（2）测定培养液　量取 1～10mL 离心后的培养液上清至 250mL 分液漏斗中，用去离子水定容至 100mL。按照与绘制标准曲线时相同的步骤，分别检测不同样品的 A_{652}，再根据下列公式计算样品中 LAS 的浓度：

$$LAS(mg/L) = \frac{A_{652} \times 1000}{标准曲线斜率 K \times 样品体积} \tag{8.7.1}$$

4. LAS 降解度的计算

根据下列公式计算样品中 LAS 的降解度 $D(\%)$：

$$D = \frac{c_0 - c_t}{c_0} \times 100\% \tag{8.7.2}$$

式中，c_0 为振荡培养开始时的 LAS 的初始浓度，mg/L；c_t 为振荡培养结束后残留的 LAS 浓度，mg/L。

若未接入菌种的空白对照经培养后也出现了 LAS 降解的现象，将其浓度差值记为 c'（mg/L），则降解度 D 可修正为：

$$D = \frac{c_0 - (c_t + c')}{c_0} \times 100\% \tag{8.7.3}$$

五、注意事项

① 配制含 LAS 的培养基时，可先估算所选用合成洗涤剂中的 LAS 含量，再经实测。

② 测定 LAS 时，必须严格按照氯仿提取步骤对 LAS 进行提取，否则会影响测定结果。

六、实验记录及分析讨论

1. 实验结果记录

① 将不同浓度 LAS 标准管的吸光值 A_{652} 填入表 8.7.1 中。

表 8.7.1　LAS 系列标准管的吸光值 A_{652} 记录表

0.01 mg/mL LAS 标准液的体积/mL	LAS 含量/mg	A_{652}
0	0	
2	0.02	
5	0.05	
10	0.1	
15	0.15	
20	0.2	

② 按照图 8.7.1 示例，根据本实验测得的数据绘制标准曲线，并计算得斜率 K 为：_____。

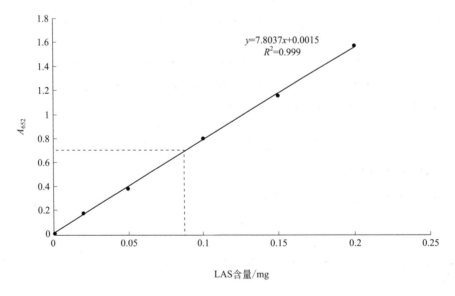

图 8.7.1　标准曲线示例图

2. 记录数据

测定接种培养后不同培养液的 A_{652}，计算本实验所选菌种对不同浓度 LAS 的降解度

$D(\%)$，并将数据填入表 8.7.2。

表 8.7.2　微生物对不同浓度 LAS 的降解度记录表

LAS 的初始浓度 $c_0/(\mathrm{mg/L})$	接种培养后培养液的 A_{652}	培养液中残留 LAS 的浓度 $c_t/(\mathrm{mg/L})$	LAS 降解度 $D/\%$	修正值 $D/\%$
50	接种： 对照：	接种： 对照：		
100	接种： 对照：	接种： 对照：		
150	接种： 对照：	接种： 对照：		
200	接种： 对照：	接种： 对照：		
250	接种： 对照：	接种： 对照：		

3. 结果分析讨论

① 查阅教材或相关文献资料，对比并分析本实验所选菌种对 LAS 的降解效果如何。

② 分析不同浓度 LAS 对微生物降解效果的影响。

③ 影响本次实验结果的因素有哪些？今后应如何改进？

七、思考题

① 什么是 LAS？对环境有何污染？

② 微生物降解 LAS 的作用机理是什么？

③ 请简述 LAS 的测定原理。

④ 影响微生物降解 LAS 效率的因素有哪些？

实验八　化学物质对鱼类的急性毒性实验

一、实验目的

① 掌握不同的化学物质对鱼类产生毒性的原理。

② 熟悉和掌握鱼类急性毒性实验的方法、原理和操作步骤。

③ 掌握利用直线内插法计算半致死浓度的方法。

二、实验原理

鱼类对水体环境的变化反应十分敏感，当水体中的污染物达到一定浓度时，将引起鱼类产生一系列中毒反应，如行为异常、生理功能紊乱、组织及细胞病变甚至死亡。通过对鱼类进行急性毒性实验，可以评价待测污染物对水生生物可能产生的影响，以短期暴露效应来显示污染物的毒害性。该实验可用于测定化学物质的毒性强度、水体的污染程度、废水处理的有效程度，同时也为水质标准的制定、环境质量的评价和废水排放的管理提供环境依据。

在急性毒性实验中，应在既定的条件下使鱼类接触含有不同浓度污染物的水溶液，接触时间不得少于24h，以96h为最佳。在实验进行至24h、48h、72h、96h时，分别记录受试鱼类的死亡率，并确定死亡率达到50%时的污染物浓度。该实验可分为静态法和动态法两类。静态法操作简便，无需特殊设备，适用于在水中稳定性较好的化学物质和耗氧量较低的短期实验。动态法对设备要求较高，可用于在水中不稳定的化学物质且耗氧量较高的长期实验。常用半致死浓度LC_{50}值来表示化学物质或工业废水对鱼类的急性毒性。LC_{50}值越小，该化学物质的毒性越大。计算半致死浓度LC_{50}值的方法有多种，其中直线内插法较为简便，被广泛应用于水生生物的毒性实验中。

三、实验材料、仪器及试剂

1. 实验材料

（1）受试鱼类及要求　本实验选用从水族市场购买的健康斑马鱼作为受试鱼类。要求每尾鱼的平均体长为2～3cm，平均体重为0.15g。实验前应在室内驯养5天以上，保证自然死亡率<10%，否则不能用于正式实验。实验前1天开始禁食，实验期间也应禁食，以免饵料及粪便影响水质。

（2）实验用水及水质要求　用人工曝气脱氯后的自来水代替河水、湖水等天然水作为本实验用水，其水质条件要求如下。

① 水温　实验期间，一般冷水鱼的水温应保持在12～18℃，温水鱼则应保持在20～28℃，且同一实验中温度波动的范围不得超过±2℃。

② pH　实验用水的pH应为6.7～8.5，可用1mol/L HCl或NaOH调节，同时应注意不能使待测物质的浓度发生明显改变，或产生化学反应及沉淀。

③ 溶解氧　一般冷水鱼要求水中的溶解氧>5mg/L，而温水鱼要求>4mg/L，可通过曝气充氧、定期更换储备液或降低实验负荷等方法来保持。

④ 硬度　实验用水的总硬度应为10～250mg/L（以$CaCO_3$计）。

（3）待测化学物质　甲醛、高锰酸钾、硝酸银等，可根据实验条件自行选择。

2. 实验仪器及耗材

溶解氧测定仪、小型氧气泵、水硬度计、电热棒、恒温水浴锅、pH计、电子天平、玻璃鱼缸、网罩、纱网、温度计、玻璃量筒、容量瓶、烧杯、半对数坐标纸或方格纸等。

3. 主要试剂

1mol/L HCl、1mol/L NaOH、经人工曝气脱氯后的自来水等。

四、实验步骤

1. 储备液的配制

将待测化学物质配制成少量高浓度的储备液，实验时用处理好的实验用水临时稀释至所需浓度的实验液。

2. 预备实验

① 预备实验用于确定正式实验浓度的大致范围，了解实验溶液浓度的稳定性，以及实验过程中水质条件的变化情况等。若能从文献资料中估算待测化学物质或其同系物的大致毒性，则可直接进入正式实验；若无法得知其毒性范围，则需选择 0mg/L、0.1mg/L、1mg/L、10mg/L、100mg/L、1000mg/L 浓度系列进行预实验。

② 在上述每个浓度组放入 5 尾鱼（为防止鱼类跳出容器，可在容器上加上网罩），用静态法进行毒性测试，并持续观察 24~96h。每天需记录 2 次鱼缸内的死鱼数，并及时清除死鱼。

③ 测得 24h 内实验鱼全部死亡的浓度（24h LC_{100}）和 96h 内实验鱼无死亡的浓度（96h LC_0）。

④ 若本次预实验无法确定正式实验时的浓度范围，则需继续选择其他浓度范围再次进行预实验。

3. 正式实验

① 根据预备实验确定的浓度范围，在 24h LC_{100} 和 96h LC_0 两个浓度之间，根据等对数间距原则插入 3~5 个中间浓度组。每个实验浓度组设置三个平行，每种待测物质设置 1 个空白对照组。

$$\lg c_{j+1} - \lg c_j = 常数 \tag{8.8.1}$$

式中，$j = 0,1,\cdots\cdots,n$；c_j，c_{j+1} 分别为第 j，$j+1$ 组待测物质的浓度；n 为实验浓度组数。浓度组设计可参考表 8.8.1。

表 8.8.1　待测物质浓度组设计示例表

浓度系列/(mg/L)	浓度对数值	浓度系列/(mg/L)	浓度对数值
10.00	1.00	2.51	0.40
6.31	0.80	1.58	0.20
3.98	0.60	1.00	0.00

② 将含有待测物质的实验液稀释至所需浓度，再将水温调节至适宜温度后，用纱网随机捞取实验鱼迅速放入各组鱼缸内。要求每个浓度组和空白对照组至少使用 10 尾鱼，且同一实验组内应于 30min 内放完所有的实验鱼。

③ 在实验进行至 1.5h、3h、6h、12h 时，应详细观察并记录每组实验鱼的中毒症状，如鱼体侧翻、游泳及呼吸功能减弱、色素沉积等。在实验进行至 24h、48h、72h 和 96h 时，应检查并记录每个鱼缸中的死鱼数目（当鱼停止呼吸以后，用镊子夹住鱼尾柄部，若 5min 内无反应则可判定为死亡），并及时移除死鱼，以免影响水质。

④ 每天测定并记录一次各组鱼缸的水质条件，以确保实验条件的稳定性，排除实验条件的变化对实验鱼的影响。实验开始和结束时均需测定实验液中待测物质的浓度。

⑤ 实验结束时，应确保对照组的死亡率≤10%；若每组实验鱼数量<10 尾，则对照组死亡数量应≤1 尾。

4. 半致死浓度 LC$_{50}$ 的计算

本实验采用直线内插法计算待测物质对实验鱼类的 LC$_{50}$ 值。在计算机或半对数坐标纸上，以待测物质的浓度为横坐标，以实验鱼的死亡率为纵坐标，绘制鱼类急性毒性实验的剂量-效应曲线，并利用直线内插法或常用统计程序分别计算 24h、48h、72h、96h 的半致死浓度 LC$_{50}$ 值，同时求出 95% 的置信限。

5. 毒性分级的判定

依据 LC$_{50}$ 值的大小可将化学物质的急性毒性分为 5 个等级，即剧毒、高毒、中等毒性、低毒和微毒（无毒），具体参见表 8.8.2。对待测化学物质的 LC$_{50}$ 值（mg/L）进行毒性分级判定，并报告结果。

表 8.8.2　鱼类急性毒性实验的毒性分级标准

起始 LC$_{50}$/(mg/L)	<1	1~100	100~1000	1000~10000	>10000
毒性分级	剧毒	高毒	中等毒性	低毒	微毒（无毒）

五、注意事项

① 选择对待测化学物质敏感且易于饲养的鱼类作为实验材料。

② 实验用水可采用去除悬浮物后的洁净的江、河、湖泊水，也可以使用经过人工曝气或放置 3 天以上脱氯的自来水。

③ 容器体积可根据受试鱼的体重而定，一般 1L 水中鱼的负荷≤2g（最好为 1g），某些小型鱼类可选择 0.5~1L 玻璃烧杯作为实验容器。

④ 为了保证实验条件的一致性，必须严格控制实验用水的温度、pH 值、溶解氧、硬度等水质指标。

⑤ 实验用鱼应选自同一驯养池中大小一致的幼鱼，无明显的疾病和肉眼可见的畸形。

⑥ 实验开始时，应先将实验液加入鱼缸后再放入实验鱼，禁止先放入实验鱼再加入受试药液，以免实验鱼接触到不均匀的高浓度药液而提前死亡。

⑦ 实验容器使用后，必须彻底洗净，以除去所有毒性残留物。

⑧ 实验过程中要戴手套，严格防止含有待测物的溶液直接接触皮肤。

六、实验记录及分析讨论

1. 实验结果记录

① 本实验选用的化学物质为＿＿＿＿＿＿＿＿＿＿。

② 将实验鱼的中毒情况及死亡数量记录于表 8.8.3。

表 8.8.3　每组实验鱼的中毒症状及死亡数量（尾）记录表

实验组别 / 实验时间/h	对照组			实验组		
	＿＿ mg/L	＿＿ mg/L	＿＿ mg/L	＿＿ mg/L	＿＿ mg/L	＿＿ mg/L
1.5						
3						

实验组别 实验时间/h	对照组			实验组		
	___ mg/L	___ mg/L	___ mg/L	___ mg/L	___ mg/L	___ mg/L
6						
12						
24						
48						
72						
96						

注：每天需测定并记录一次各组鱼缸的水质条件，包括水温（℃）、pH值、溶解氧（mg/L）和硬度（mg/L）。

表8.8.4　每组实验鱼随暴露时间变化的死亡率（%）记录表

待测物 浓度/(mg/L) 实验时间/h	1.5	3	6	12	24	48	72	96
c_j								
c_{j+1}								
c_{j+2}								
c_{j+3}								
c_{j+4}								

2. 计算

根据表8.8.4所记录实验结果绘制暴露时间为24h、48h、72h、96h下的剂量-效应曲线，并采用直线内插法计算待测物质的半致死浓度LC_{50}值，同时求出95%的置信限。

3. 结果分析讨论

① 根据LC_{50}值，可推测该待测物质对斑马鱼产生的急性毒性等级为_____。

② 查阅教材或相关文献资料，对比并分析本实验结果与文献资料中记载的是否一致？若不一致，试分析原因。

③ 影响本次实验结果的因素有哪些？今后应如何改进？

七、思考题

① 测定鱼类急性毒性的实验方法有哪几种？其原理和适用性分别是什么？

② LC_{50}值测定过程中的主要影响因素有哪些？

③ LC_{50}值的计算方法有哪几种？各有何特点？

④ 对于同一性质较稳定的化学物质而言，分别采用静态法或动态法测定其对鱼类的LC_{50}值时，测得的结果可能有何差别？为什么？

附　录

附录 1　常用的酸碱

参见附表 1.1。

附表 1.1　常用的酸碱

试剂名称	化学式	分子量	密度(25℃)/(g/mL)	质量分数 $w/\%$	物质的量浓度 $c/(mol/L)$
浓硫酸	H_2SO_4	98.1	1.83~1.84	96	18.0
浓盐酸	HCl	36.5	1.18~1.19	36~38	12.0
浓硝酸	HNO_3	63.0	1.42	70	16.0
浓磷酸	H_3PO_4	98.0	1.69	85	15.0
冰醋酸	CH_3COOH	60.1	1.05	99.5	17.4
高氯酸	$HClO_4$	100.5	1.67	70	11.7
浓氨水	$NH_3 \cdot H_2O$	35.04	0.88~0.90	28	15.0
氢氟酸	HF	20.0	1.13	40	22.5
氢溴酸	HBr	80.9	1.49	47	8.6
饱和氢氧化钠	NaOH	40.0	1.53	50	19.1
饱和氢氧化钾	KOH	56.1	1.52	50	13.5

附录 2　pH 校正用标准溶液的配制

参照 GB/T 27501—2011 方法配制。

1. B1 液——0.05 mol/kg 四草酸氢钾溶液

精密称取经（54±3）℃烘箱干燥 4~5h，并于干燥器中冷却至室温的四草酸氢钾 12.61g，用去离子水溶解后转入 1000mL 容量瓶中，在恒温槽（25±2）℃下加去离子水稀释至刻度。

2. B3 液——饱和酒石酸氢钾溶液（25℃）

将过量的酒石酸氢钾（大于 7.0g/L）和去离子水加入到磨口玻璃试剂瓶或者聚乙烯瓶，温度控制在（25±3）℃，剧烈摇动 20~30min，静置待溶液澄清，然后采用倾泻法取上清液备用。

3. B4 液——0.05mol/kg 邻苯二甲酸氢钾溶液

精密称取在（115±5）℃干燥 2~3 h 的邻苯二甲酸氢钾 10.12g，使用去离子水溶解后转入 1000mL 容量瓶中，在恒温槽（25±2）℃下加去离子水稀释至刻度。

4．B6 液——0.025mol/kg 磷酸氢二钠和 0.025mol/L 磷酸二氢钾混合溶液

精密称取在（115±5）℃干燥 2～3h 的磷酸氢二钠 3.533g 与磷酸二氢钾 3.387g，分别使用去离子水溶解后转入 1000mL 容量瓶中，在恒温槽（25±2）℃下加去离子水稀释至刻度。若用于 0.02 级以上的仪器校正，所用的水应预先煮沸 15～30min，以除去溶解的 CO_2；在冷却过程中应避免与空气接触，以防止 CO_2 的污染。

5．B9 液——0.01mol/kg 四硼酸钠溶液

精密称取四硼酸钠（硼砂，注意：不能烘！）3.80g，用去离子水溶解后转入 1000mL 容量瓶中，在恒温槽（25±2）℃下加去离子水稀释至刻度。置聚乙烯塑料瓶中，密塞以避免与空气中的 CO_2 接触。若用于 0.02 级以上的仪器校正，所用的水处理方法同 B6 液。

6．B12 液——饱和 Ca(OH)$_2$ 溶液（25℃）

将过量的 $Ca(OH)_2$（大于 2.0g/L）加入到磨口玻璃试剂瓶或聚乙烯瓶中，温度控制在（25±3）℃，剧烈摇动 20～30min，静置待溶液澄清，然后采用倾泻法取上清液备用。

具体参见附表 2.1 所列。

附表 2.1　pH 校正用标准溶液的配制

温度/℃	B1 液	B3 液	B4 液	B6 液	B9 液	B12 液
	质量摩尔浓度/(mol/kg)					
	0.05	25℃饱和	0.05	0.025	0.01	25℃饱和
	pH 值					
0	1.668	—	4.006	6.981	9.458	13.416
5	1.669	—	3.999	6.949	9.391	13.210
10	1.671	—	3.996	6.921	9.330	13.011
15	1.673	—	3.996	6.898	9.276	12.820
20	1.676	—	3.998	6.879	9.226	12.637
25	1.680	3.559	4.003	6.864	9.182	12.460
30	1.684	3.551	4.010	6.852	9.142	12.292
35	1.688	3.547	4.019	6.844	9.105	12.130
40	1.694	3.547	4.029	6.838	9.072	11.975
45	1.700	3.550	4.042	6.834	9.042	11.828
50	1.706	3.555	4.055	6.833	9.015	11.697
55	1.713	3.563	4.070	6.834	8.990	11.553
60	1.721	3.573	4.087	6.837	8.968	11.426
70	1.739	3.596	4.122	6.847	8.926	—
80	1.759	3.622	4.161	6.862	8.890	—
90	1.782	3.648	4.203	6.881	8.856	—
95	1.795	3.660	4.224	6.891	8.839	—

附录 3　常用酸碱指示剂的配制

精确称取 0.1g 指示剂移至研钵中，分数次加入适量的 0.01mol/L NaOH 溶液仔细研磨直至溶解为止，最终用蒸馏水稀释至 250mL，终浓度为 0.04%。甲基红及酚红溶液应稀释至 500mL，终浓度为 0.02%。具体参见附表 3.1。

表 3.1　常用酸碱指示剂的配制及有效 pH 范围

指示剂名称	0.01mol/L NaOH 用量/mL	颜色变化	有效 pH 范围
间甲酚紫（meta-cresol purple）	26.2	红色　黄色	1.2~2.8
	26.2	黄色　紫色	7.4~9.0
麝香草酚蓝（thymol blue）	21.5	红色　黄色	1.2~2.8
	21.5	黄色　蓝色	8.0~9.6
溴酚蓝（bromophenol blue）	14.9	黄色　蓝色	3.0~4.6
溴甲酚绿（bromocresol green）	14.3	黄色　蓝色	3.8~5.4
甲基红（methyl red）	37	红色　黄色	4.2~6.8
氯酚红（chlorophenol red）	23.6	黄色　红色	4.8~6.4
溴酚红（bromophenol red）	19.5	黄色　红色	5.2~6.8
溴甲酚紫（bromocresol purple）	18.5	黄色　紫色	5.2~6.8
溴麝香草酚蓝（bromothymol blue）	16	黄色　蓝色	6.0~7.6
酚红（phenol red）	28.2	黄色　红色	6.8~8.4
甲酚红（cresol red）	26.2	黄色　红色	7.2~8.8
酚酞（phenolphthalein）	90%乙醇	无色　红色	8.2~9.8
麝香草酚酞（thymolphthalein）	90%乙醇	无色　蓝色	9.3~10.5
茜黄（alizarin yellow）	90%乙醇	黄色　红紫色	10.1~12.0

附录 4　常用生理盐溶液的成分及配制

生理盐溶液为代体液，用于维持离体的组织、器官或细胞的正常生命活动。它必须具备下列性质：渗透压与组织液压力相等，需含有组织、器官或细胞维持正常机能所必需且比例适宜的各种盐类离子，酸碱度与血浆相同并具有较强的缓冲能力，此外还需要含有适量的氧气和营养物质。

动物学实验中常用的生理盐溶液有生理盐水、林格（Ringer）溶液、洛克（Locke）溶液、蒂罗德（Tyrode，又称台氏）溶液等。这几种生理盐溶液的组成成分不同，渗透压也不一样，从而可以满足不同种类动物的需求。其中，生理盐水主要是指与动物或人体血浆渗透压相等的 NaCl 溶液，冷血动物应用浓度为 0.6%~0.65%，温血动物应用浓度为 0.85%~0.9%；林格溶液是一种比较接近两栖动物内环境的液体，可以用来延长青蛙心脏在体外跳动时间、保持两栖类其他离体组织器官生理活性等；洛克溶液用于温血动物的心脏、子宫及其他离体脏器，当其用作灌注液时需在用前通入氧气 15min，而低钙洛克溶液（含无水 $CaCl_2$ 0.05g）则用于离体小肠及豚鼠的离体器官灌注；台氏溶液用于温血动物的离体小肠。

四种生理盐溶液的成分如附表 4.1 所示。

附表 4.1　四种生理盐溶液的成分　　　　　　　　　　　　　单位：g

试剂名称	生理盐水		林格溶液（两栖类）	洛克溶液（哺乳类）	台氏溶液（哺乳类小肠）
	哺乳类	两栖类			
NaCl	9.0	6.5	6.5	9.0	8.0
KCl	—	—	0.14	0.42	0.2
无水 $CaCl_2$	—	—	0.12	0.24	0.2
$NaHCO_3$	—	—	0.20	$0.1\sim0.3$	1.0
NaH_2PO_4	—	—	0.01		0.05
$MgCl_2$	—	—	—	—	0.1
葡萄糖	—	—	2.0	$1.0\sim2.5$	1.0
pH			7.2	$7.3\sim7.4$	$7.3\sim7.4$
加蒸馏水定容至	1000mL				

配制生理盐溶液时要注意各种离子的相互作用。在配制过程中应注意以下两点：

第一，因生理盐溶液中的磷酸根和碳酸根负离子易与钙离子发生反应，生成不溶性的白色磷酸钙或碳酸钙沉淀。所以，在配制生理盐溶液时，先将其他离子原液混合并加入蒸馏水，最后再将溶解的氯化钙溶液一边搅拌一边缓缓加入，以防钙盐沉淀生成。

第二，葡萄糖应在临用时加入。加入葡萄糖的生理盐溶液不能久置，以免发生细菌污染出现浑浊。因此，生理盐溶液一般应在实验前配制，并且不宜放置过久，以免发生污染或某些成分发生化学变化而影响实验结果；或者先将溶液的各种成分分别配制成一定浓度的基础溶液备用，用时再按一定比例取基础液配制。

上述四种生理盐溶液配制所需的母液浓度及配制用量如附表 4.2 所示。

附表 4.2　四种生理盐溶液配制所需的母液浓度及配制用量

基础溶液成分	基础溶液浓度/%	林格溶液/mL	洛克溶液/mL	台氏溶液/mL
NaCl	20	32.5	45.0	40.0
KCl	10	1.4	4.2	2.0
无水 $CaCl_2$	10	1.2	2.4	2.0
$NaHCO_3$	5	4.0	2.0	20.0
NaH_2PO_4	1	1.0		5.0
$MgCl_2$	5	—		2.0
葡萄糖	—	2.0(可不加)	$1.0\sim2.5$	1.0
加蒸馏水定容至	1000mL			

附录 5　常用磷酸缓冲溶液的配制

1. 0.2mol/L Na_2HPO_4-NaH_2PO_4 缓冲溶液

母液 A：0.2mol/L NaH_2PO_4 溶液，称取 $NaH_2PO_4 \cdot 2H_2O$ 31.21g 或 $NaH_2PO_4 \cdot H_2O$ 27.60g，以去离子水溶解后转入 1000mL 容量瓶中，加水定容至 1000mL。

母液 B：0.2mol/L Na_2HPO_4 溶液，称取 $Na_2HPO_4 \cdot 2H_2O$ 35.61g 或 $Na_2HPO_4 \cdot 7H_2O$ 53.61g 或 $Na_2HPO_4 \cdot 12H_2O$ 71.64g，用去离子水溶解后转入 1000mL 容量瓶中，加水定容至 1000mL。

不同 pH 值下 Na_2HPO_4-NaH_2PO_4 缓冲液的母液用量见附表 5.1。

附表 5.1　不同 pH 值下 Na_2HPO_4-NaH_2PO_4 缓冲液的母液用量

pH	A/mL	B/mL	pH	A/mL	B/mL
5.7	93.5	6.5	6.9	45	55
5.8	92	8	7.0	38	62
5.9	90	10	7.1	33	67
6.0	87.7	12.3	7.2	28	72
6.1	85	15	7.3	23	77
6.2	81.5	18.5	7.4	19	81
6.3	77.5	22.5	7.5	16	84
6.4	73.5	26.5	7.6	13	87
6.5	68.5	31.5	7.7	10.5	89.5
6.6	62.5	37.5	7.8	8.5	91.5
6.7	56.5	43.5	7.9	7	93
6.8	51	49	8.0	5.3	94.7

注：通常所说的磷酸盐缓冲液的浓度指的是溶液中所有的磷酸根浓度，而非 Na^+ 或 K^+ 的浓度，Na^+ 和 K^+ 只是用来调节渗透压的。

2. 1/15mol/L Na_2HPO_4-KH_2PO_4 缓冲液

母液 A：1/15mol/L Na_2HPO_4 溶液，称取 $Na_2HPO_4 \cdot 2H_2O$ 11.88g 或 $Na_2HPO_4 \cdot 7H_2O$ 17.87g 或 $Na_2HPO_4 \cdot 12H_2O$ 23.88g，用去离子水溶解后转入 1000mL 容量瓶中，加水定容至 1000mL。

母液 B：1/15mol/L KH_2PO_4 溶液，称取无水 KH_2PO_4 9.08g，用去离子水溶解后转入 1000mL 容量瓶中，加水定容至 1000mL。

不同 pH 值下 1/15mol/L Na_2HPO_4-KH_2PO_4 缓冲液的母液用量见附表 5.2。

附表 5.2 不同 pH 值下 1/15mol/L Na_2HPO_4-KH_2PO_4 缓冲液的母液用量

pH	A/mL	B/mL	pH	A/mL	B/mL
4.92	1.0	99.0	7.17	70.0	30.0
5.29	5.0	95.0	7.38	80.0	20.0
5.91	10.0	90.0	7.73	90.0	10.0
6.24	20.0	80.0	8.04	95.0	5.0
6.47	30.0	70.0	8.34	97.5	2.5
6.64	40.0	60.0	8.67	99.0	1.0
6.81	50.0	50.0	9.18	100.0	0
6.98	60.0	40.0			

附录 6 常用细胞及组织染色液的配制

1. 苏丹Ⅲ染色液

先将 0.1g 苏丹Ⅲ或Ⅳ溶解在 50mL 丙酮中，再加入 70％酒精 50mL。

2. 醋酸洋红染色液

将洋红粉末 1g 倒入 100mL 45％醋酸溶液中，边煮边搅拌，煮沸至完全溶解，同时注意补齐蒸馏水至 100mL，冷却后过滤，即可使用。也可再加入 1％～2％铁明矾水溶液 5～10 滴，至此液变为暗红色而不发生沉淀为止，放入棕色瓶中备用。适用于压碎涂抹制片，能使染色体染成深红色、细胞质成浅红色。

3. 改良苯酚品红染色液（卡宝品红染色液）

原液 A：3g 碱性品红溶于 100mL 70％酒精中，可长期保存。

原液 B：取原液 A 10mL 加入 90mL 5％石炭酸水溶液，半个月内使用。

原液 C：取原液 B 55mL，加入 6mL 冰醋酸和 6mL 福尔马林（38％的甲醛），可长期保存。

染色液：取 C 液 10～20mL，加 45％冰醋酸 80～90mL，再加山梨醇 1～1.8g，配成 10％～20％的石炭酸品红溶液，放置两周后使用，效果显著（若立即使用，则着色能力差）。适用于植物组织压片法和涂片法，染色体着色深，染色稳定性好，使用 2～3 年不变质。

4. 草酸铵结晶紫（cristalviolet）**染色液**

结晶紫乙醇饱和液（结晶紫 2g 溶于 20mL 95％乙醇中）20mL，1％草酸铵水溶液 80mL。将两液混匀置 24h 后过滤即成。此液不易保存，如有沉淀出现，需重新配制。

5. 卢戈（Lugol）**碘液**（I_2-KI）

碘（I）1g，碘化钾（KI）2g，蒸馏水 300mL。先将碘化钾溶于少量蒸馏水中，然后加入碘使之完全溶解，再加蒸馏水至 300mL，即成。配成后储于棕色瓶内备用，如变为浅黄色则不能使用。用时可将其稀释 2～10 倍，这样染色不致过深，效果更佳。

6. 稀释石炭酸复红染色液

碱性复红乙醇饱和液（碱性复红 1g，95％乙醇 10mL，5％石炭酸 90mL）10mL，加蒸馏水 90mL。

7. 番红（沙黄）染色液

取番红 2.5g，加入 95％乙醇 100mL，溶解后可储存于密闭的棕色瓶中，用时取 20mL 与 80mL 蒸馏水混匀即可。

8. 0.1% 碘液

将碘化钾 2g 溶解在 5mL 蒸馏水中加热至完全溶解，然后加入碘 1g，完全溶解后定容至 300mL，转入棕色磨口瓶中，暗处保存，使用时稀释 2～10 倍。

9. 1% 曙红

称取曙红 1g，用少许蒸馏水溶解、过滤，再定容至 100mL。

10. 姜尔（Ziehl）石炭酸复红染色液

A 液：碱性复红 0.3g 溶于 95％乙醇 10mL。

B 液：5g 苯酚溶于 95mL 蒸馏水。

混合 A、B 液即成。

11. 1% 瑞氏（Wright's）染色液

称取瑞氏染料粉 1g，放在研钵内研磨，并且边研磨边滴加甲醇，研磨至染料溶解，直至加入 100mL 的甲醇。然后将溶解的染液过滤后倒入洁净的棕色玻璃瓶，保存一周以上即可使用。一般染液储存一年以上更好，储存愈久染色效果愈好。

12. 吕氏（Loeffler）美蓝染色液

A 液：亚甲蓝（methylene blue，又名美蓝）0.3g，95％乙醇 30mL。

B 液：0.01％ KOH 100mL。

混合 A 液和 B 液即成，用于细菌单染色，可长期保存。临用前可按 1∶10 或 1∶100 的比例稀释，适用于细胞核染色。

13. 吉姆萨（Giemsa）染色液

储存液：称取吉姆萨粉 0.5g，放入研钵研磨成细粉，逐滴加入 33mL 甘油，继续研磨，最后加入 33mL 甲醇，在 56℃ 水浴中静置 1～24h 后即可使用。

工作液：取 1mL 储存液加入 19mL pH 7.4 磷酸缓冲液即成，需临用前配制。

14. 1%、1/3000 中性红（neutral red）染色液

称取 0.5g 中性红溶于 50mL 林格液，于烧杯中溶解配成 1％的中性红母液（置于 37℃ 水浴锅中搅拌可促进溶解），用滤纸过滤，装入棕色瓶于暗处保存，避免氧化失去染色能力。工作液为 1/3000 中性红溶液，临用前，取 1mL 1％中性红溶液母液加入 29mL 林格溶液并混匀，装入棕色瓶备用。

15．1%、1/5000 詹纳斯绿 B 染色液

称取 50mg 詹纳斯绿 B 溶于 5mL 林格溶液中，于烧杯中溶解配成 1% 的詹纳斯绿 B 母液（置于 37℃ 水浴锅中搅拌可促进溶解），用滤纸过滤后，装入棕色瓶于暗处保存。临用前，取 1mL 1% 詹纳斯绿 B 母液加入 49mL 林格溶液并混匀，即成 1/5000 工作液，装入棕色瓶中备用。

16．0.2% 龙胆紫染液

将 0.2g 龙胆紫溶于 100mL 蒸馏水或者 2% 醋酸溶液中。

附录 7　常用培养基的配制

1．牛肉膏蛋白胨固体培养基（培养一般细菌用）

牛肉膏 3g，蛋白胨 10g，NaCl 5g，琼脂 15～20g，自来水 1000mL，pH 7.2～7.4。

2．牛肉膏蛋白胨半固体培养基（细菌动力观察或测定噬菌体效价用）

牛肉膏 3g，蛋白胨 10g，NaCl 5g，琼脂 4～6g，自来水 1000mL，pH 7.2～7.4。

注：此培养基最好先用两层纱布中间夹一薄层脱脂棉花过滤后再分装，以使培养基澄净和透明。

3．LB 培养基（培养大肠埃希菌等细菌用）

蛋白胨 10g，酵母提取物 5g，NaCl 10g，琼脂 15～20g，蒸馏水 1000mL，pH 7.0。

4．YEB 液体培养基

胰化蛋白胨 5g，酵母提取物 1g，牛肉膏 5g，蔗糖 5g，$MgSO_4$ 0.241g，蒸馏水 1000mL，pH 7.0。

5．查氏（或察氏 Czapek）**培养基**（培养霉菌用）

蔗糖或葡萄糖 30g，$NaNO_3$ 2g，$K_2HPO_4 \cdot 3H_2O$ 1g，KCl 0.5g，$MgSO_4 \cdot 7H_2O$ 0.5g，$FeSO_4 \cdot 7H_2O$ 0.01g，琼脂 15～20g，蒸馏水 1000mL，自然 pH。

6．马铃薯葡萄糖琼脂培养基（简称 PDA，培养真菌用）

取去皮马铃薯 200g，切成小块，加水煮烂，用 4 层纱布过滤，再加葡萄糖（或蔗糖）20g，琼脂 15～20g，以自来水补足至 1000mL，自然 pH。

7．马丁（Martin）**培养基**（筛选土壤真菌用）

葡萄糖 10g，蛋白胨 5g，KH_2PO_4 1g，$MgSO_4 \cdot 7H_2O$ 0.5g，0.1% 孟加拉红溶液 3.3mL，琼脂 15～20g，蒸馏水 1000mL，2% 去氧胆酸钠溶液 20mL（分别灭菌，临用前加入），10000U/mL 链霉素溶液 3.3mL（用无菌水配制，使用前加入），自然 pH。

8．高氏 1 号合成培养基（培养各种放线菌用）

可溶性淀粉 20g，用少量冷水调成糊状，用文火加热，再加入 KNO_3 1g、NaCl 0.5g、$K_2HPO_4 \cdot 3H_2O$ 0.5g、$MgSO_4 \cdot 7H_2O$ 0.5g、$FeSO_4 \cdot 7H_2O$ 0.01g，待各成分溶解后，再加入琼脂 15～20g，补足蒸馏水至 1000mL，pH 7.4～7.6。

9. 钾细菌培养基(培养钾细菌用)

甘露醇（或蔗糖）10g，酵母膏 0.4g，$K_2HPO_4 \cdot 3H_2O$ 0.5g，$MgSO_4 \cdot 7H_2O$ 0.2g，NaCl 0.2g，$CaCO_3$ 1g，琼脂 15～20g，蒸馏水 1000mL，pH 7.4～7.6。

10. 糖发酵培养基(作细菌糖发酵试验用)

蛋白胨 2g，NaCl 5g，K_2HPO_4 0.2g，1%溴麝香草酚蓝水溶液 3mL，待试糖 10g（一般糖或醇按 1%量加入，而半乳糖、乳糖则按 1.5%的量加入），蒸馏水 1000mL，pH7.0～7.4。

液体培养基：调 pH 后，分装试管约至 4～5 cm 高度，然后内放一杜氏小管（Durham's tube），管口向下。在 115℃灭菌 20min。灭菌时须排尽空气，否则杜氏小管内会有气泡残留，影响实验结果的观察和判断。

半固体培养基：在上述糖发酵培养液中加入 5～6g 水洗琼脂后灭菌即成，呈蓝绿色。

11. 蛋白胨液体培养基(又称蛋白胨水，作吲哚试验用)

蛋白胨 10g，NaCl 5g，自来水 1000mL，pH 7.2～7.4。

12. 葡萄糖蛋白胨培养基(VP 和 MR 试验用)

蛋白胨 5g，葡萄糖 5g，NaCl 5g，自来水 1000mL，pH 7.2～7.4。

13. 苯丙氨酸脱氨酶培养基(测细菌苯丙氨酸脱氨酶用)

酵母膏 3g，NaCl 5g，L-苯丙氨酸 1g，Na_2HPO_4 1g，琼脂 15～20g，蒸馏水 1000mL，pH 7.2～7.4。

14. Davis 培养基(培养大肠埃希菌等部分细菌)

葡萄糖 2g，$(NH_4)_2SO_4$ 2g，柠檬酸钠二水 0.5g，K_2HPO_4 7g，KH_2PO_4 2g，$MgSO_4 \cdot 7H_2O$ 0.1g，蒸馏水 1000mL，pH 7.2。

15. LAB 培养基(乳酸菌活菌计数用)

牛肉膏 10g，酵母膏 10g，乳糖 20g，吐温 80 1.0mL，$CaCO_3$ 10g，K_2HPO_4 2g，琼脂 10g，蒸馏水 1000mL，pH 6.6。

16. MRS 培养基(乳酸菌分离、培养、计数用)

蛋白胨 10g，牛肉膏 10g，酵母膏 5g，葡萄糖 20g，吐温 80 1.0mL，K_2HPO_4 2g，醋酸 5g，柠檬酸二铵 2g，$MgSO_4 \cdot 7H_2O$ 0.58g，$MnSO_4 \cdot 4H_2O$ 0.25g，蒸馏水 1000mL，pH 6.2～6.6（灭菌后为 6.0～6.5）。

17. 马铃薯牛奶琼脂培养基(分离乳酸菌用)

取马铃薯（去皮）200g，切碎加 500mL 自来水煮沸后用 4 层纱布过滤，取出滤液，加脱脂鲜牛奶 100mL、酵母膏 5g、琼脂 15～20g，加水至 1000mL，pH7.0。注意：配制平板培养基时，牛奶应与其他成分分别灭菌，在倒平板前再混合。

18. 番茄汁碳酸钙琼脂培养基(分离乳酸菌用)

葡萄糖 10g，酵母膏 7.5g，蛋白胨 7.5g，KH_2PO_4 2g，吐温 80 0.5mL，琼脂 20g，番茄汁 100mL，自来水 900mL，pH 7.0。

19. BCP 培养基(溴甲酚紫培养基,分离乳酸菌用)

乳糖 5g,蛋白胨 5g,酵母膏 3g,琼脂 15～20g,0.5% 溴甲酚紫溶液 10mL,自来水 1000mL,pH 6.8～7.0。

20. TYA 培养基(胰蛋白胨酵母膏醋酸盐琼脂培养基,培养厌氧梭菌用)

葡萄糖 40g,胰蛋白胨 6g,酵母膏 2g,牛肉膏 2g,醋酸钠 3g,KH_2PO_4 0.5g,$MgSO_4 \cdot 7H_2O$ 0.2g,$FeSO_4 \cdot 7H_2O$ 0.01g,琼脂 15～20g,自来水 1000mL,pH 6.2。

21. 伊红美蓝(亚甲蓝)培养基(EMB 培养基,鉴别大肠菌群用)

蛋白胨 10g,乳糖 10g(或用乳糖和蔗糖各 5g),K_2HPO_4 2g,伊红 Y 0.4g,美蓝 0.065g,琼脂 15～20g,蒸馏水 1000mL,pH 7.2。

22. 阿须贝(Ashby)无氮培养基(筛选自生固氮菌用)

甘露醇 10g,KH_2PO_4 0.2g,$MgSO_4 \cdot 7H_2O$ 0.2g,NaCl 0.2g,$CaSO_4 \cdot 2H_2O$ 0.1g,$CaCO_3$ 5g,蒸馏水 1000mL,琼脂 15～20g,pH 7.2～7.4。

23. 酵母菌富集培养基(培养酵母菌用)

葡萄糖 50g,尿素 1g,$(NH_4)_2SO_4 \cdot 7H_2O$ 1g,KH_2PO_4 2.5g,Na_2HPO_4 0.5g,$MgSO_4 \cdot 7H_2O$ 1g,$FeSO_4 \cdot 7H_2O$ 0.1g,酵母膏 0.5g,孟加拉红 0.03g,pH 4.5。

24. RCM 培养基(梭菌强化培养基,培养厌氧梭菌用)

蛋白胨 10g,牛肉膏 10g,酵母膏 3g,葡萄糖 5g,无水乙酸钠 3g,可溶性淀粉 1g,盐酸半胱氨酸 0.5g,NaCl 5g,琼脂 15～20g,蒸馏水 1000mL,pH 7.4。

25. 柠檬酸铁铵培养基(供细菌产 H_2S 试验用)

柠檬酸铁铵(棕色)0.5g,硫代硫酸钠 0.5g,牛肉膏蛋白胨琼脂(1.5%)培养基,蒸馏水 1000mL,pH 7.4,121℃下灭菌 20min,搁成直立柱备用。

26. SOB 培养基

蛋白胨 20g,酵母提取物 5g,NaCl 0.5g,蒸馏水 900mL,加入 2.5mL 1mol/L KCl,再用水补足体积至 1000mL。分成 100mL 的小份,高压灭菌,培养基冷却到室温后,再在每小份中加入 1mL 已灭菌的 1mol/L 氯化镁。

27. SOC 培养基

先配制 SOB 培养基,再加入 2mL 已灭菌的 1mol/L 葡萄糖(18g 葡萄糖溶于足够水中,再用水补足至 100mL,用 0.22μm 的滤膜过滤除菌)。

28. YPD 培养基

蛋白胨 20g,酵母提取物 10g,葡萄糖 20g,琼脂 15～20g,蒸馏水 1000mL。YPD 培养基是色氨酸限制型培养基,建议在高压灭菌之前,对色氨酸营养缺陷型培养基每升添加 1.6g 色氨酸。

29. TB 培养基

将蛋白胨 12g、酵母提取物 24g、甘油 4mL 溶解在 900mL 水中,经高压灭菌后冷却至 60℃,再加入 100mL 已灭菌的 0.17mol/L KH_2PO_4 或 0.72mol/L K_2HPO_4 溶液

（2.31g KH_2PO_4 和 12.54g K_2HPO_4 溶在足量的水中，定容至 100mL，高压灭菌或用 0.22μm 的滤膜过滤除菌）。

30. 2×YT 培养基

蛋白胨 16g，酵母提取物 10g，NaCl 5g，蒸馏水 1000mL，pH 7.0。

31. MHA 培养基

分别称取 6g 牛肉粉、1.5g 可溶性淀粉、17.5g 酸水解酪蛋白、15g 琼脂粉溶于 1L 水中，pH7.3。

附录 8　实验室常用杀菌消毒方式

具体参见附表 8.1 所列。

附表 8.1　实验室常用杀菌消毒方式

化学杀菌消毒

名称	主要性质	使用方法	适用范围
升汞	杀菌力强，腐蚀金属器械	0.05%～0.1%浸泡、喷涂	植物组织和虫体外消毒
硫柳汞	杀菌力弱，抑菌力强	0.01%～0.1%擦洗、喷涂	生物制品防腐，皮肤消毒
37%～40%甲醛	挥发慢，刺激性强	10mL/m² 加热，或甲醛：高锰酸钾以 10∶1 混合产生黄色浓烟，密闭房间熏蒸 6～24h	接种室消毒
乙醇	消毒力不强，对芽孢无效	70%～75%溶液喷涂、浸泡、擦洗	皮肤消毒
苯酚	杀菌力强，有特别气味	3%～5%溶液喷涂、擦洗	接种室（喷雾）、器皿消毒
新洁尔灭	易溶于水，刺激性小，稳定，对芽孢无效	0.25%的溶液喷涂、浸泡、擦洗	皮肤及器皿消毒
醋酸	浓烈酸味	5～10mL/m³，加等量水蒸发	接种室消毒
高锰酸钾	强氧化剂、稳定	0.1%溶液喷涂、浸泡	皮肤及器皿消毒（应随用随配）
硫黄	通过燃烧产生 SO_2，杀菌，腐蚀金属	15g/m³ 加热燃烧熏蒸	空气消毒
生石灰	杀菌力强，腐蚀性强	1%～3%溶液浸泡、喷洒	消毒地面及排泄物
来苏尔	杀菌力强，特殊气味	3%～5%溶液喷涂、擦洗	接种室消毒，擦洗桌面及器械
漂白粉	白色粉末，有效氯易挥发，腐蚀金属及织物，刺激皮肤，易潮解	2%～5%溶液喷洒、擦洗	喷洒接种室或培养室

物理杀菌消毒

名称	主要性质	使用方法	适用范围
干热灭菌	高温干燥	将灭菌物品放入烘箱等加热设备中,160~170℃保持1~2h	小金属器械及玻璃器皿,如吸管和培养皿等的灭菌
火焰灭菌	高温高热	将灭菌部位放在火焰上均匀灼烧	接种环、接种针和小金属用具,无菌操作时的试管口和瓶口
湿热灭菌	高温高压,穿透力强,存在潜热,效果好	将物品放在密闭的高压蒸汽灭菌锅内于0.1MPa、121℃保持15~30min	培养基、工作服、玻璃、橡胶物品等的灭菌
紫外灭菌	杀菌消毒空间大	用紫外线灯照射无菌室或无菌接种箱	只适用于无菌室、接种箱、手术室内的空气及物体表面的灭菌
过滤除菌	不破坏溶液中各种物质的化学成分	使用过滤器通过机械作用过滤液体或气体	过滤体积有限,一般只适用于实验室中小量溶液的过滤除菌

附录9 蒸汽压力与灭菌温度的关系

具体参见附表9.1所列。

附表9.1 蒸汽压力与灭菌温度的关系

压力表读数			不同空气余量时的温度/℃				
MPa	kgf/cm²	1bf/in²	0	1/3	1/2	2/3	100%
0.03	0.35	5	108.8	100	94	90	72
0.07	0.70	10	115.6	109	105	100	90
0.10	1.05	15	121.3	115	112	109	100
0.14	1.40	20	126.2	121	118	115	109
0.17	1.75	25	130.0	126	124	121	115
0.21	2.10	30	134.6	130	128	126	121

注:1kgf/cm²=98066.5Pa; 1 bf/in²=6894.76 Pa。

附录 10　培养基容积与高压蒸汽灭菌时间

具体参见附表 10.1 所列。

附表 10.1　培养基容积与高压蒸汽灭菌时间

培养基容积/mL	灭菌时间/min	
	锥形瓶	玻璃瓶
10	15	20
100	20	25
500	25	30
1000	30	40

注：以上数据是指在 121℃下的灭菌时间，若灭菌前的培养基处于凝固状态，则还应另加 5～10min 的培养基溶化时间。

参 考 文 献

［1］ 肖望，陈爱葵．普通生物学探究性实验指导［M］．北京：清华大学出版社，2013．

［2］ 高海春，吴根福．微生物学实验简明教程［M］．北京：高等教育出版社，2015．

［3］ 刘萍，李明军，丁义峰．植物生理学实验［M］．北京：科学出版社，2016．

［4］ 黄丹丹，曹华．人体解剖生理学实验操作与临床实训综合教程［M］．武汉：华中科技大学出版社，2011．

［5］ 赵凤娟，姚志刚．遗传学实验［M］．2版．北京：化学工业出版社，2016．

［6］ 乔守怡，皮妍，吴燕华，等．遗传学实验［M］．北京：高等教育出版社，2015．

［7］ 丁明孝．细胞生物学实验指南［M］．北京：高等教育出版社，2013．

［8］ 印莉萍，李静，于荣．细胞生物学实验技术教程［M］．北京：科学出版社，2015．

［9］ 高冬梅，洪波，李锋民．环境微生物实验［M］．青岛：中国海洋大学出版社，2014．

［10］ 叶蕊芳，张晓彦．应用微生物学实验［M］．北京：化学工业出版社，2015．

［11］ 蔡冲．植物生物学实验［M］．北京：北京师范大学出版社，2013．

［12］ 仇存网，刘忠权，吴生才．普通生物学实验指导［M］．2版．南京：东南大学出版社，2018．

［13］ 冯汉宇，孙艳梅，洪燕，等．不同粒色玉米糊粉层含量研究与成分分析［J］．安徽农业科学，2019，47（21）：170-174．

［14］ 王元秀．普通生物学实验指导［M］．2版．北京：化学工业出版社，2010．

［15］ 吴相钰，陈守良，葛明德，等．普通生物学［M］．4版．北京：高等教育出版社，2014．

［16］ 陈金春，陈国强．微生物学实验指导［M］．北京：清华大学出版社，2005．

［17］ 蔡庆生．植物生理学实验［M］．北京：中国农业大学出版社，2013．

［18］ 李小方，张志良．植物生理学实验指导［M］．5版．北京：高等教育出版社，2016．

［19］ 王三根．植物生理学实验教程［M］．北京：科学出版社，2018．

［20］ 刘新，刘洪庆．植物生理学实验［M］．北京：高等教育出版社，2018．

［21］ 高俊山，蔡永萍．植物生理学实验指导［M］．2版．北京：中国农业大学出版社，2018．

［22］ 霍洪亮．人体及动物生理学实验指导［M］．北京：高等教育出版社，2013．

［23］ 艾洪滨．人体解剖生理学实验教程［M］．3版．北京：科学出版社，2014．

［24］ 张秀芳．人体解剖生理学实验［M］．北京：科学出版社，2017．

［25］ 卢龙斗，常重杰．遗传学实验［M］．2版．北京：科学出版社，2014．

［26］ 安国利，邢维贤．细胞生物学实验教程［M］．3版．北京：科学出版社，2015．

［27］ 王兰．环境微生物学实验方法与技术［M］．北京：化学工业出版社，2009．

［28］ 周德庆，徐德强．微生物学实验教程［M］．3版．北京：高等教育出版社，2013．

［29］ 王晓红，赵辉，张小梅．现代环境生物技术与实验［M］．北京：化学工业出版社，2020．

［30］ 赵远．现代环境生物技术与应用［M］．北京：中国石化出版社，2019．